Adobe After Effects 短视频特效实战

刘春雷 著

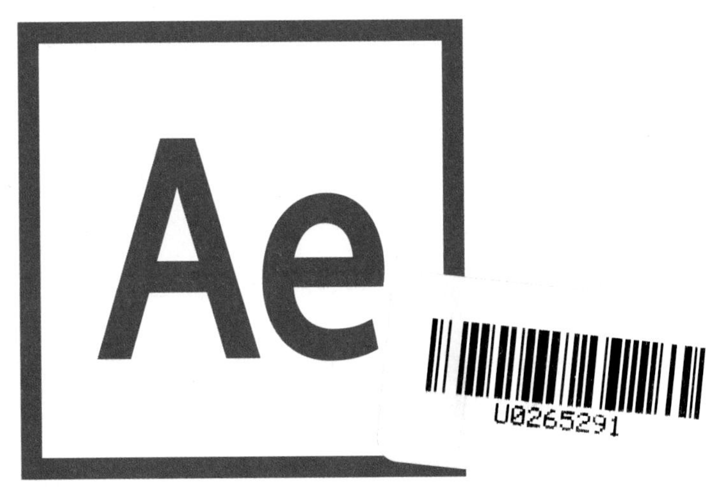

人民邮电出版社
北京

图书在版编目（CIP）数据

Adobe After Effects短视频特效实战 / 刘春雷著
. -- 北京 : 人民邮电出版社, 2023.10
ISBN 978-7-115-61349-3

Ⅰ. ①A… Ⅱ. ①刘… Ⅲ. ①视频编辑软件 Ⅳ.
①TP317.53

中国国家版本馆CIP数据核字(2023)第045080号

内 容 提 要

本书主要介绍 After Effects 特效及其制作技巧。

全书共 15 课。第 1 课对 After Effects 的特效功能进行概述；第 2 课讲解了“霓虹光线”的特效制作；第 3 课讲解了“掉落的文字”的特效制作；第 4 课讲解了“跳动的音波”的特效制作；第 5 课讲解了“旋转的荧光环”的特效制作；第 6 课讲解了“彩色光环”的特效制作；第 7 课讲解了“旋转粒子球”的特效制作；第 8 课讲解了“炫光文字”的特效制作；第 9 课讲解了“云层穿梭”的特效制作；第 10 课讲解了“旋转的镭射灯”的特效制作；第 11 课讲解了“老电影”的特效制作；第 12 课讲解了“天空闪电”的特效制作；第 13 课讲解了“香炉烟雾”的特效制作；第 14 课和第 15 课分别讲解了“跳动的音乐”和“星光漫步”的特效制作。

本书适合 After Effects 的初级和中级学习者阅读，也适合作为各院校相关专业和培训班的教材或辅导书。

◆ 著　　　　刘春雷
　责任编辑　张天怡
　责任印制　陈　犇

◆ 人民邮电出版社出版发行　　北京市丰台区成寿寺路 11 号
　邮编　100164　　电子邮件　315@ptpress.com.cn
　网址　https://www.ptpress.com.cn
　临西县阅读时光印刷有限公司印刷

◆ 开本：787×1092　1/16
　印张：12　　　　2023 年 10 月第 1 版
　字数：301 千字　　2023 年 10 月河北第 1 次印刷

定价：69.80 元

读者服务热线：(010)81055410　印装质量热线：(010)81055316
反盗版热线：(010)81055315
广告经营许可证：京东市监广登字 20170147 号

前言

结合当前传媒行业的发展情况来看，短视频在促进媒体信息传播方面发挥着越来越重要的作用。相较于电影、电视，短视频的制作约束较少，较为自由。而且短视频制作速度快，传播效率高，可以直接表达核心内容。此外，视频播放的时长越短，其制作周期相对就会越短，因此制作方面的优势在短视频中得以充分体现。更重要的是，短视频的后期剪辑具备极强的可操作性，这与电影预告片有相似之处，即在较短的时间内融入最精彩的内容。

本书由“短视频制作与After Effects特效功能概述”“制作‘霓虹光线’特效”“制作‘掉落的文字’特效”“制作‘跳动的音波’特效”“制作‘旋转的荧光环’特效”“制作‘彩色光环’特效”“制作‘旋转粒子球’特效”“制作‘炫光文字’特效”“制作‘云层穿梭’特效”“制作‘旋转的镭射灯’特效”“制作‘老电影’特效”“制作‘天空闪电’特效”“制作‘香炉烟雾’特效”“制作‘跳动的音乐’特效”“制作‘星光漫步’特效”共16课内容组成。本书通过案例及配套视频，详细介绍了After Effects短视频制作中文字特效、粒子特效、光效、仿真特效、调色技法、高级特效插件等的制作技巧与方法。本书为读者提供了清晰、便捷、易懂的After Effects短视频特效制作方法和技巧，可提升读者短视频特效制作的水平。

本书的主要目的在于顺应短视频特效制作的发展趋势，力求通过After Effects提升短视频的视觉效果，促进短视频制作爱好者进行技术交流，通过短视频的创作和应用提高创作者的整体制作水平。同时，本书在当前新媒体融合发展的背景下，对短视频制作技术进行分析，能够为促进短视频的传播和发展提供借鉴经验，对促进媒体行业的进一步发展也有重要的作用。

在本书编写过程中，难免存在错漏之处，希望广大读者批评指正。

刘春雷

2023年8月

目录

第1课 短视频制作与 After Effects 特效功能概述 001

1.1 短视频概述 002
1.1.1 短视频 002
1.1.2 短视频制作技术与应用软件 002
1.2 短视频制作软件——After Effects 概述 002
1.2.1 After Effects 中“层”的概念 003
1.2.2 After Effects 中的粒子特效 003
1.2.3 After Effects 中的光特效 004
1.2.4 After Effects 中的文字特效 005

第2课 制作“霓虹光线”特效 006

第3课 制作“掉落的文字”特效 017

第4课 制作“跳动的音波”特效 025

第5课 制作“旋转的荧光环”特效 036

第6课 制作“彩色光环”特效 046

第7课 制作“旋转粒子球”特效 056

第8课 制作“炫光文字”特效 063

第9课 制作“云层穿梭”特效 071

第10课 制作“旋转的镭射灯”特效 086

第 11 课 制作“老电影”特效 099

第 12 课 制作“天空闪电”特效 112

第 13 课 制作“香炉烟雾”特效 138

第 14 课 制作“跳动的音乐”特效 153

第 15 课 制作“星光漫步”特效 167

第 1 课

短视频制作与After Effects特效功能概述

1.1 短视频概述

1.1.1 短视频

短视频即短片视频，时长一般在5分钟以内，以通过互联网实现传播为目的。短视频具有多种功能，除了娱乐之外，其在宣传、资讯等方面的功能也十分突出。与传统社交方式相比，短视频具有明显的直观性、形象性，并且内容极为丰富。互联网及新媒体技术的迅猛发展，为短视频的传播奠定了坚实的技术基础。视频制作技术的成熟与简单化为短视频制作提供了便捷条件，这使短视频的发展十分迅速。尤其在“网红”现象出现后，短视频制作开始逐渐朝专业化方向发展。国内的一些手机短视频平台已经成为短视频行业中的翘楚，对短视频的发展起到了推动作用。

1.1.2 短视频制作技术与应用软件

新媒体的出现和应用，是短视频能够得到快速发展的主要因素之一。在当前新媒体不断发展的背景下，短视频的出现和发展，在为各类媒体提供新的传播方式的同时，也开启了视频时代发展的大门。在制作短视频的过程中体现内容和传播形式的创新性，对促进新媒体的不断发展具有重要的作用。在媒体融合的背景下，短视频制作主要依靠下图所示的软件完成。

1.2 短视频制作软件——After Effects概述

After Effects 是 Adobe 公司推出的一款图形视频处理软件，属于层类型后期软件，涵盖影视特效制作中常见的文字特效、粒子特效、光效、仿真特效、调色技法及高级特效等插件，这些都是读者学习 After Effects 特效制作时不可或缺的工具。除了具备图形与视频处理功能，After Effects 还具有强大的路径操作、特技控制、多层剪辑、关键帧编辑和准确定位动画等功能。下图展示的是After Effects CC 2017。

After Effects与同是 Adobe 公司开发的 Photoshop有很多相似之处，它们都是通过“层”对视频和图像进行处理的，可以说After Effects是 PhotoShop的动态衍生软件。例如，After Effects中的蒙版、遮罩、滤镜等功能，都是通过和Photoshop中类似的方法对不同图层的素材进行处理，在处理完成后把这些图层素材进行拼接即可得到完美的视觉效果。

1.2.1 After Effects 中“层”的概念

“层”概念的引入，使After Effects可以对多层的合成图像进行控制，从而制作出非常棒的合成效果。关键帧与路径的引入，使用户控制短视频动画变得游刃有余；高效的视频处理系统，确保了高质量视频的输出；而令人眼花缭乱的特技系统能够实现用户的一切创意。同时，After Effects能与其他Adobe软件实现优质的兼容效果，用户可以在After Effects中方便地导入Photoshop、Illustrator中的层文件，Premiere中的项目文件，还可以与3ds Max协同工作。

1.2.2 After Effects 中的粒子特效

After Effects能实现后期特效的合成，其内部的粒子系统可以对多种常见的自然事物进行有效模拟，如火焰、大雪、云层等，模拟出的效果也十分逼真，因此After Effects在影视后期合成与制作中得到了广泛应用。在影视后期合成工作中，After Effects的优势得到了有效体现，此环节主要依赖于其粒子系统。在合成影视特效的同时，After Effects可以及时进行后期制作实践，所以其可靠性和稳定性都得到了最佳体现。

在很多精彩的短视频作品中，粒子特效是很重要的效果。我们在电视剧片头或者电影中欣赏到的星光、飞舞的萤火虫、飘浮在空中的烟雾，以及用于突出展示主体物的炫目效果等，都可以使用After Effects的粒子系统制作出来。在After Effects 中，粒子的制作和表现方法有很多，可以利用 After Effects 内置的特效，也可以利用外置插件。常见的粒子特效插件有CC Vector Blur、CC PS Classic（局域性的粒子系统）、Particular等，其中Particular 粒子特效应用非常广泛，利用它可以制作出很多效果。例如，使用Particular中的反弹选项和辅助系统选项能制作出雨滴反弹的场景，利用Particular中的自定义粒子选项和可见度选项可以制作出图片漫天飞舞的效果，利用Particular中的发射器、自定义粒子及紊乱置换特效能制作出浓烟效果（见下图）。

1.2.3 After Effects 中的光特效

短视频本身其实也是一种光影的艺术，因此光效一直以来都是短视频制作中非常基础的效果，很多短视频因为有了漂亮的光效而显得更加精彩夺目（见下页图）。短视频创作者经常用到的光效包括扫光、光效文字、光带、光斑和冲击波等。有很多制作绚丽光效的方法，它们的制作原理大同小异，当创作者掌握了画面亮和暗的关系，以及光线传播的基本原理后，在制作过程中就能得心应手地为画面增加光效了。

After Effects中有很多光效插件，比较常见的有Knoll Light Factory（光工厂），Glow（辉光），Trapcode中的 3D Stroke、Shine 、Starglow，以及Video Copilot 中的 Optical Flares等，这些光效插件使用起来特别方便。使用这些光效插件能很快捷地制作出不同形态

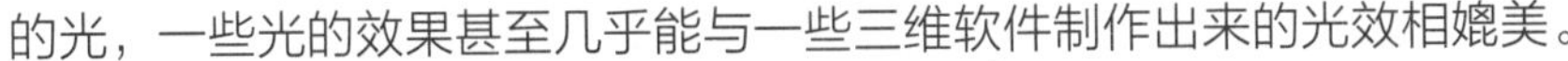

的光，一些光的效果甚至几乎能与一些三维软件制作出来的光效相媲美。

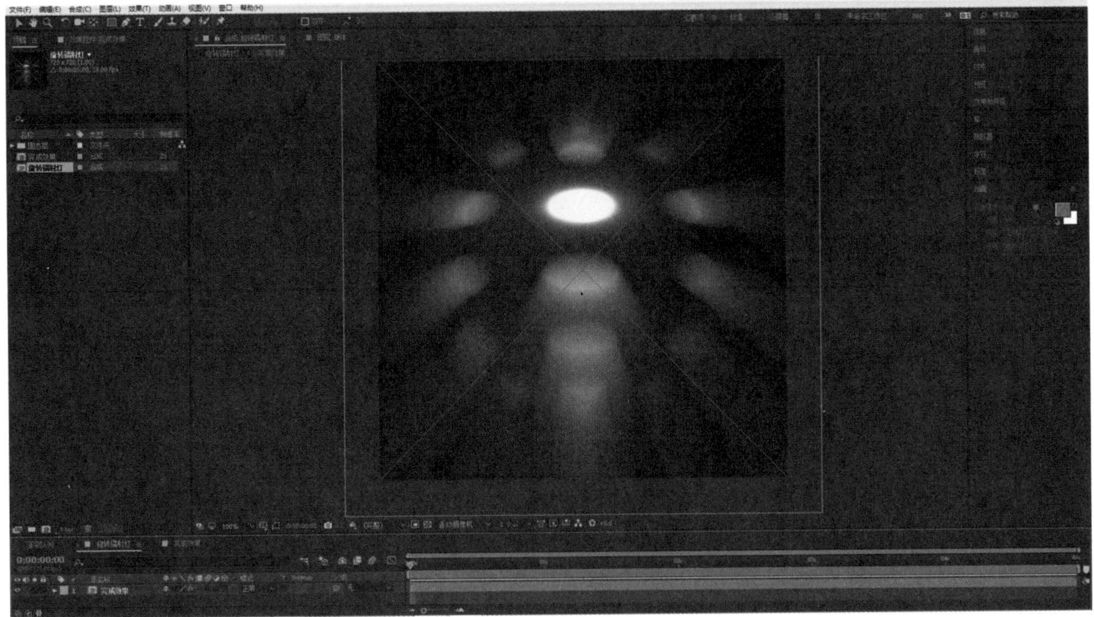

1.2.4 After Effects 中的文字特效

在短视频中，文字不仅起传达信息的作用，它还是短视频画面的重要组成部分，好的文字特效能让短视频增色不少。一个短视频中无论素材种类有多少，文字特效都是必不可少的视觉内容。如果文字特效的设计与制作得当，不仅能产生自然、舒适的美感，还能给人强烈的视觉冲击力，在视觉效果上给受众留下深刻的印象，让受众可以领悟到短视频所要表达的主题思想和文化内涵。因此，很多短视频创作者非常重视文字特效的制作，文字特效的表现力将直接影响短视频的整体效果（见下图）。

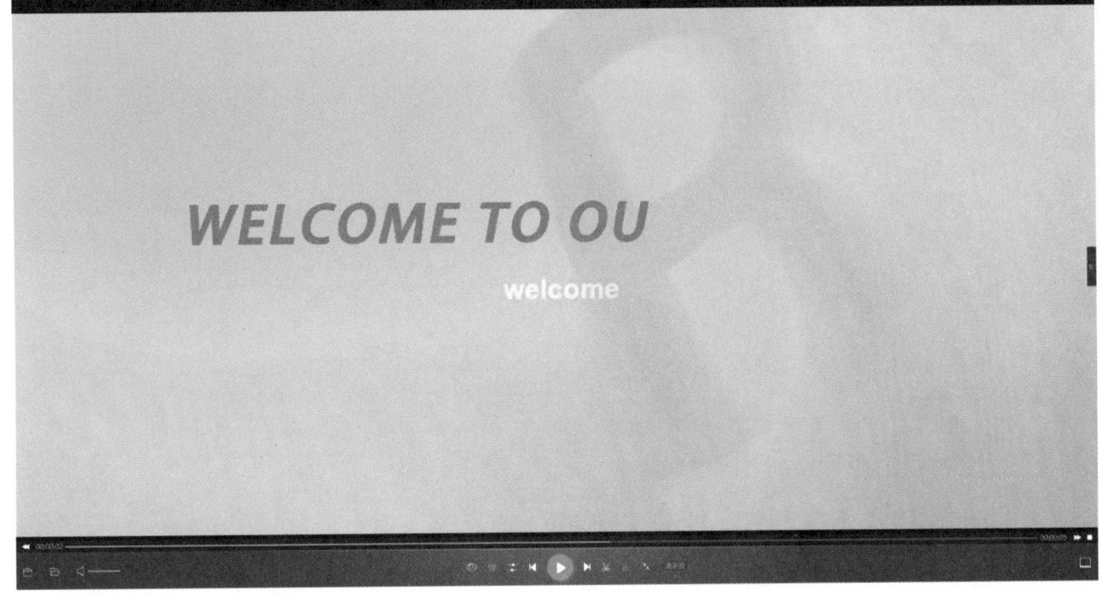

第 2 课

制作“霓虹光线”特效

01 打开After Effects，单击菜单栏中的【合成】→【新建合成】，打开【合成设置】对话框。将合成的名称设置为“霓虹光线”，【宽度】设置为“720”像素（px），【高度】设置为“576”像素，【像素长宽比】设置为“D1/DV PAL（1.09）”，【帧速率】设置为“25”帧/秒，【持续时间】设置为“10”秒，【背景颜色】设置为“黑色”，单击【确定】。

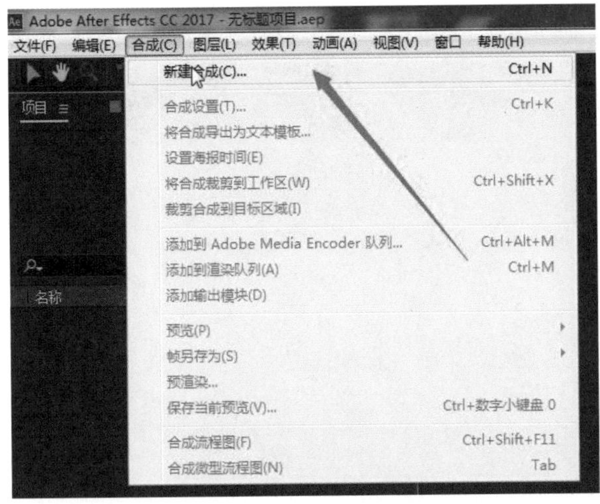

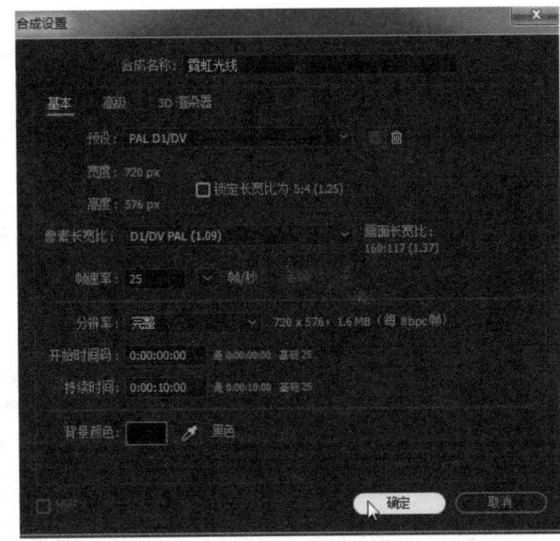

02 在时间轴面板空白处中单击鼠标右键，在弹出的快捷菜单中选择【新建】→【纯色】，新建一个纯色固态层，将其重命名为“光线”。修改“光线”层的设置，使其与刚刚新建合成的设置一致，单击【确定】。

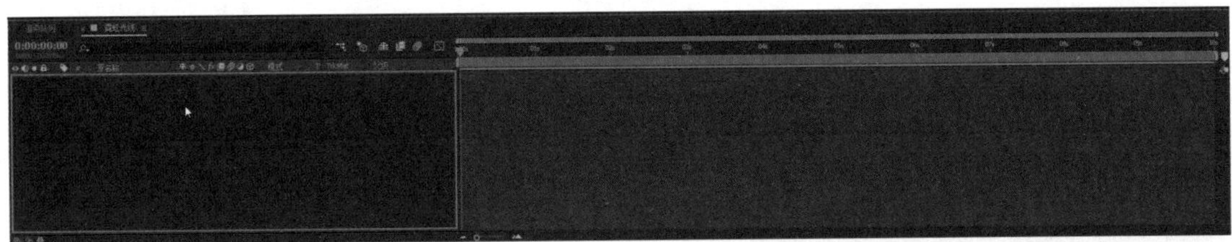

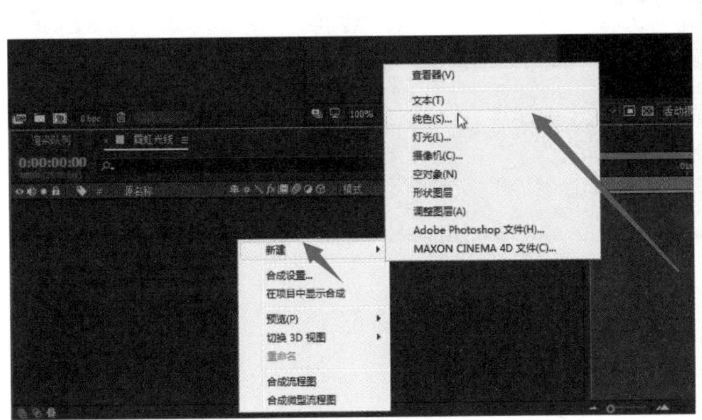

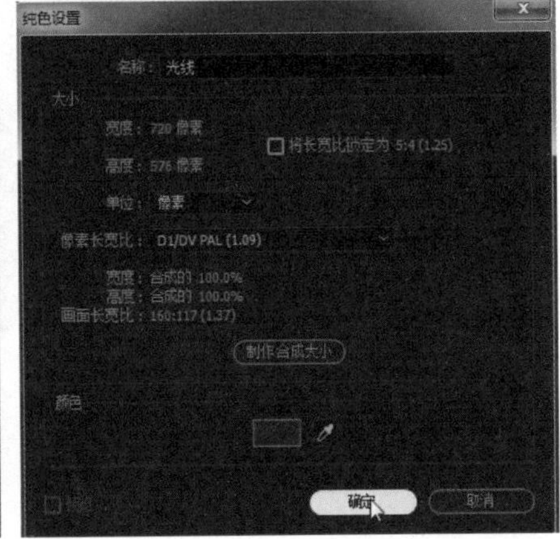

03 在工具栏中选择【钢笔工具】。

绘制一个封闭图形。

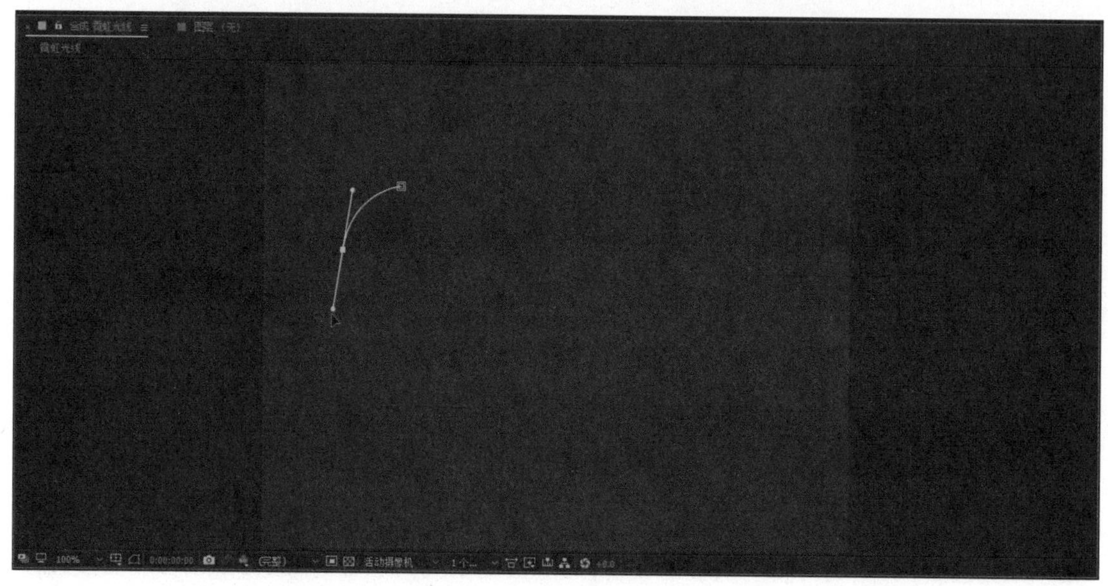

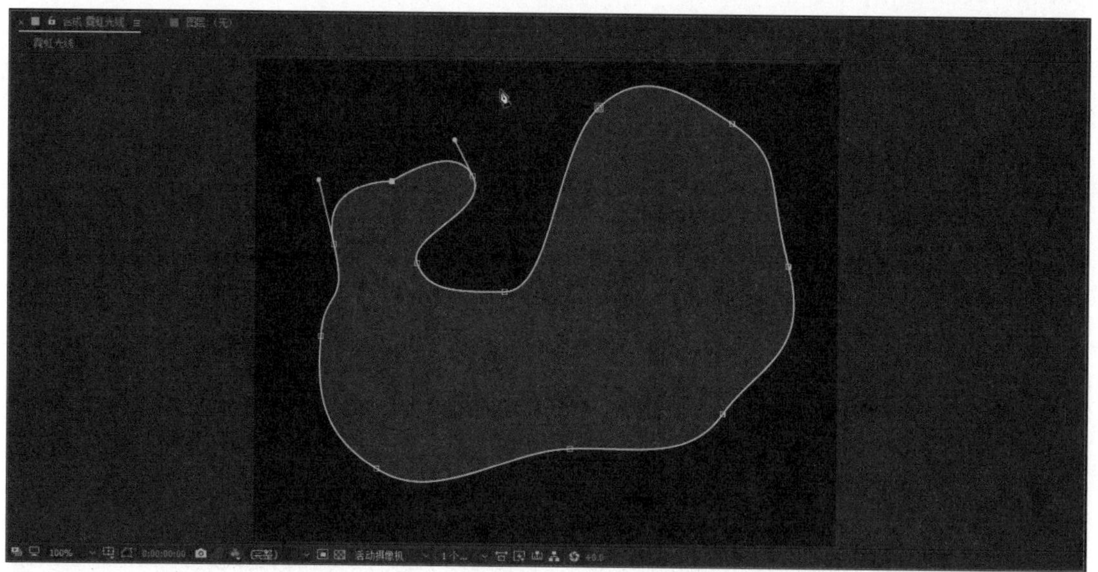

04 在【效果和预设】面板中，双击【Trapcode】特效组中的【3D Stroke】特效。

如果你的After Effects 中没有这个插件，可以自行进行安装：将配套素材中所有与“Trapcode”插件相关的文件复制粘贴至After Effects安装目录下的Adobe\Adobe After Effects CC 2017\Support Files\Plug-ins\Effects文件夹内。

05 预览窗口中的效果，如下图所示。

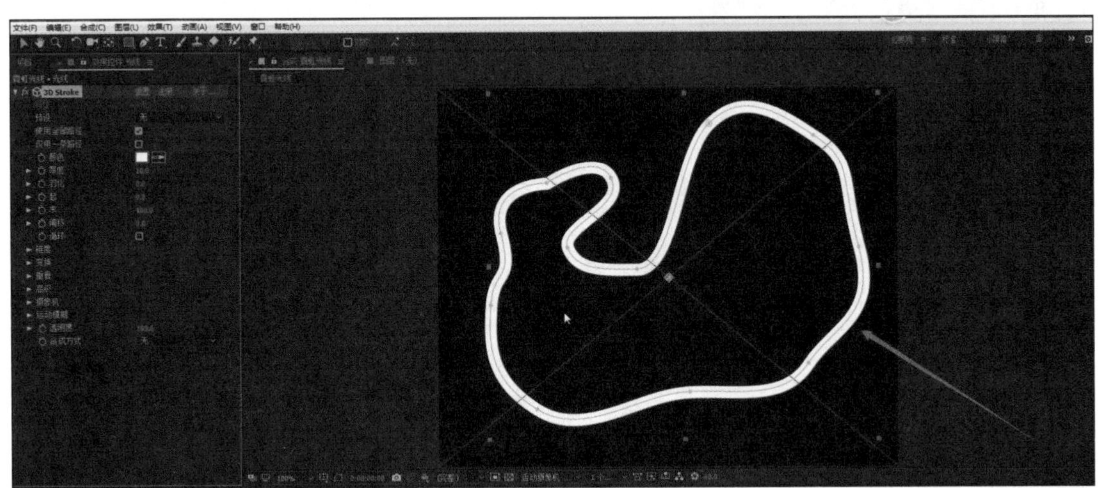

06 在【效果控件】面板中，对【3D Stroke】特效进行相应的设置。

选择【颜色】，将颜色更改为淡蓝色：将【R】设置为“200”，【G】设置为“255”，【B】设置为“255”，单击【确定】。

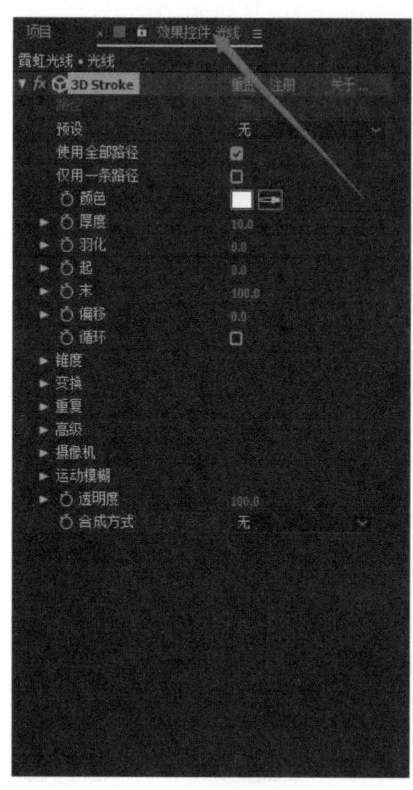

将【厚度】更改为“15”，这样预览窗口中的图形就被加粗了。

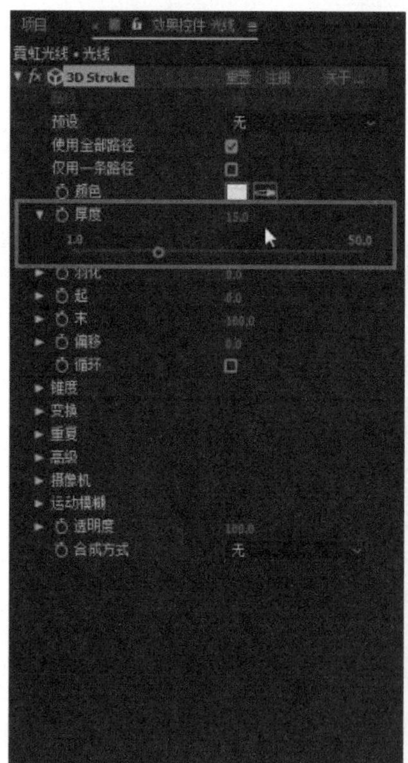

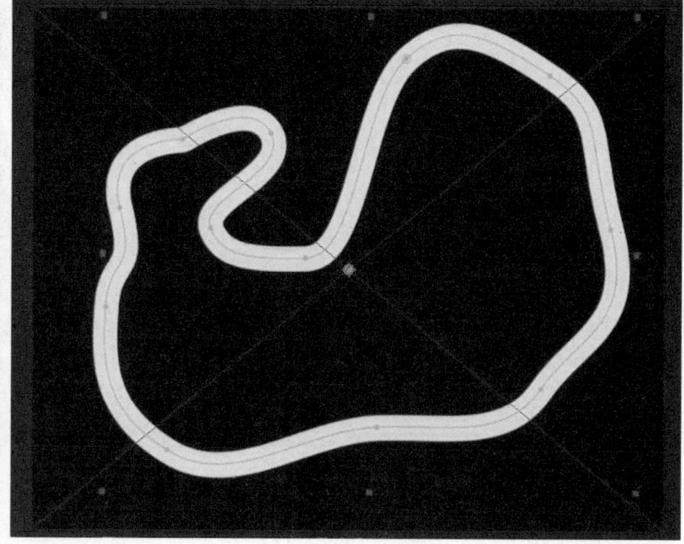

07 勾选【循环】复选框。

单击【偏移】左侧的码表图标，将【偏移】设置为“150”。

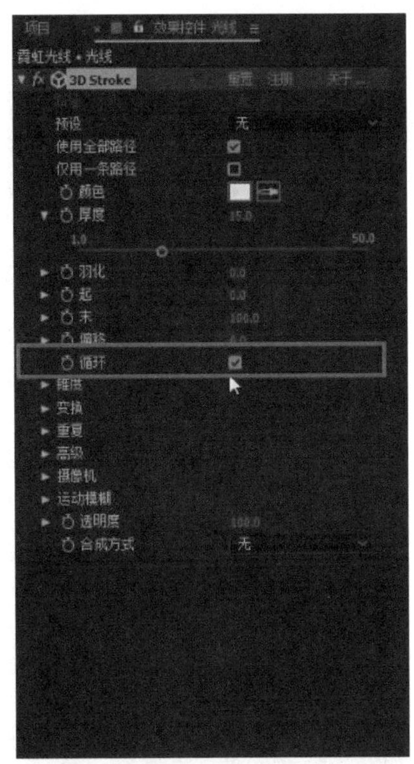

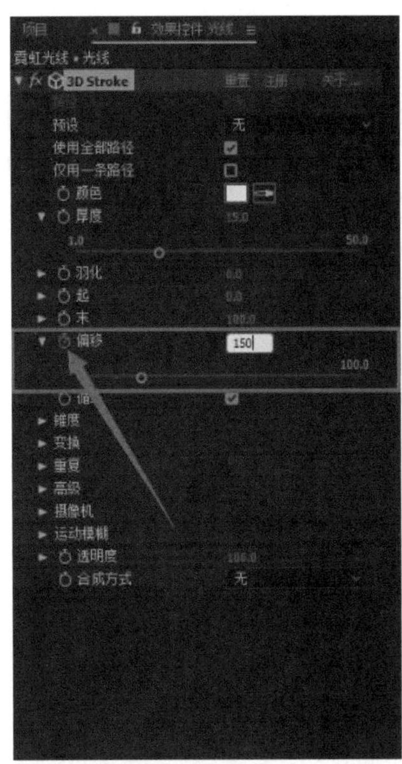

在【锥度】选项组中，勾选【启用】复选框。

此时预览窗口内的图形发生了粗细变化。

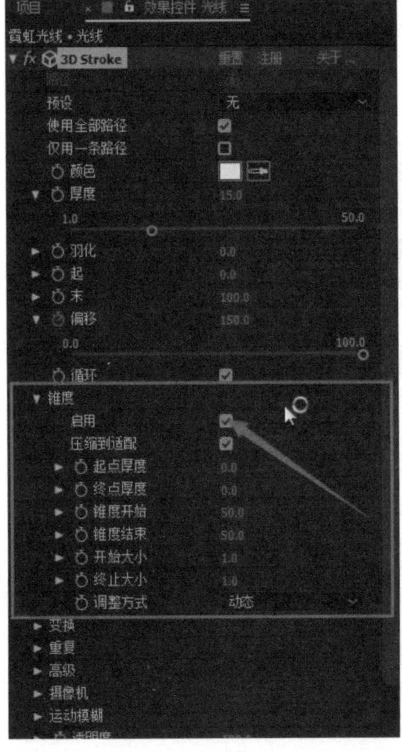

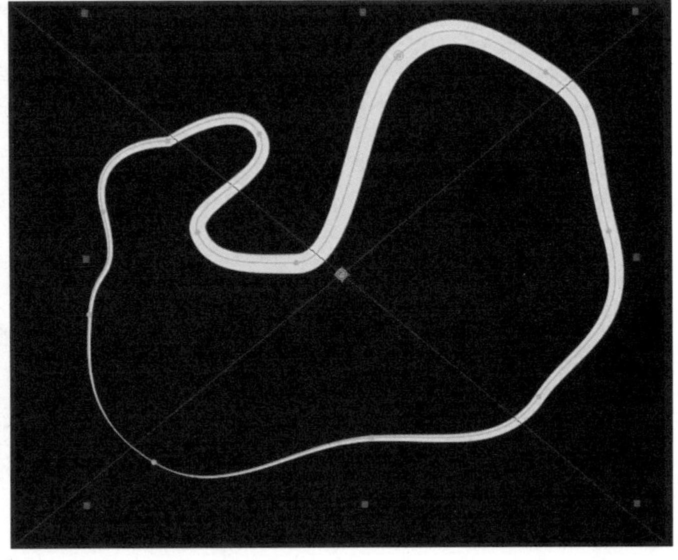

08 展开【变换】选项组，将【弯曲】设置为“5”。

单击【弯曲角度】左侧的码表图标，将【Z位置】设置为“-50”。

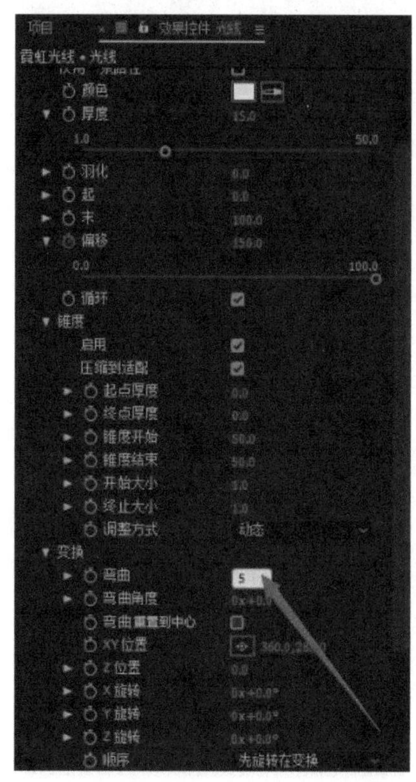

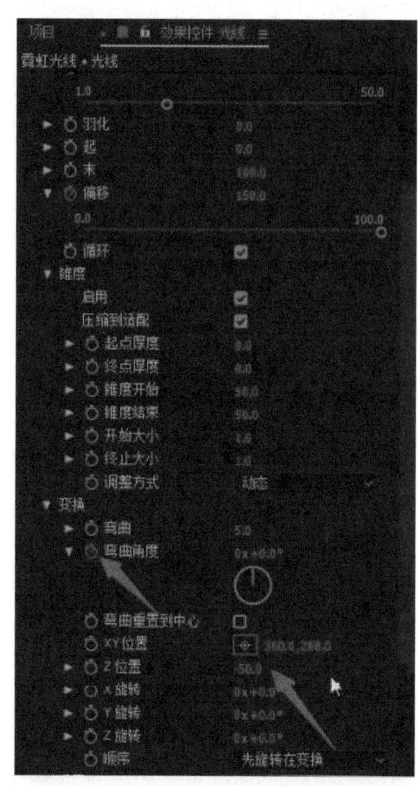

将【X旋转】设置为“0x+100°”,【Y旋转】设置为“0x+30°”,【Z旋转】设置为“0x-10°”。

09 选择“光线”层，按【U】键打开效果设置界面。

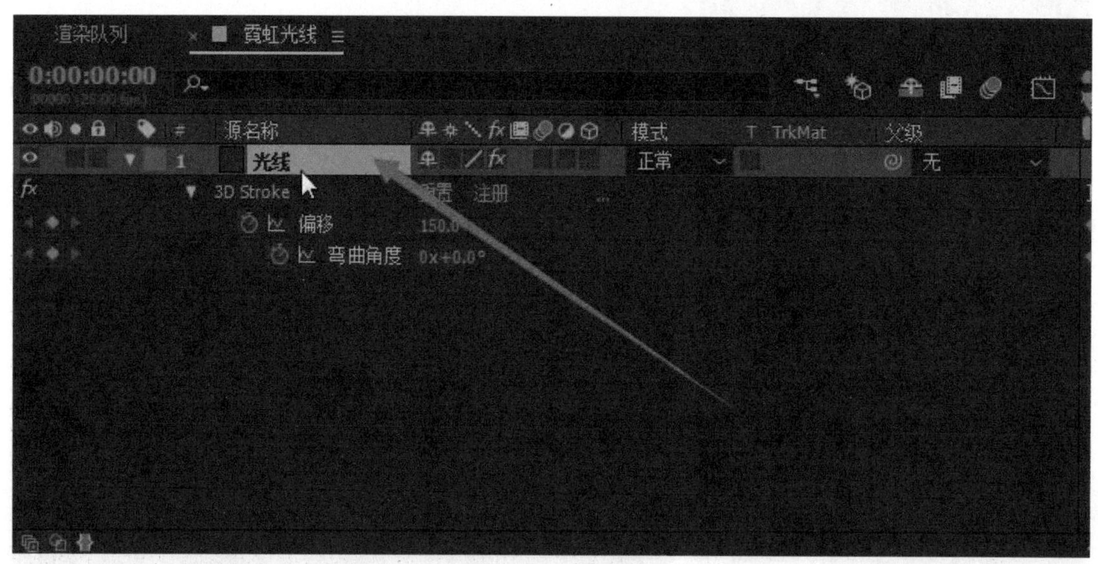

将动画时间设置为“8”秒。

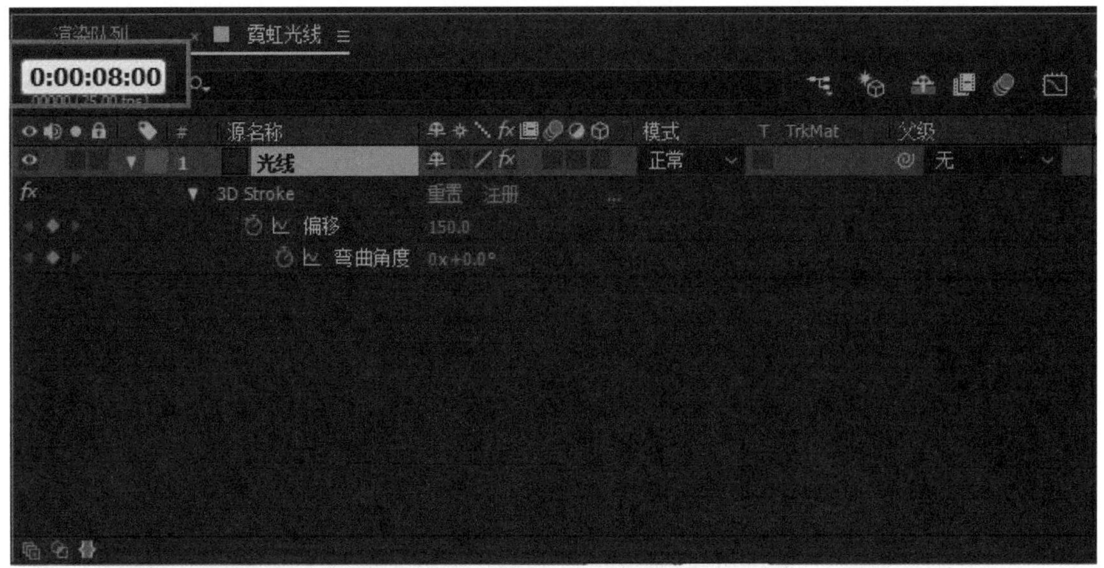

将【偏移】设置为“340”。将【弯曲角度】设置为“0x(+)70°”。

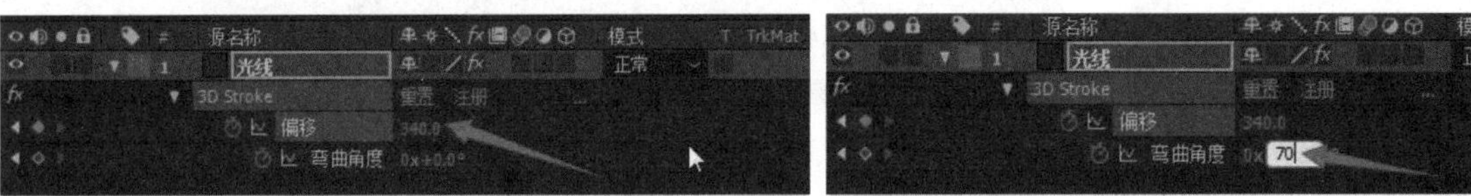

拖曳时间滑块即可查看动画效果。

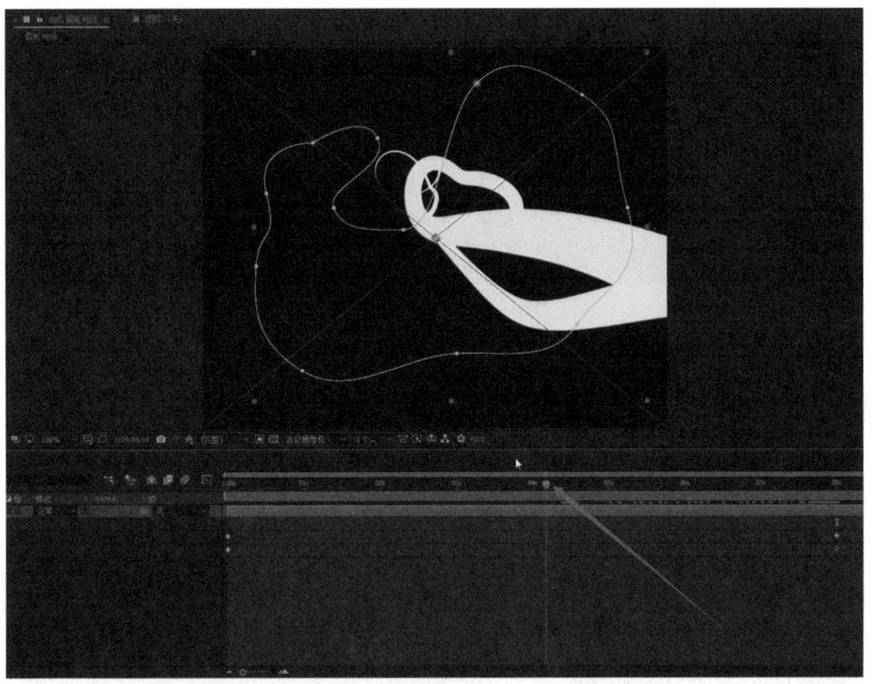

10 使用【效果和预设】面板中的【Starglow】特效，为图形添加霓虹光线效果。拖曳时间滑块可以看到，现在动画中已经具有霓虹光线效果了。

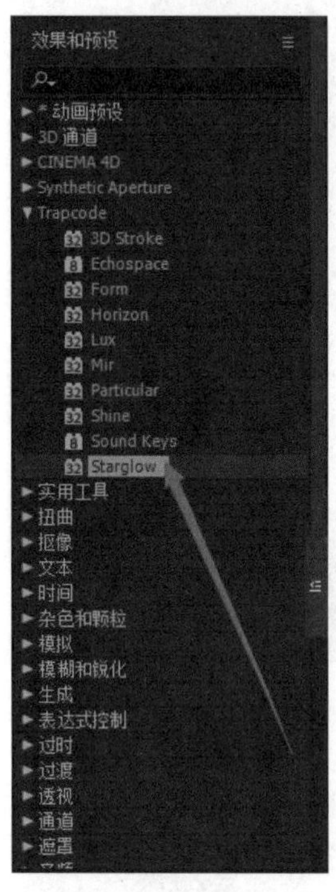

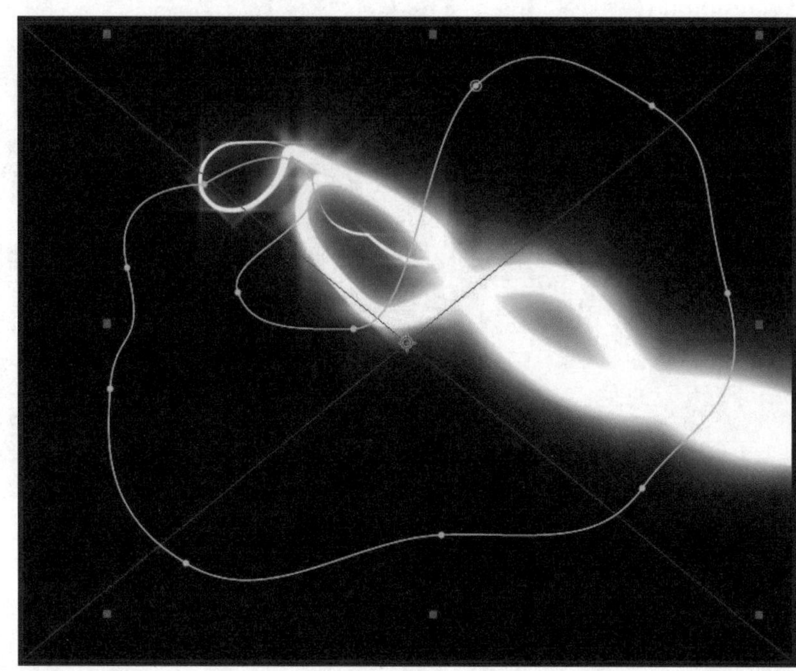

11 调整霓虹光线的色彩，并为霓虹光线制作色彩变化动画。将时间滑块拖曳到“00s”（0秒）的位置，单击【颜色贴图B】下【预置】选项左侧的码表图标。依次单击【高光色】、【中间调】、【阴影色】左侧的码表图标。

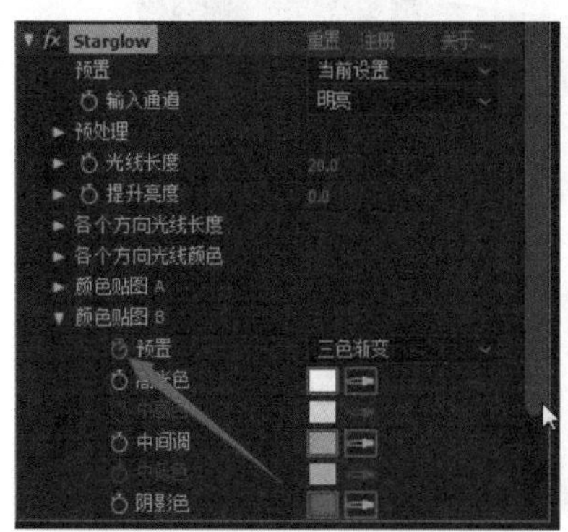

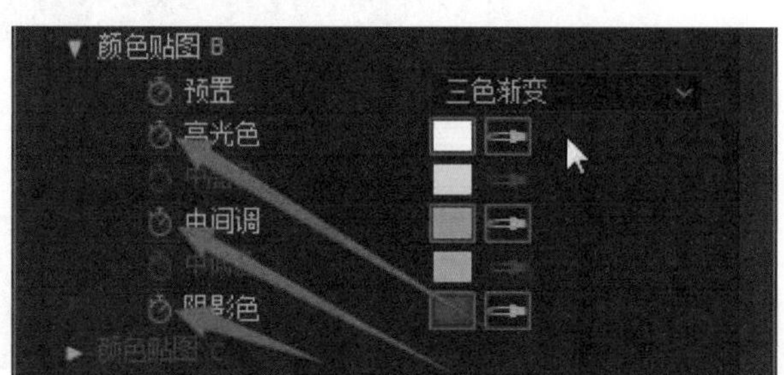

将时间滑块向右拖曳到“01s”（1秒）的位置，将【预置】更改为“火焰”。

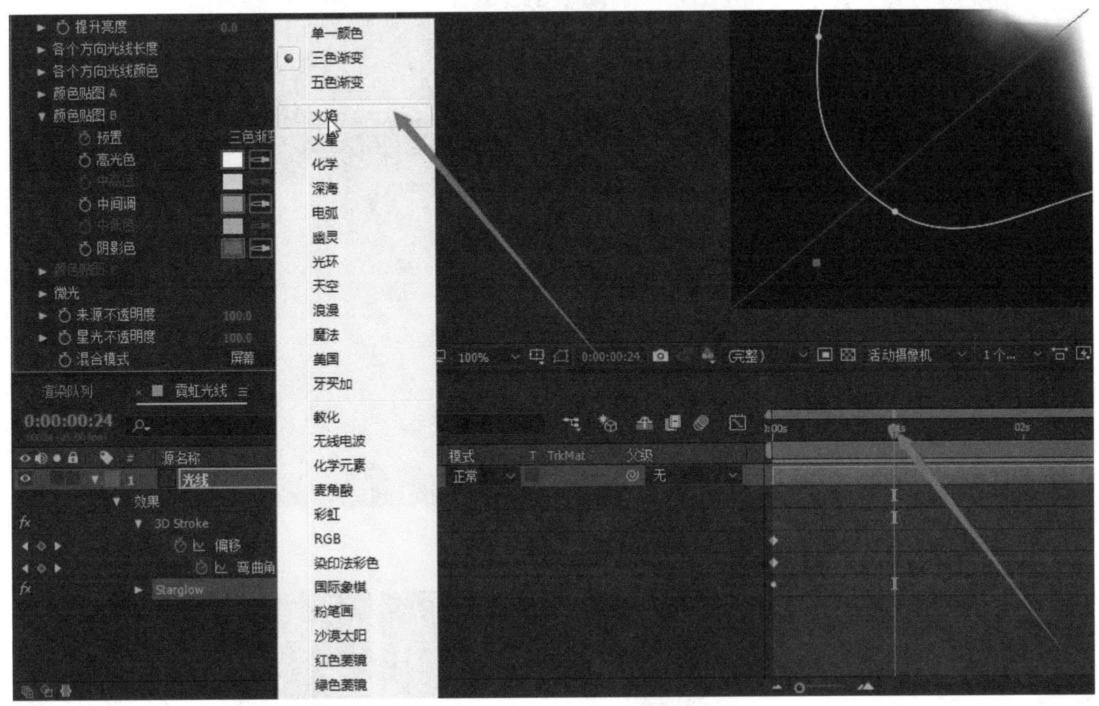

将时间滑块向右拖曳到“02s”（2秒）的位置，将【预置】更改为“深海”。

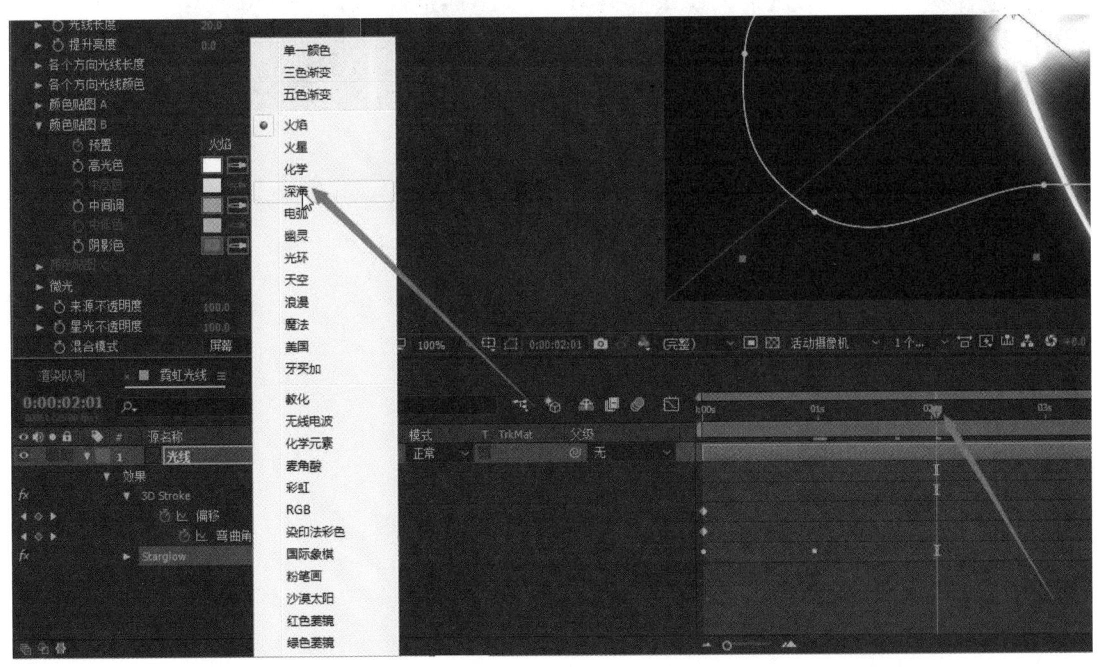

将时间滑块向右拖曳到“03s”（3秒）的位置，将【预置】更改为“光环”。

当然，读者完全可以根据自己的喜好调整霓虹光线的颜色。

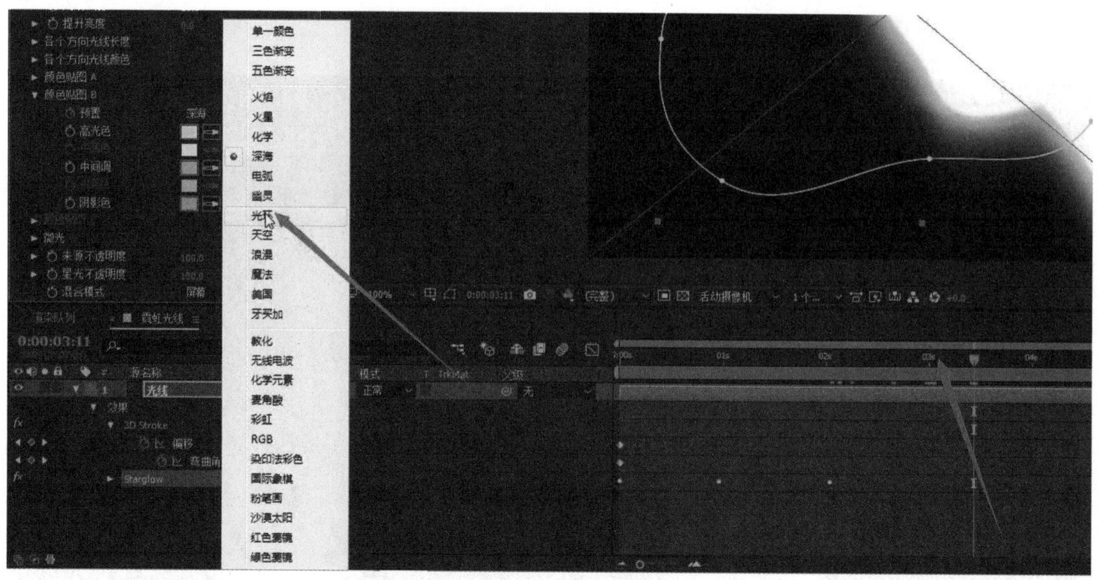

12 按空格键预览动画效果，霓虹光线产生颜色变化。

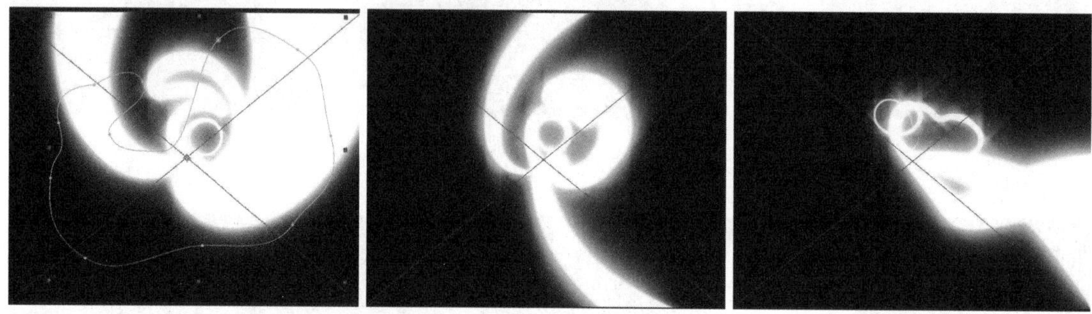

至此，“霓虹光线”短视频动画特效就制作完成了。

第 3 课

制作“掉落的文字”特效

01 打开After Effects，单击菜单栏中的【合成】→【新建合成】，创建一个合成。将合成的名称设置为“掉落的文字”，【宽度】设置为“352”像素，【高度】设置为“288”像素，【帧速率】设置为“25”帧/秒，【持续时间】设置为“3”秒，单击【确定】。

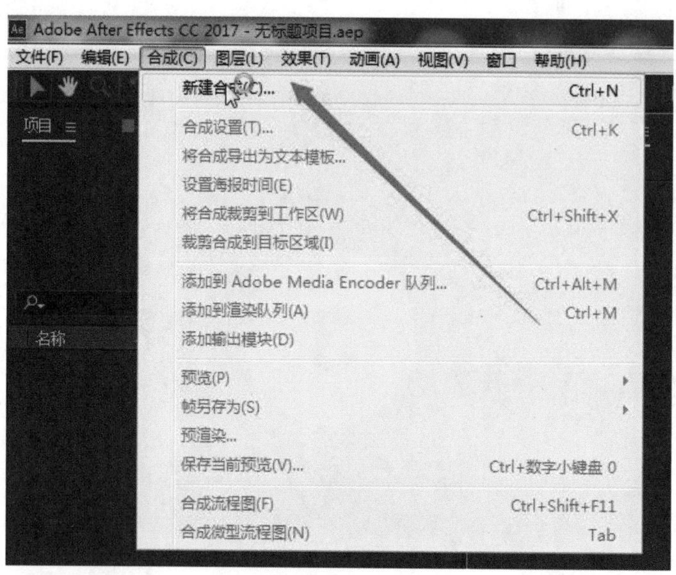

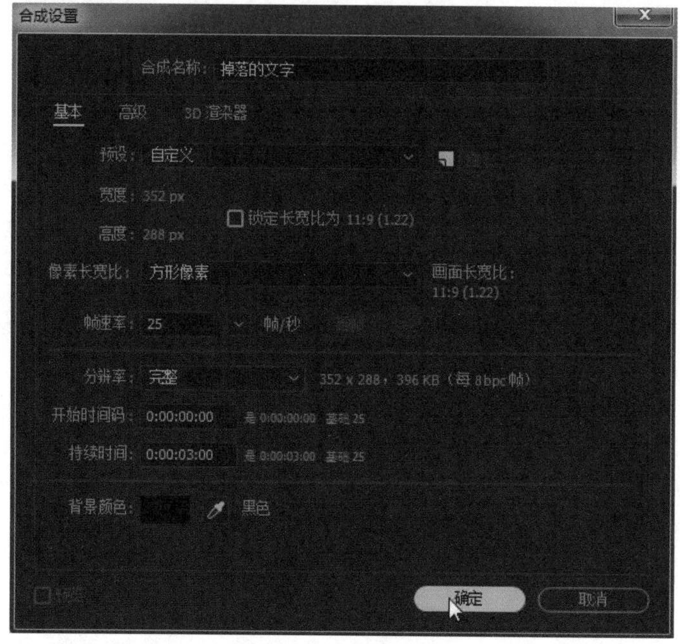

02 选择工具栏中的【横排文字工具】，在【段落】面板中选择【居中对齐文本】样式。将【字体】设置为“方正彩云简体”。如果你的计算机中没有“方正彩云简体”，可以选择其他字体。

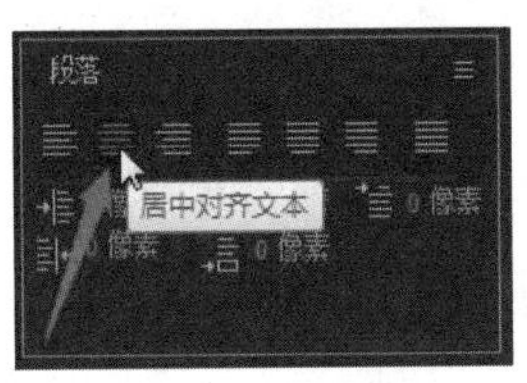

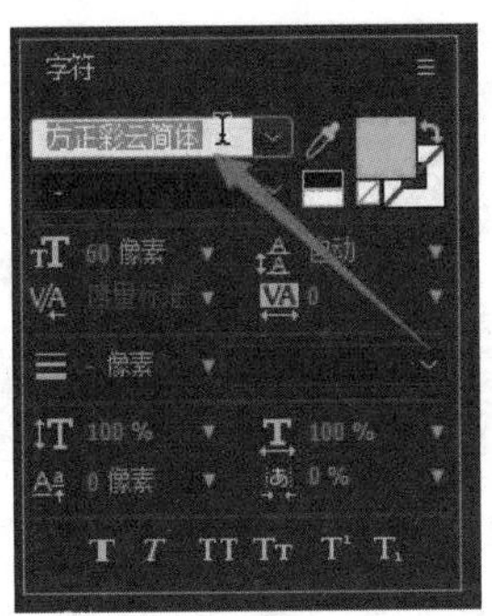

03 将【颜色】设置为“蓝色”：将【R】、【G】、【B】分别设置为“0”“225”“253”，单击【确定】。

04 将【文字尺寸】设置为“60像素”。

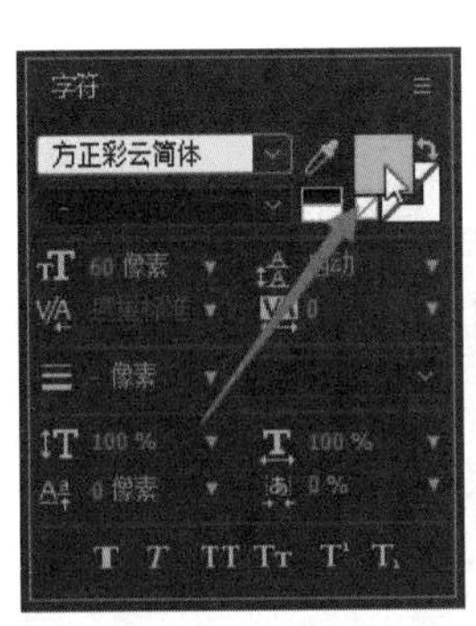

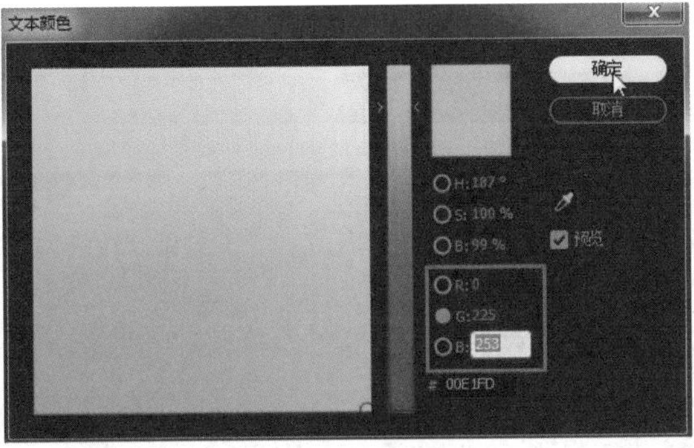

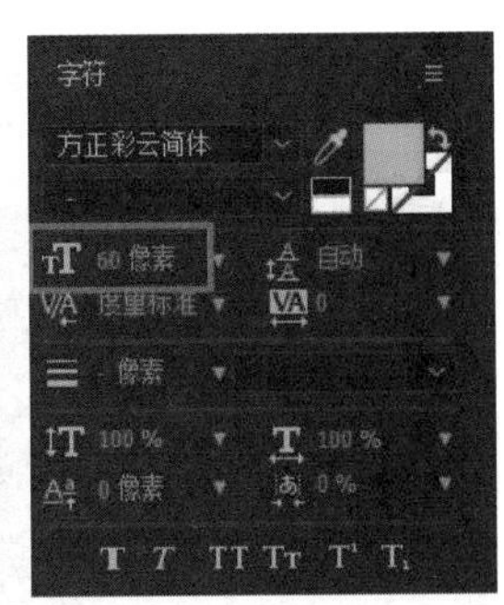

在预览窗口中单击，输入文字“掉落的文字效果”。

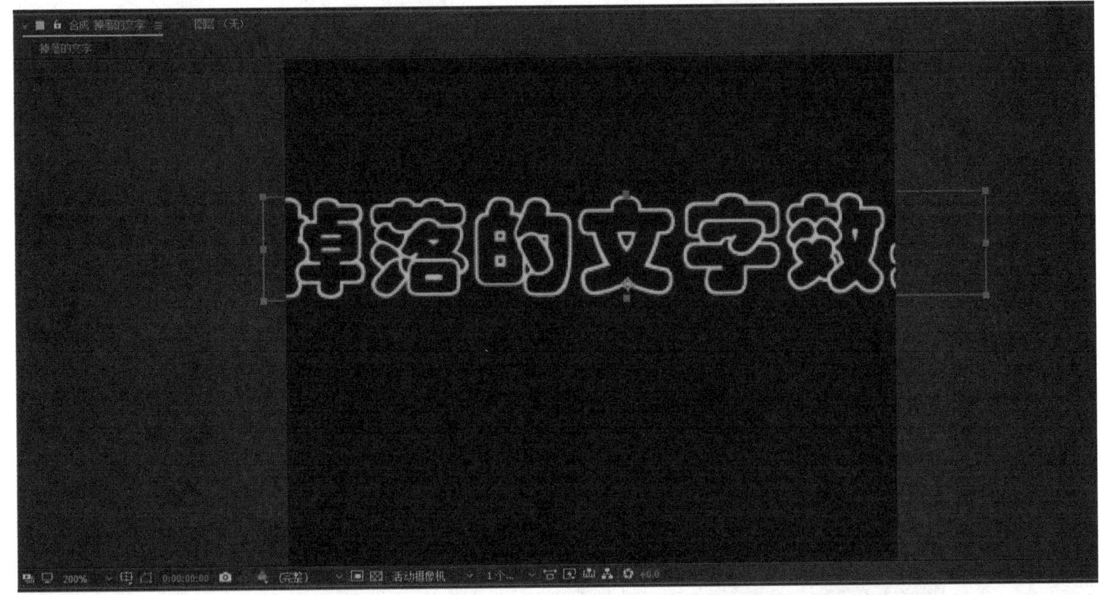

在“掉落的”和“文字”右侧分别单击，并按回车键，形成高低错落的效果。

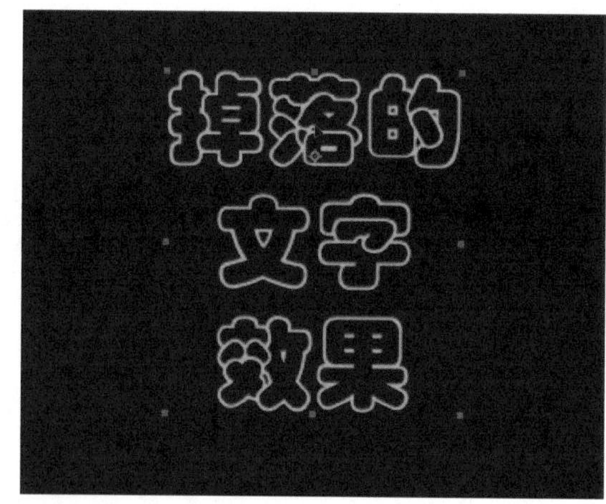

05 选择工具栏中的【选择工具】，按住鼠标左键，把“掉落的文字效果”文本框移动到预览窗口的中间位置。

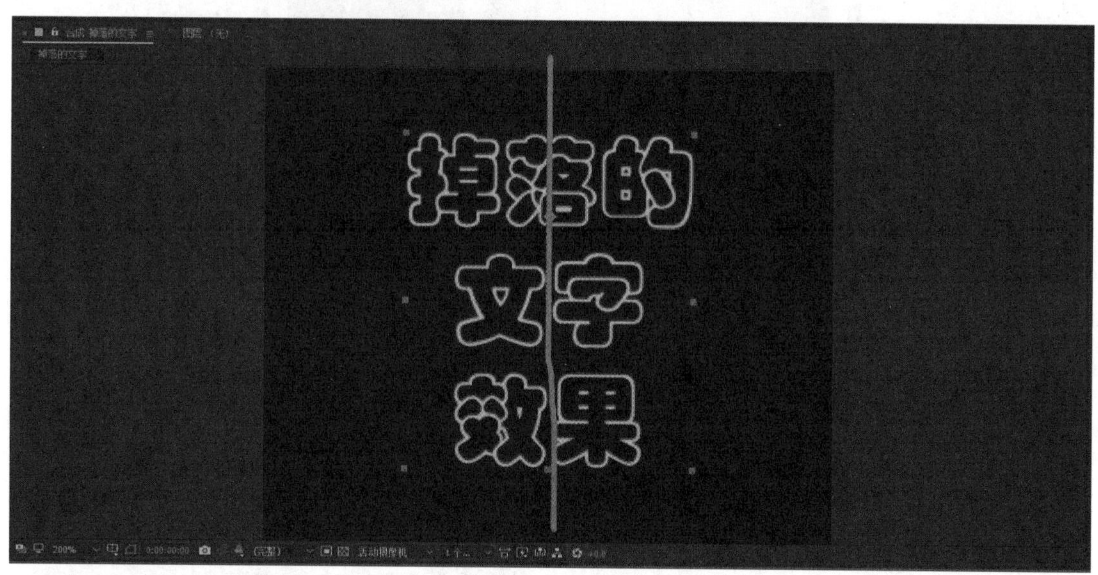

06 选择文字层，单击左侧的三角形图标（下三角按钮）将其展开。

【文本】右侧有一个“动画”按钮，单击其中的小三角形按钮，从弹出的菜单中分别

选择【位置】、【不透明度】和【字符位移】。

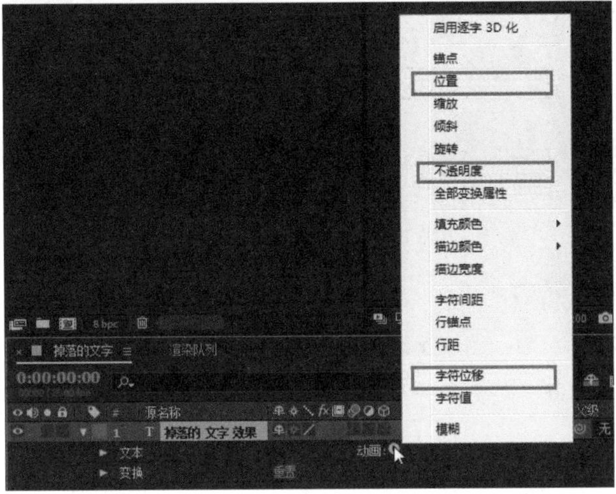

这样就为文字添加了“位置”“不透明度”“字符位移”3个动画属性。

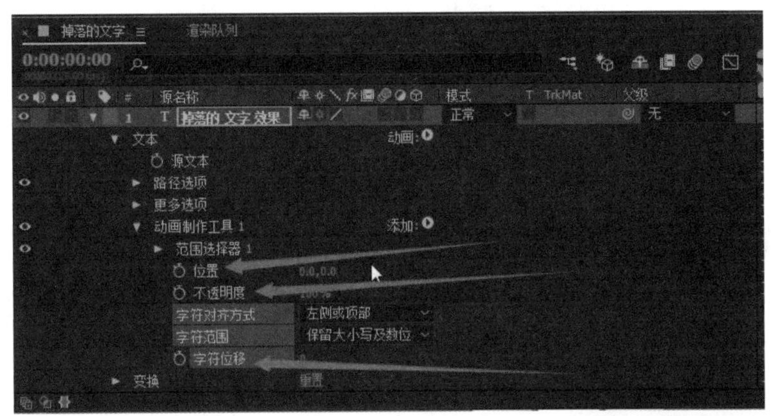

07 将时间设置为“0秒0帧”。

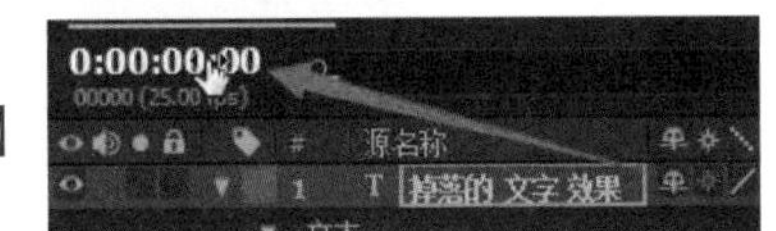

选择文字层，展开【动画制作工具1】→【范围选择器1】选项。

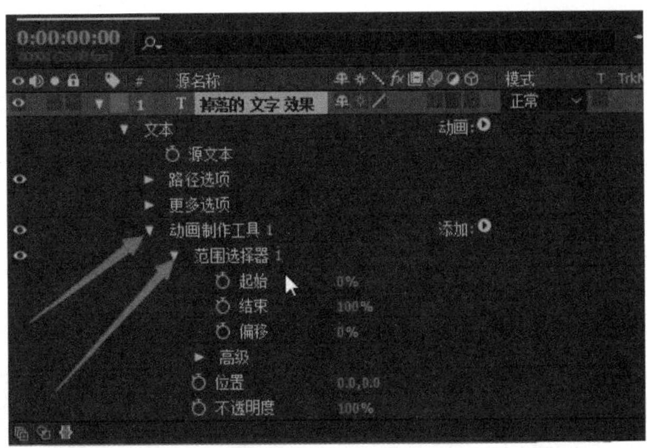

展开【高级】选项，找到【形状】选项。

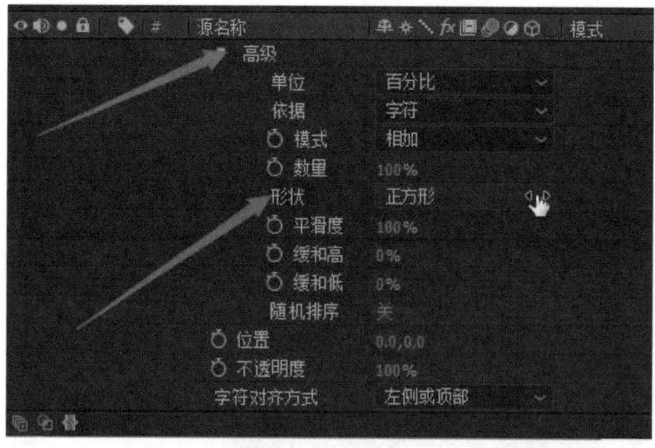

展开【形状】下拉菜单，选择【上斜坡】，然后将下拉菜单收起。

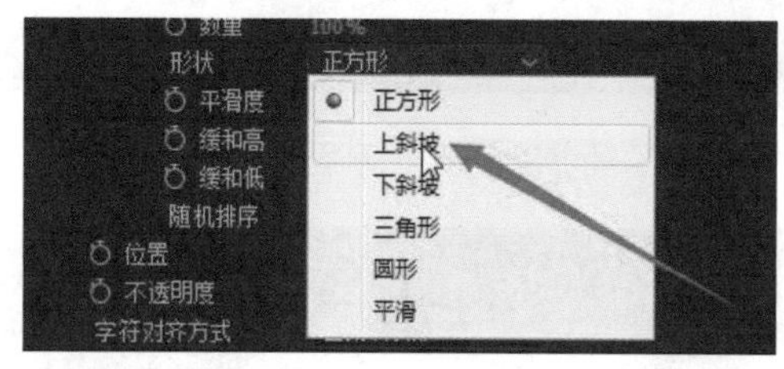

08 修改【位置】为“0”和“-340”。修改【不透明度】为“1%”，让文字变为半透明状态。

在【字符范围】下拉菜单中选择【完整的 Unicode】。

修改【字符位移】为“45”。修改【偏移】为“-100%”，并单击其左侧的码表图标。

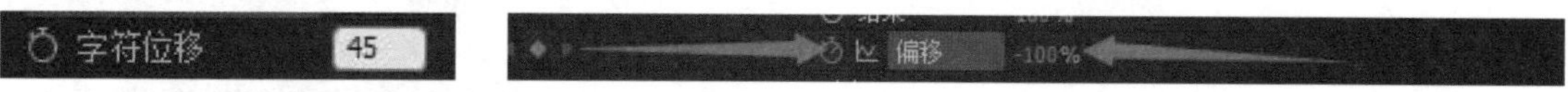

09 将时间设置为“2秒15帧”。

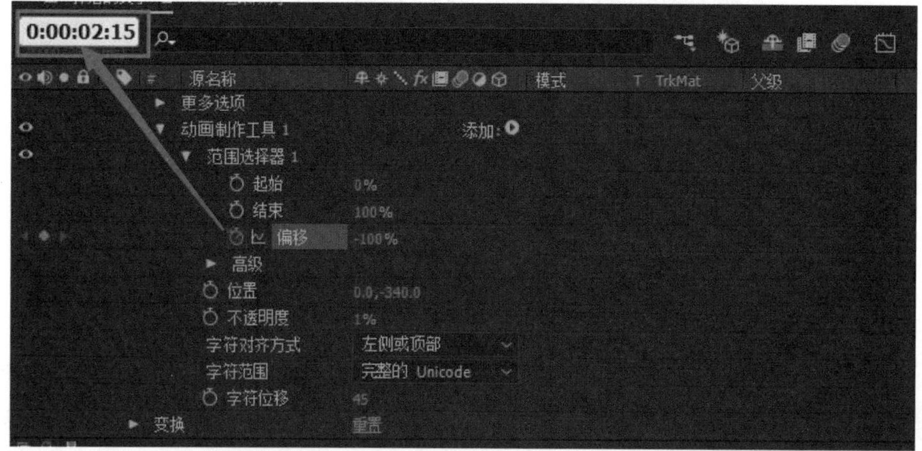

修改【偏移】为“100%”。

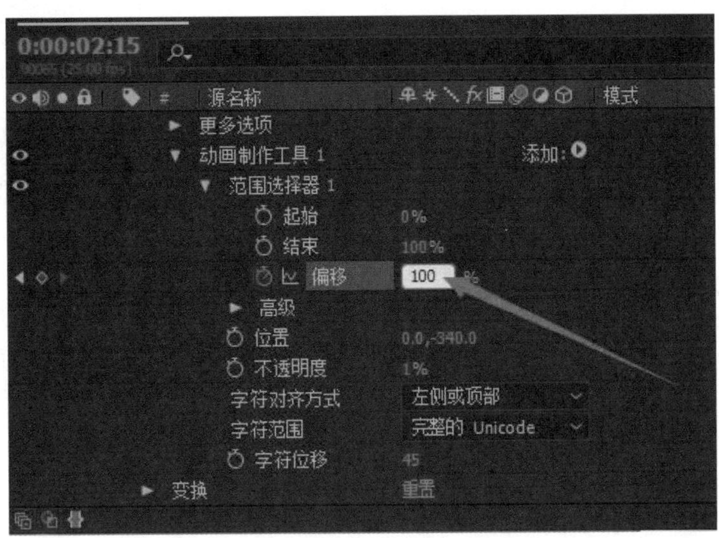

10 拖曳时间滑块，可以看到文字的动画效果。

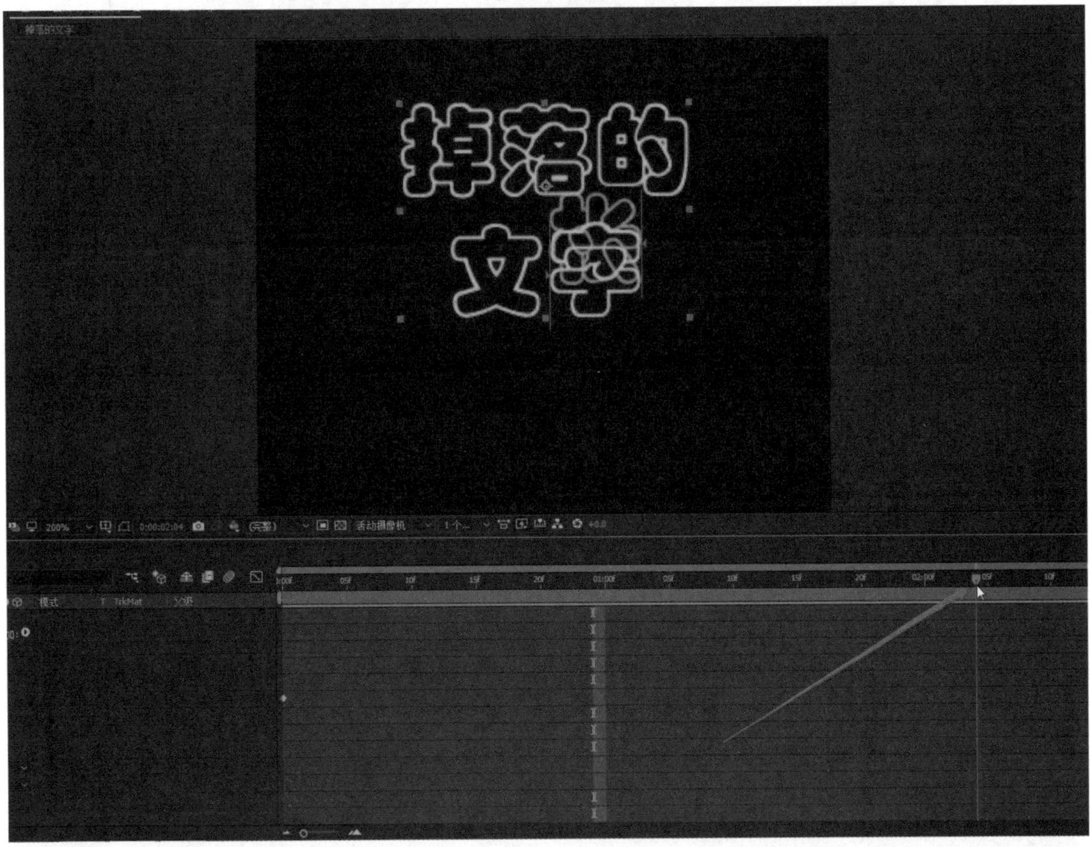

11 按空格键播放文字动画，可以看到文字掉落的动画效果。但是现在动画并没有重复播放，所以我们需要为它添加一个重复特效。

选择文字层，在【效果和预设】面板中找到【时间】特效组，然后双击【残影】特效。

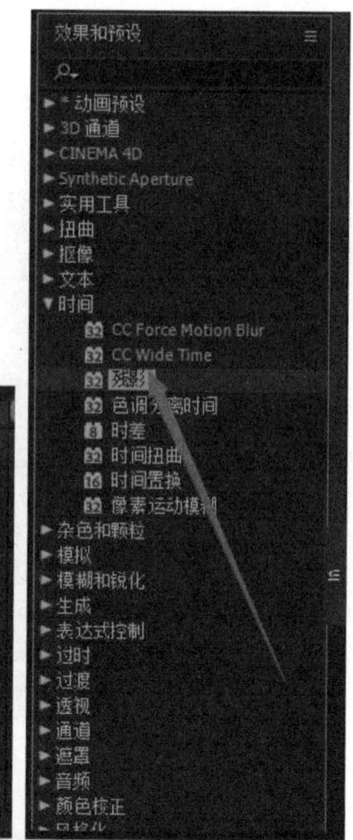

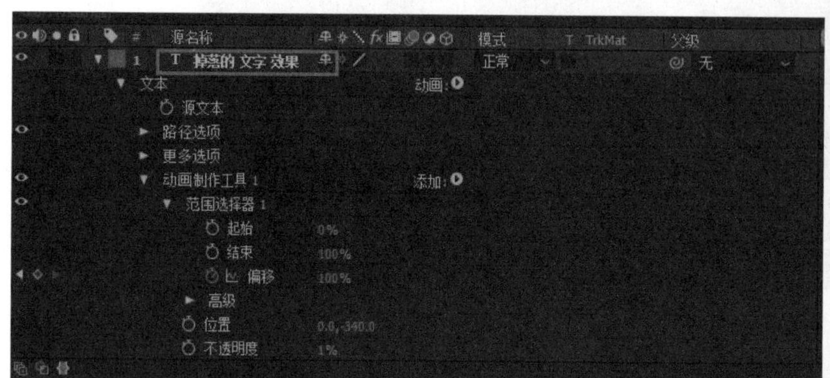

12 在【效果控件】面板中，设置【残影时间（秒）】为“0.25”，【残影数量】设置为“4”，将【衰减】设置为“0.5”。

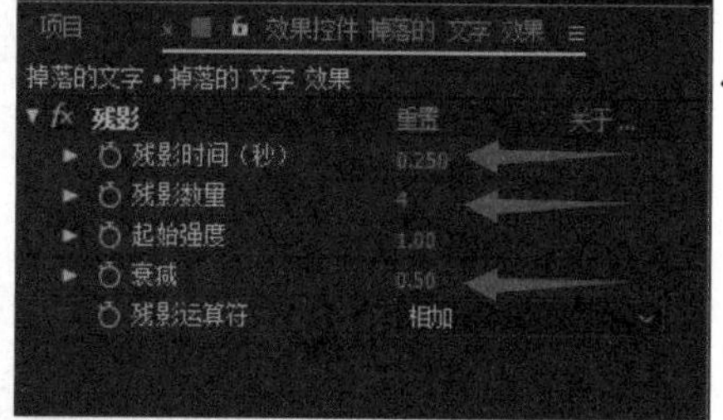

按空格键，预览文字掉落的整体动画效果。

至此，“掉落的文字”短视频动画特效就制作完成了。

第 4 课

制作“跳动的音波”特效

01 打开After Effects，单击菜单栏中的【合成】→【新建合成】，创建一个合成。将合成的名称设置为“跳动的音波”，【宽度】设置为“720”像素，【高度】设置为“576”像素，【帧速率】设置为“25”帧/秒，【持续时间】设置为“20”秒，【预设】设置为“PAL D1/DV”，【背景颜色】设置为“黑色”，单击【确定】。

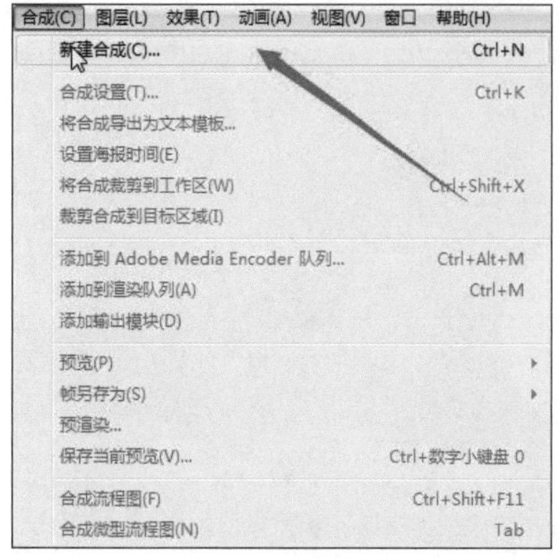

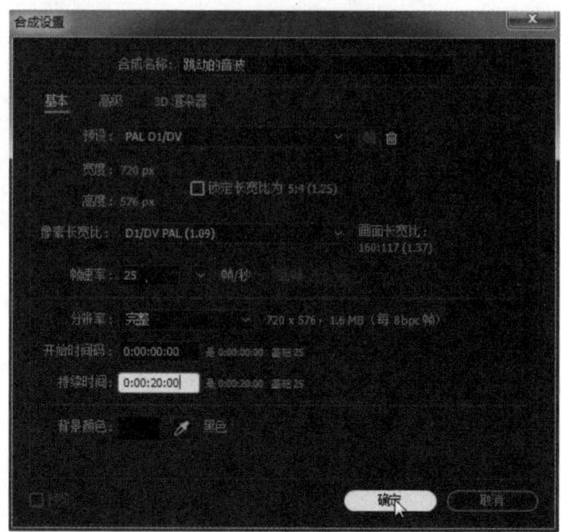

02 单击菜单栏中的【文件】→【导入】→【文件】，导入配套素材中的音频素材。

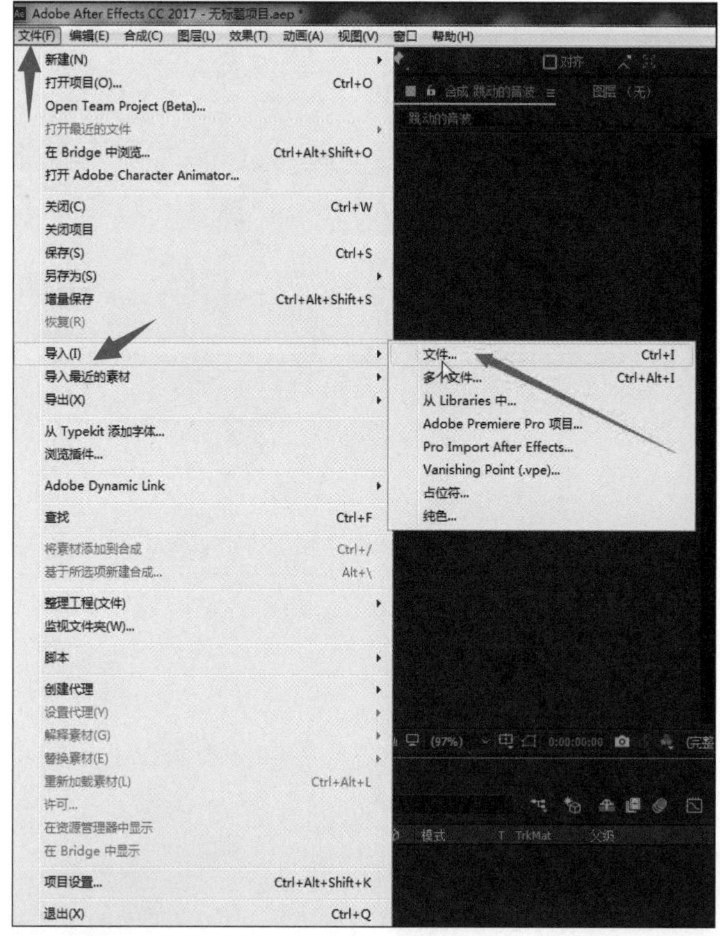

03 按住鼠标左键，将【项目】面板中的音频素材拖曳到时间轴面板中。

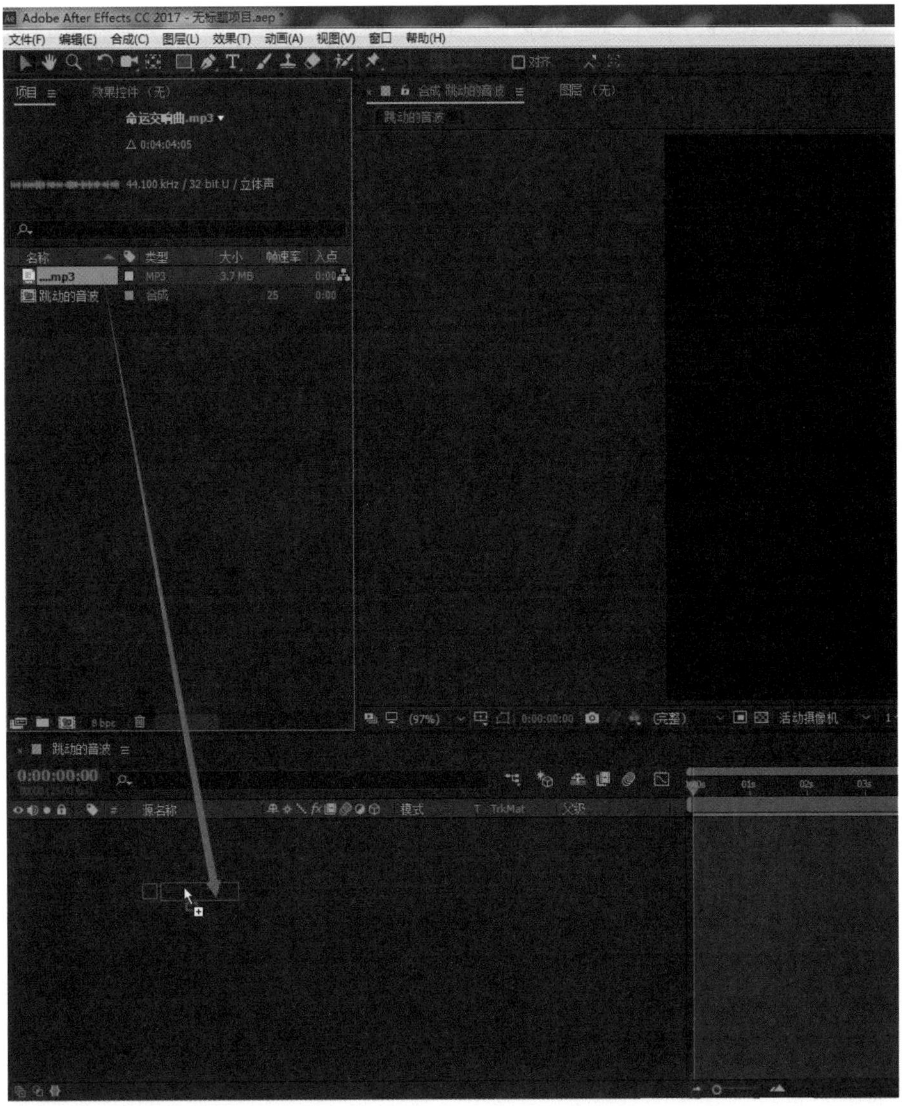

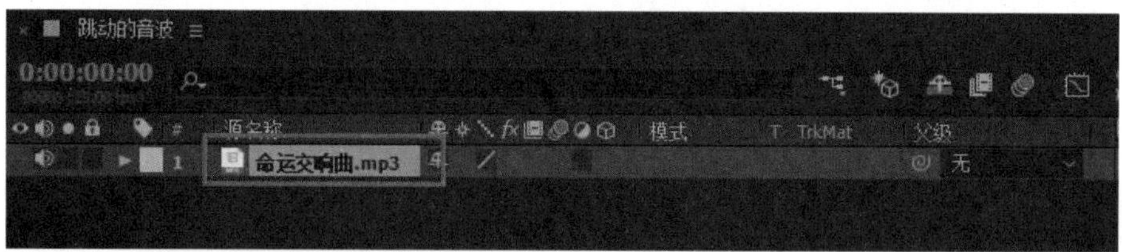

04 将时间调整到“20”秒。

05 按住【Alt】键的同时按【[】键，将音频的“入点”设置在“20s”（20秒）的位置。

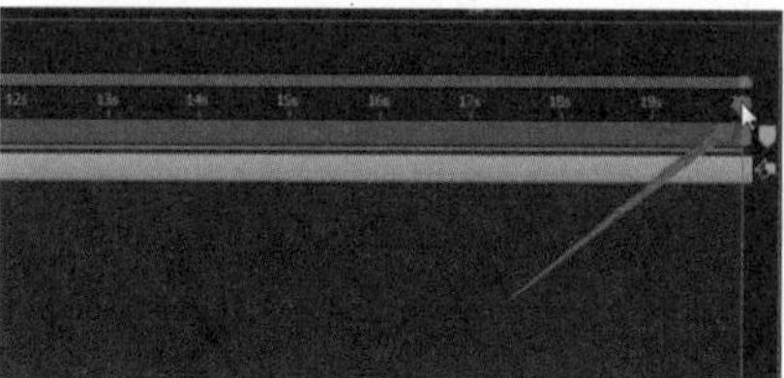

向左拖曳时间滑块，将时间调整到“00s”（0秒）。

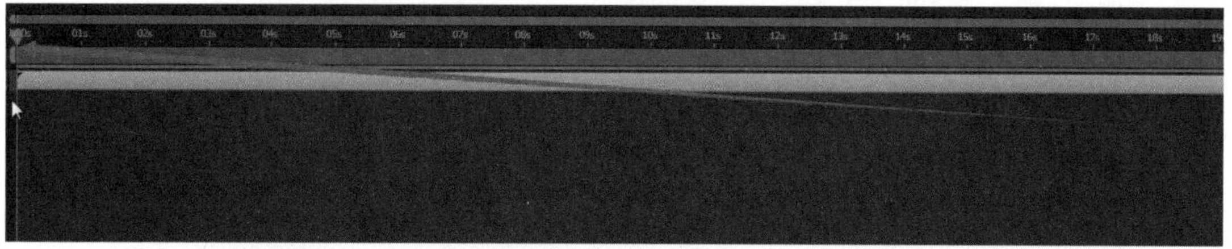

按住【Alt】键的同时按【[】键，将“入点”设置在“00s”（0秒）的位置，也就是0帧的位置。

06 按【Ctrl+Y】组合键，创建一个纯色层。将纯色层的【名称】设置为“声谱”，【颜色】设置为“黑色”，单击【确定】。

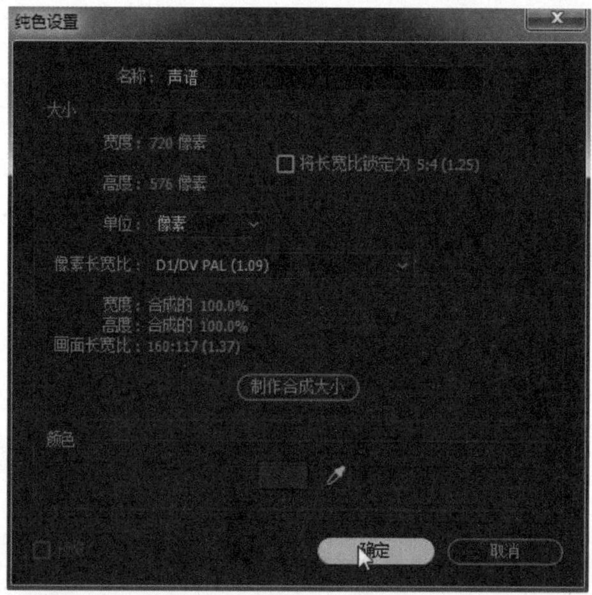

07 选择“声谱”层，在【效果和预设】面板中展开【生成】特效组，双击【音频频谱】特效。现在，【效果控件】面板中出现了【音频频谱】特效的参数。

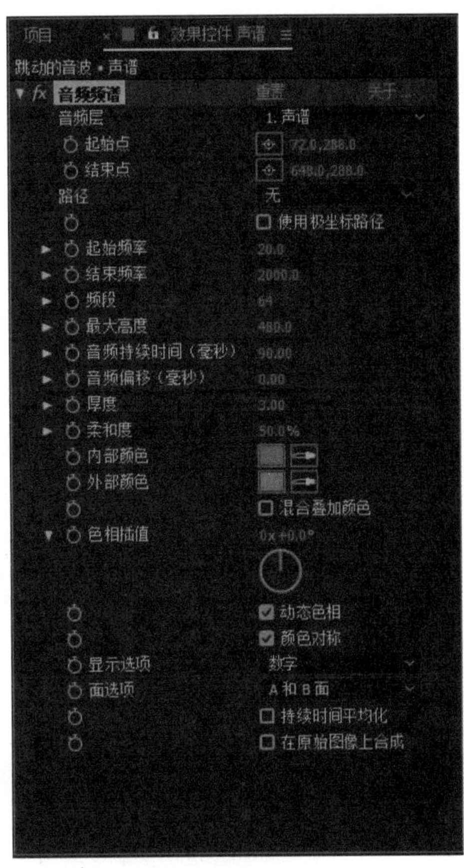

08 在【音频层】下拉菜单中选择音频素材，即“2. 命运交响曲.mp3”。

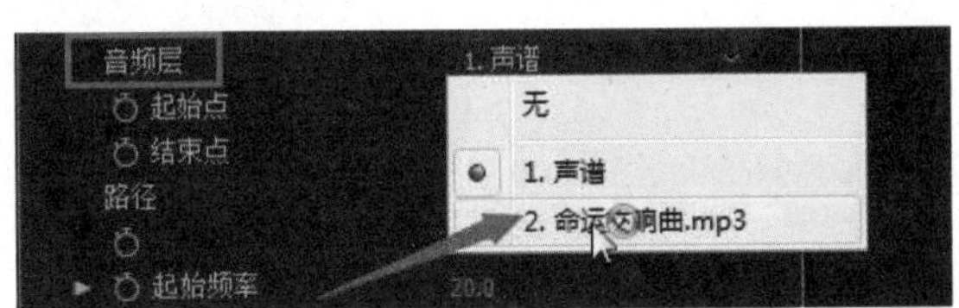

将【起始点】设置为“72”和“576”。将【结束点】设置为“648”和“576”。

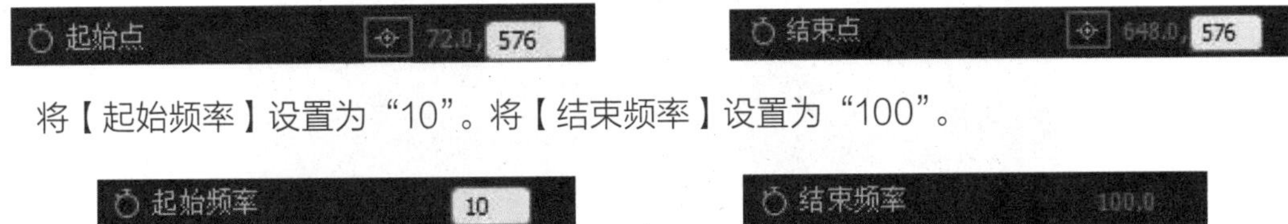

将【起始频率】设置为“10”。将【结束频率】设置为“100”。

将【频段】设置为“8”。将【最大高度】设置为“4500”。

将【厚度】设置为“50”。

设置完成后，可以看到预览窗口中的图形的边缘具有羽化效果。

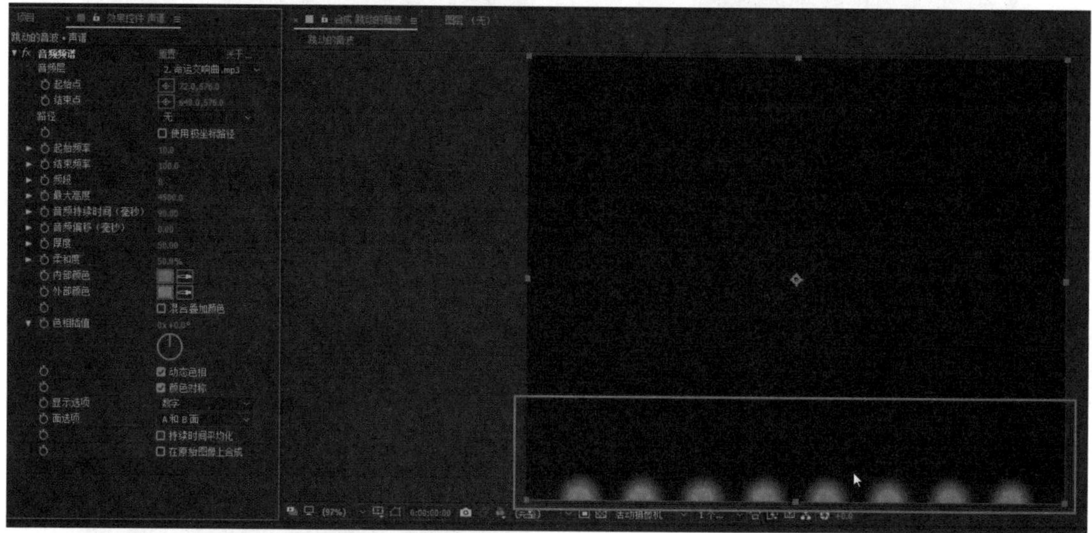

这是因为当前显示模式为高清显示模式，可以单击【质量和采样】，切换显示模式，预览窗口中就可以产生底图所示的竖条图形效果了。

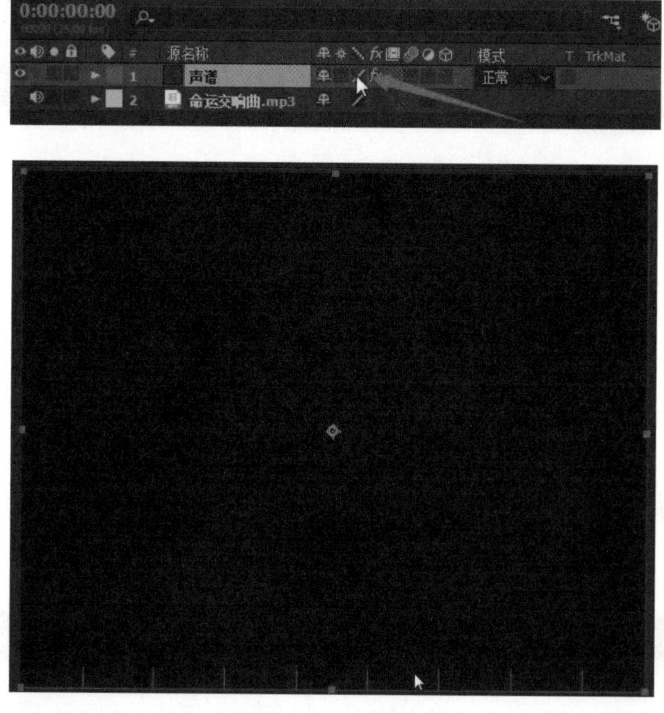

09 按【Ctrl+Y】组合键，创建一个新的纯色层，将这个纯色层命名为“渐变”，并将这个纯色层拖曳到“声谱”层的下方。

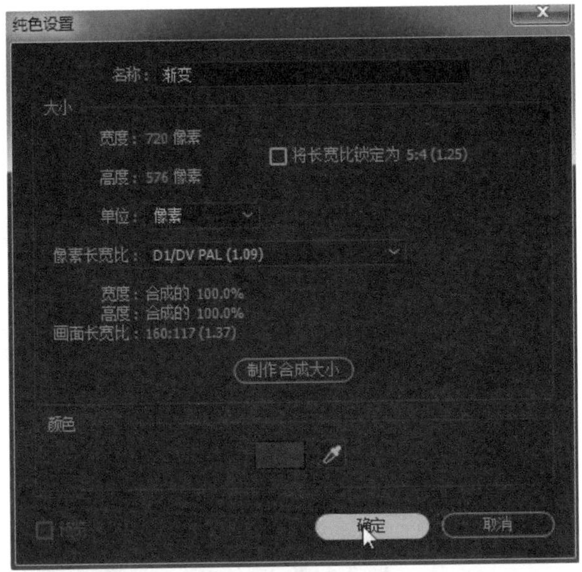

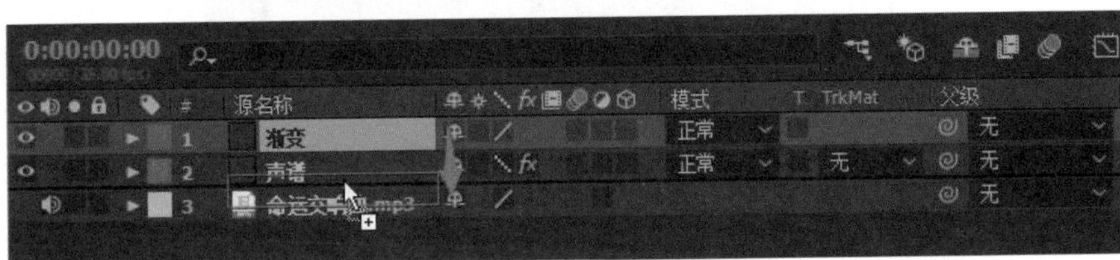

10 在【效果和预设】面板中展开【生成】特效组，找到【梯度渐变】特效，双击该特效，为图形添加渐变效果。

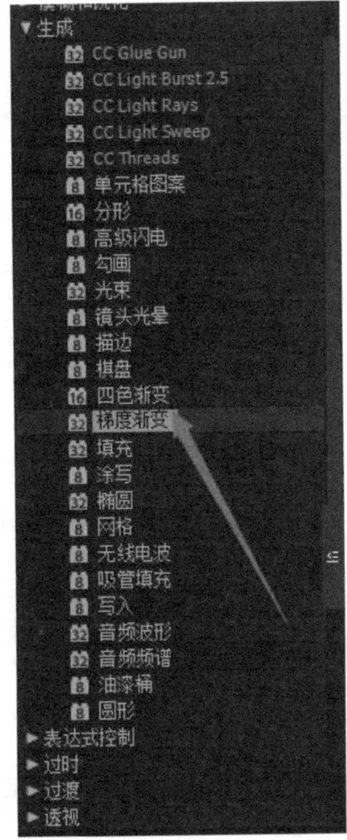

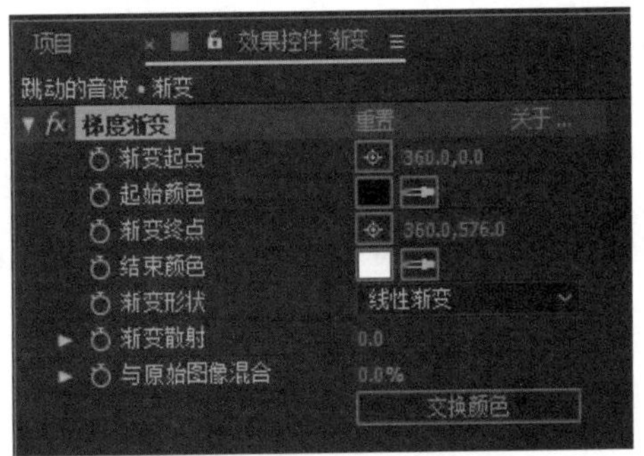

11 将【起始颜色】设置为“黄色”：将【R】设置为“255”,【G】设置为“210”,【B】设置为“0”，单击【确定】。

起始颜色

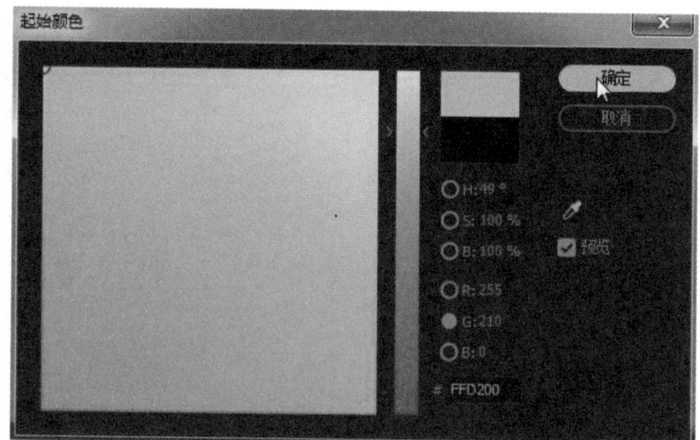

将【结束颜色】设置为“绿色”：将【R】设置为“13”,【G】设置为“170”,【B】设置为“21”，单击【确定】。

结束颜色

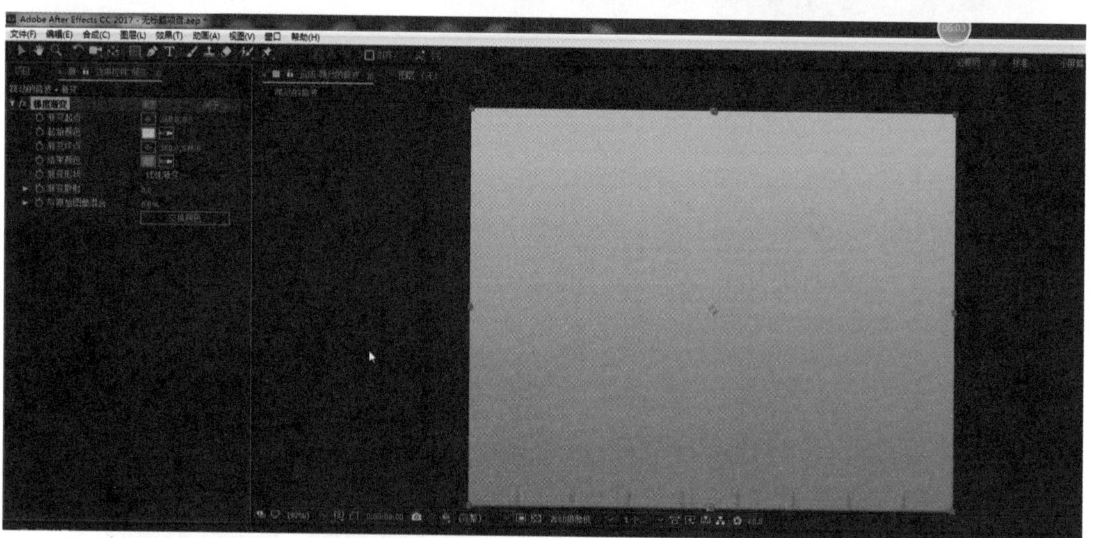

将【渐变起点】设置为“362”和“288”。将【渐变终点】设置为“360”和“576”。

渐变起点 362.0, 288

渐变终点 360.0,576.0

12 选择“渐变”层，在【效果和预设】面板的【生成】特效组中双击【网格】特效，为音频素材添加该特效。

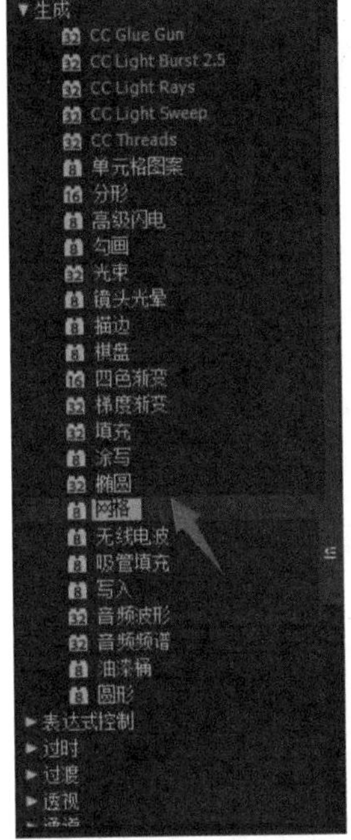

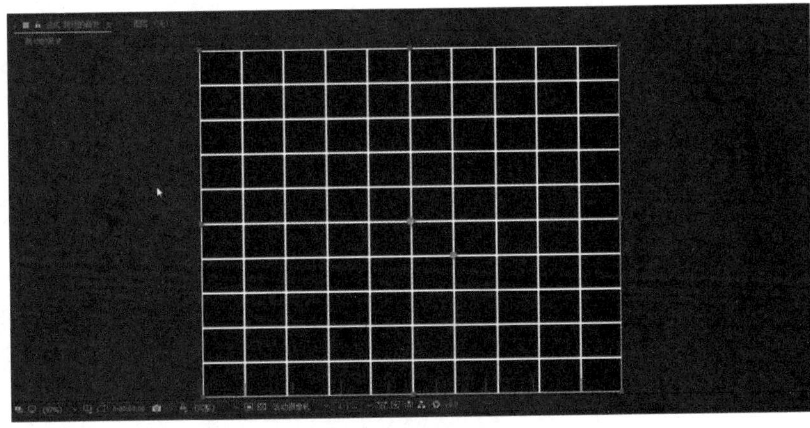

在【效果控件】面板中修改【网格】特效的相关参数。将【锚点】设置为“-10”和“0”,【大小依据】设置为“边角点”,【边角】设置为“720”和“20”,【边界】设置为“18”，勾选【反转网格】复选框，并将【颜色】设置为“黑色”。

13 将【混合模式】修改为“模板Alpha”，现在就可以在预览窗口中看到对应的效果了。

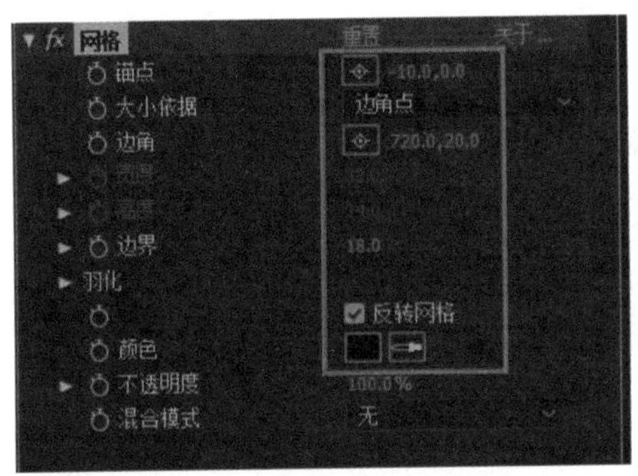

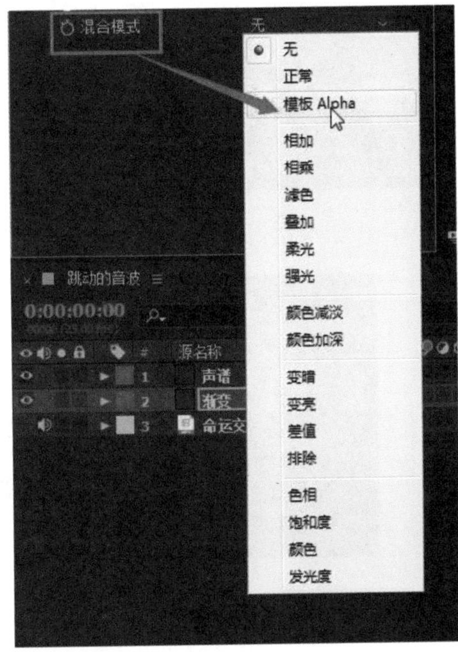

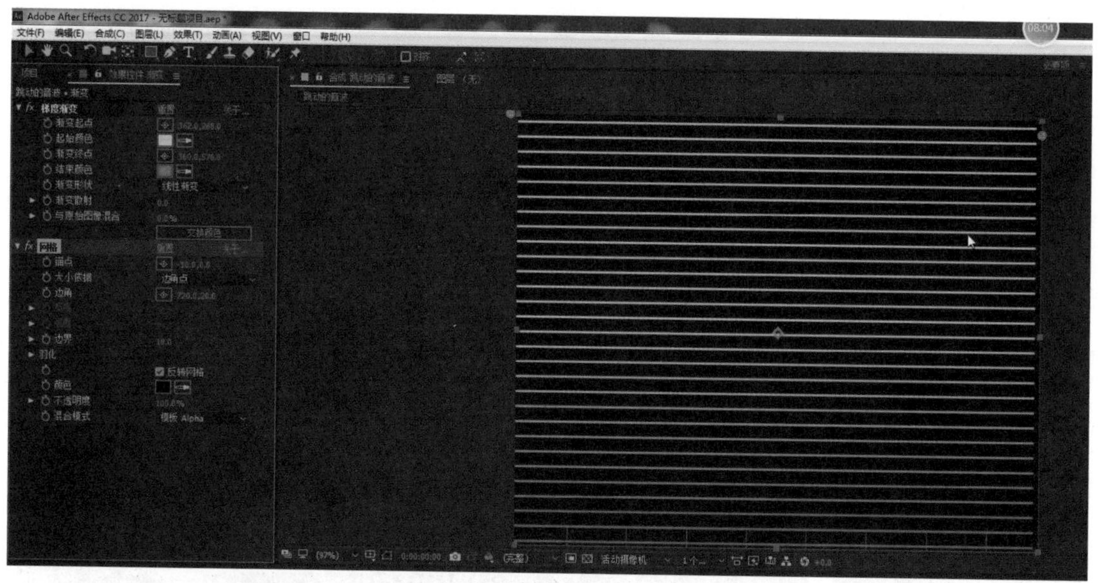

14 在时间轴面板中单击【TrkMat】。此时将显示出【轨道遮罩】。

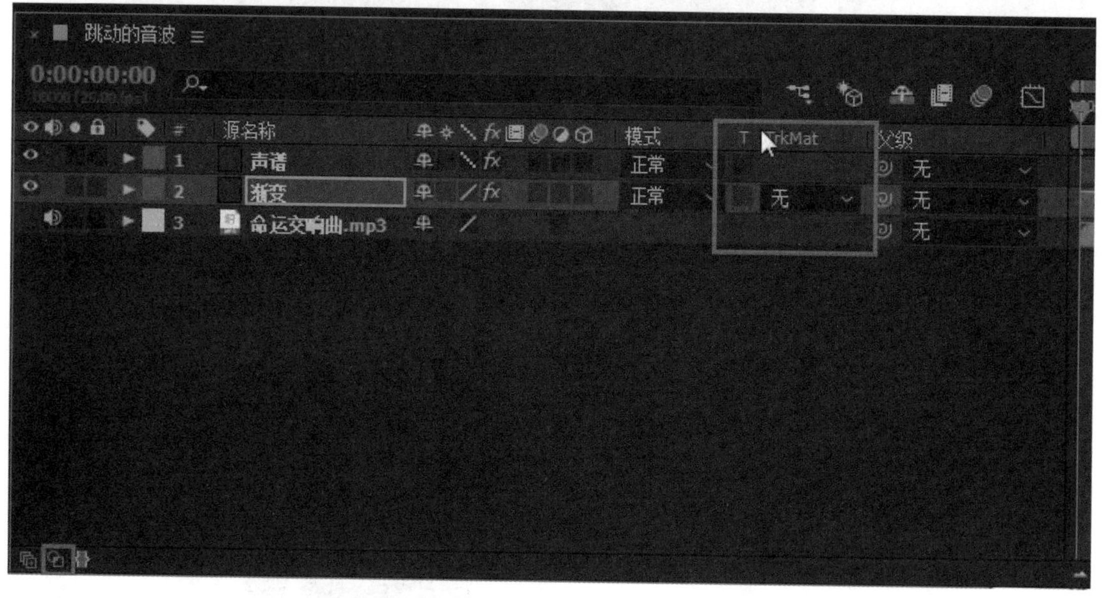

单击【轨道遮罩】下方的下拉按钮，从弹出的菜单中选择“Alpha 遮罩‘声谱’”。

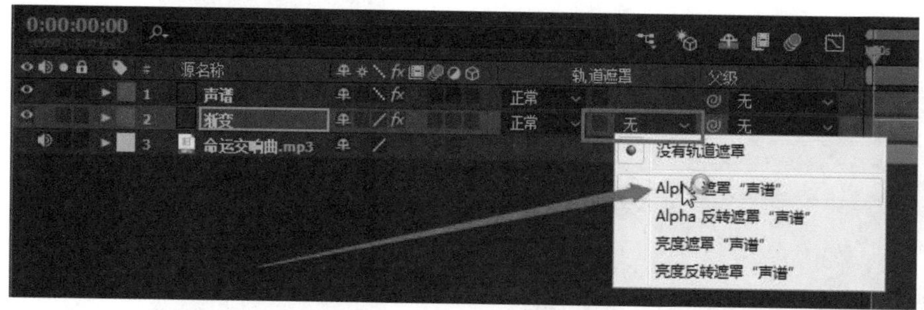

15 按空格键，可以在预览窗口中看到对应的动画效果。

这个音波图形会根据音频素材的音量自动进行变化，即图形会随着音乐音量的起伏进行波浪状的变化。同时，按小键盘上的数字【0】键也可以听到声音，并能看到图形的变化。

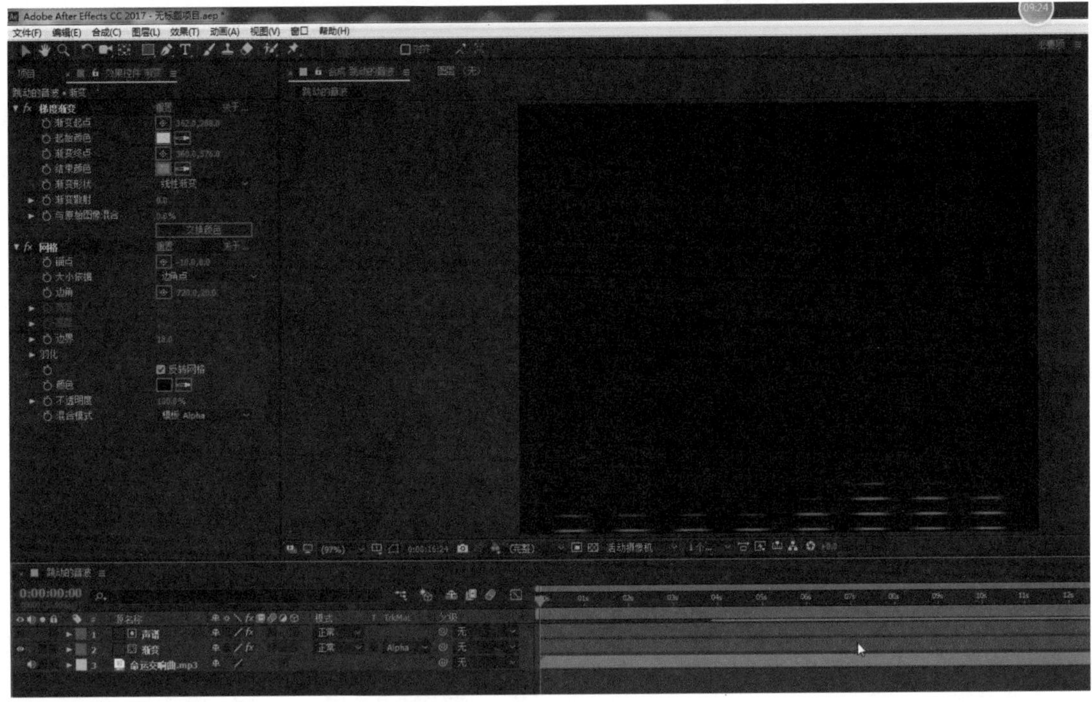

至此，“跳动的音波”短视频动画特效就制作完成了。

第 5 课

制作“旋转的荧光环”特效

01 单击菜单栏中的【合成】→【新建合成】，创建一个合成。

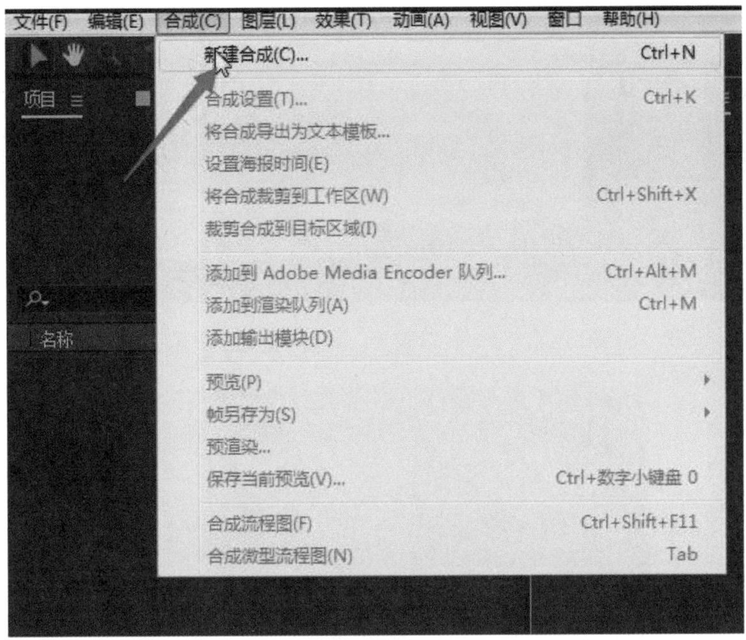

02 将合成的名称设置为“荧光环”，【宽度】设置为“1024”像素，【高度】设置为“768”像素，【像素长宽比】设置为“D1/DV PAL(1.09)”，【帧速率】设置为“30”帧/秒，【持续时间】设置为“5”秒，【背景颜色】设置为“黑色”，单击【确定】。

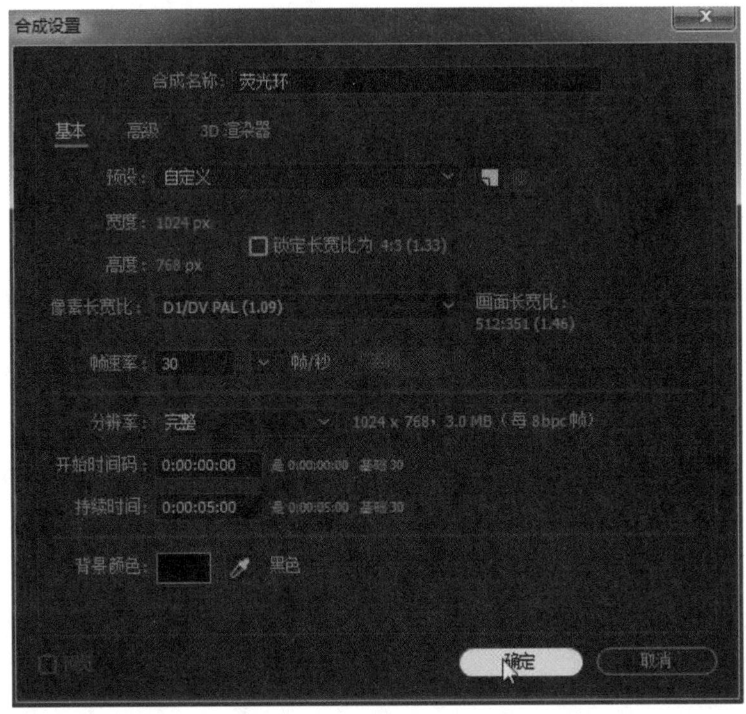

03 在时间轴面板中的空白处单击鼠标右键，在弹出的快捷菜单中选择【新建】→【纯色】，或者按【Ctrl+Y】组合键，创建一个纯色层。

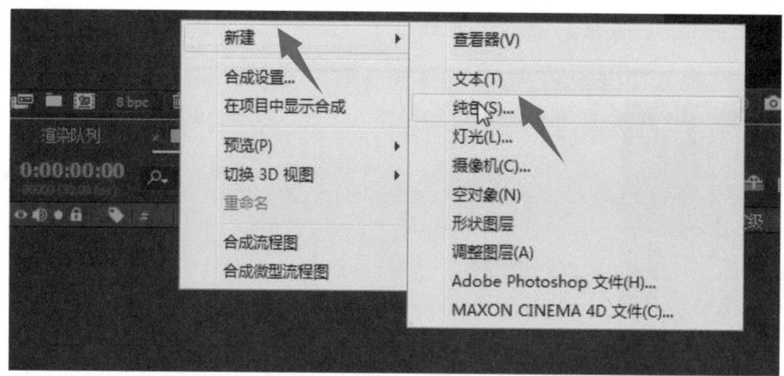

将该纯色层命名为“遮罩”，【颜色】设置为“白色”，单击【确定】。

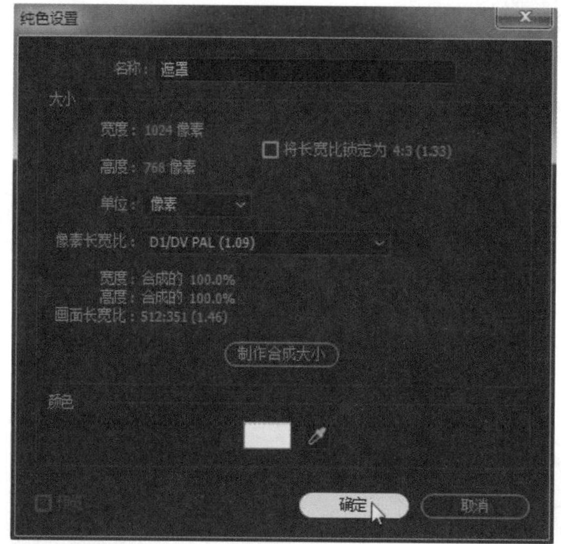

04 选择工具栏中的【椭圆工具】，在预览窗口中按住【Shift】键绘制一个圆形蒙版。

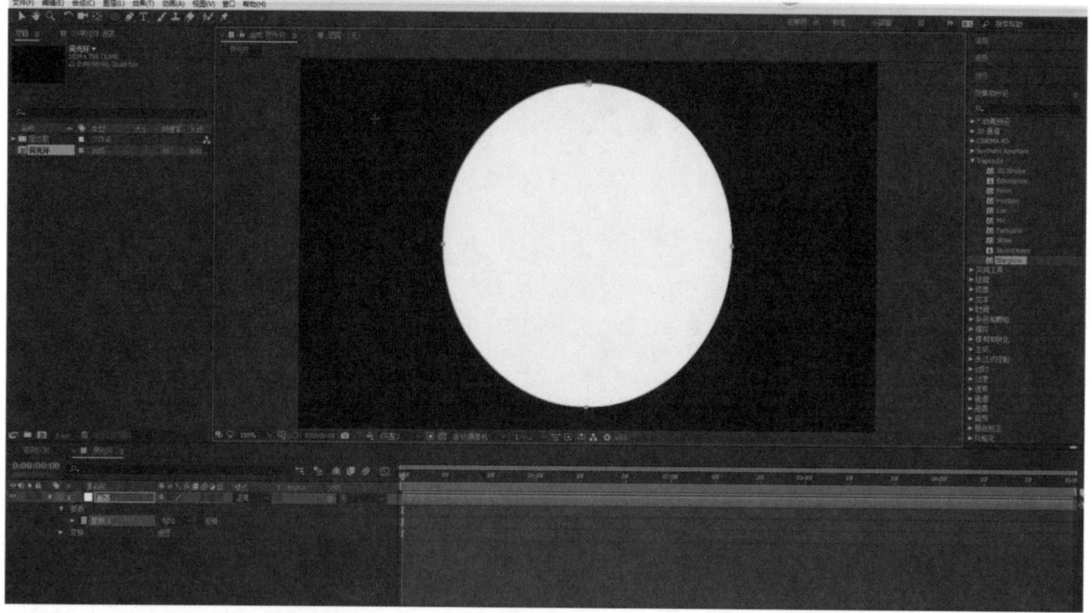

05 在时间轴面板中选择“遮罩”层，在【项目】面板中选择“荧光环”合成，按【Ctrl+D】组合键，将“荧光环”合成复制一份，得到“荧光环2”合成。

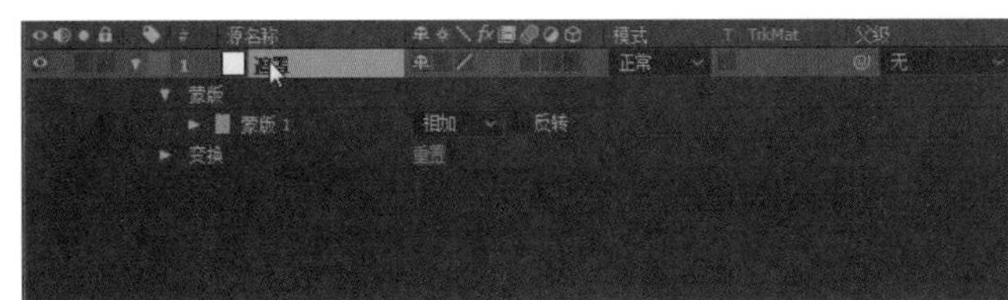

06 双击“荧光环2”合成，将其添加到时间轴面板中。选择“遮罩”层，展开【蒙版】选项组，将【蒙版扩展】设置为“-80”，此时预览窗口中得到了一个缩小的“同心圆”。

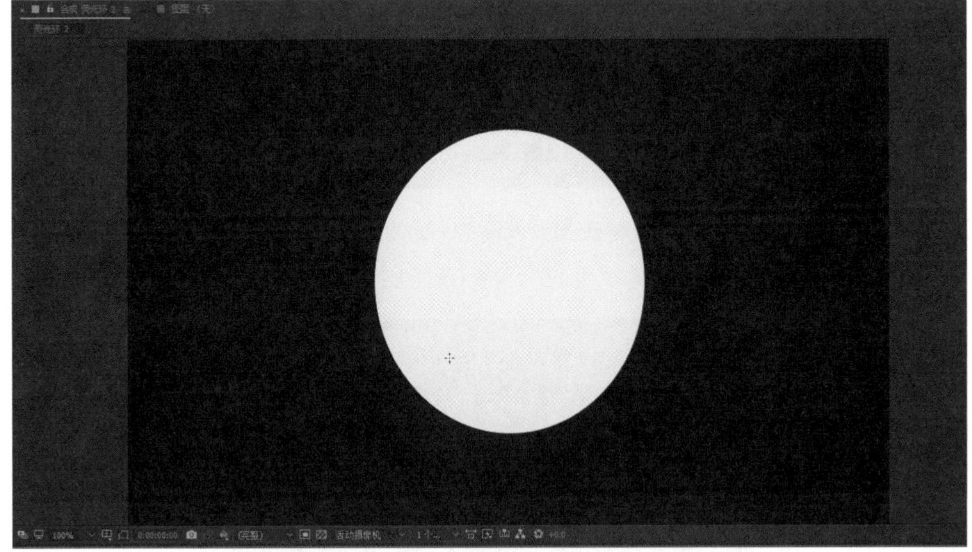

07 创建一个新的合成，将其命名为“完成效果”，其设置与“荧光环”合成一致，单击【确定】。

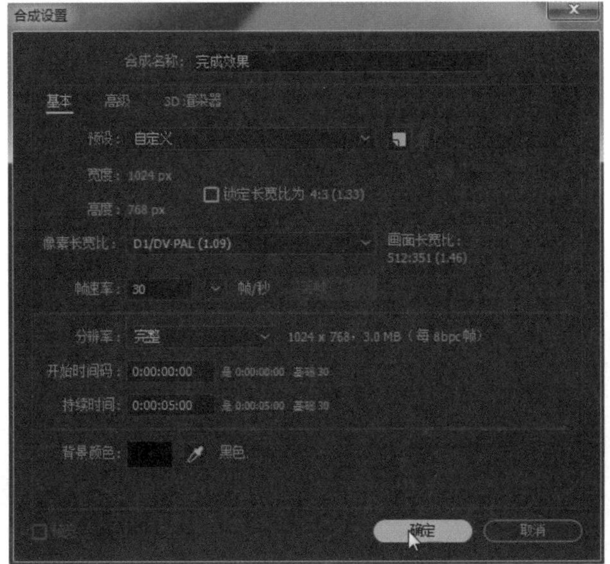

08 在【项目】面板中框选“荧光环”和“荧光环2”两个合成，让这两个合成同时处于选中状态。

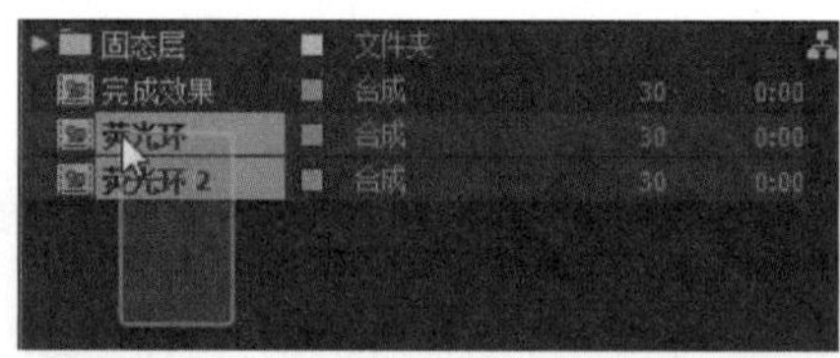

拖曳这两个合成至时间轴面板中的“完成效果”层中，将“荧光环”和“荧光环2”图层关闭，使这两个图层处于隐藏状态。

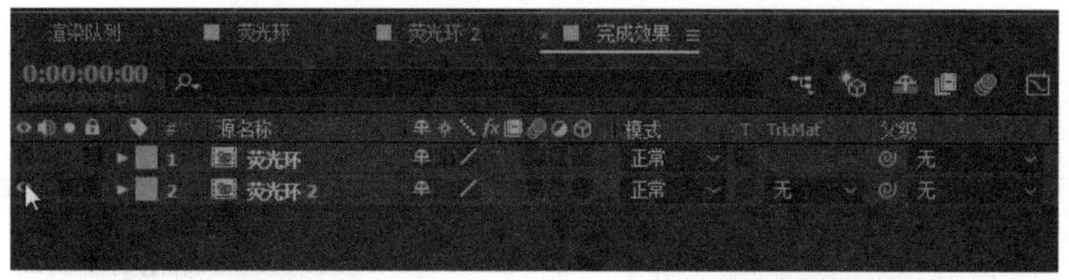

09 在时间轴面板中的空白处单击鼠标右键，在弹出的快捷菜单中选择【新建】→【纯色】，新建一个纯色层，将其命名为“红光”，将【颜色】设置为“黑色”，单击【确定】。

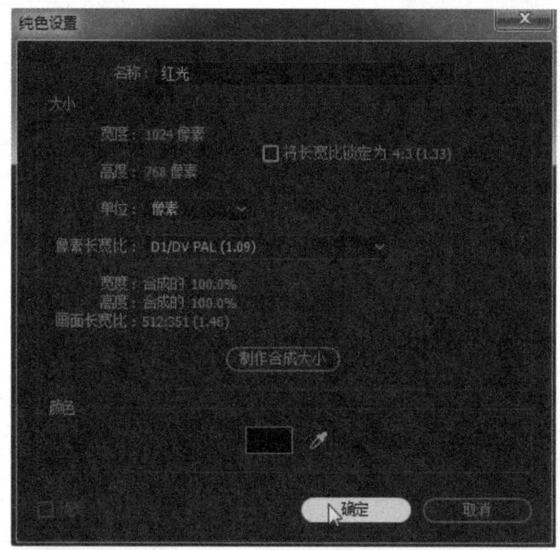

10 选择“红光”层，按【S】键打开【缩放】选项，设置【缩放】为“90”和“100%”。

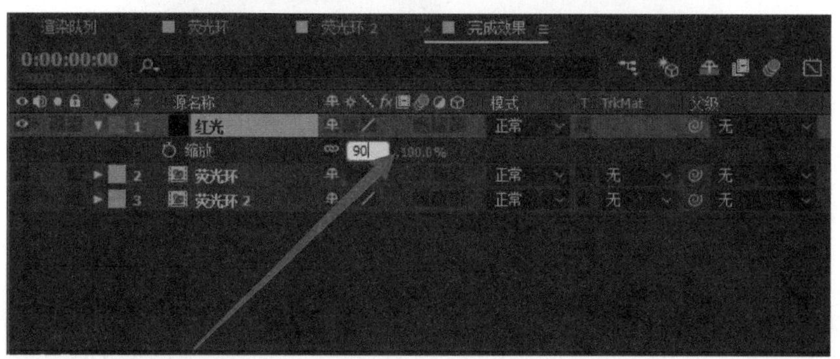

11 在【效果和预设】面板中展开【生成】特效组，双击【勾画】特效，添加该特效。

12 在【效果控件】面板中，将【图像等高线】选项组展开，将【输入图层】设置为“2.荧光环”，勾选【反转输入】复选框，将【片段】设置为“1”，【长度】设置为“0.8”，分别单击【片段】和【旋转】左侧的码表图标，将【颜色】设置为“白色”，预览窗口中的图形，如下图所示。

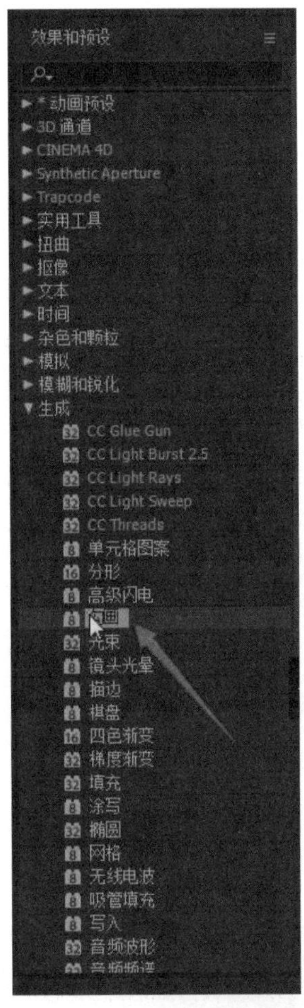

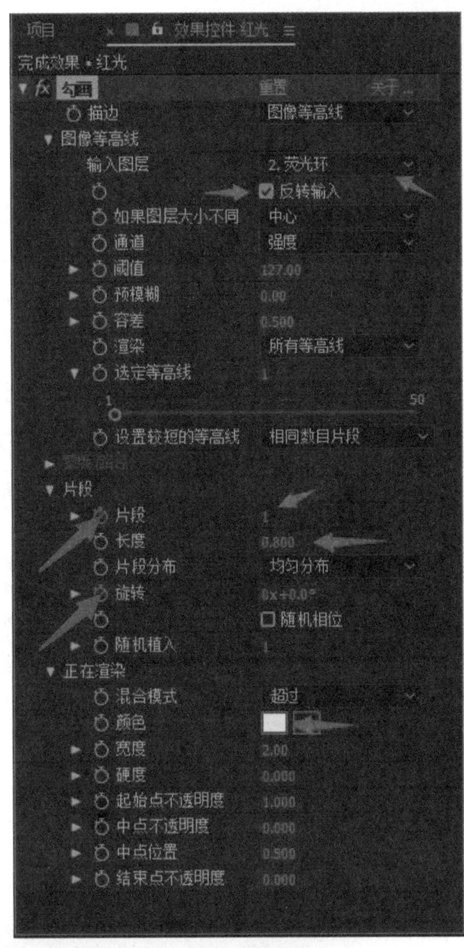

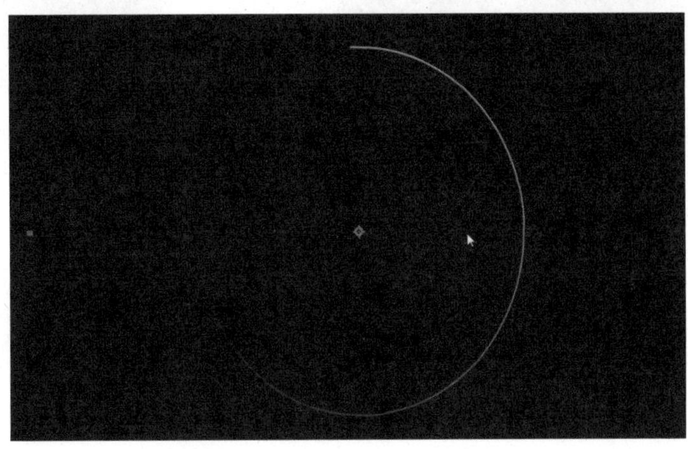

13 将时间设置为“2”秒，将【片段】设置为“8”，得到由8条线段围成的圆形。

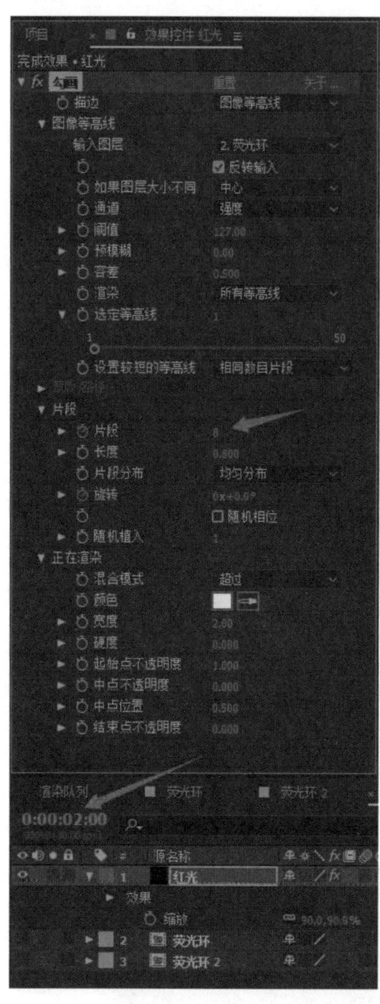

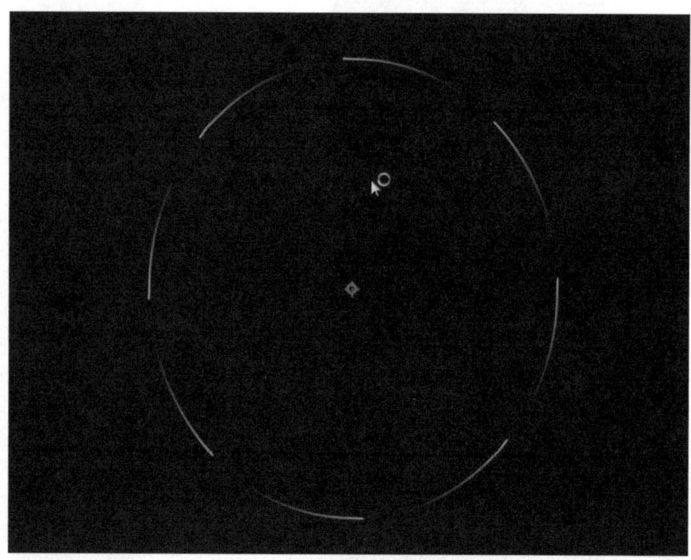

14 将时间设置为“4”秒，将【片段】设置为“3”；将时间设置为“4秒24帧”，将【旋转】设置为“-1x-140°”。

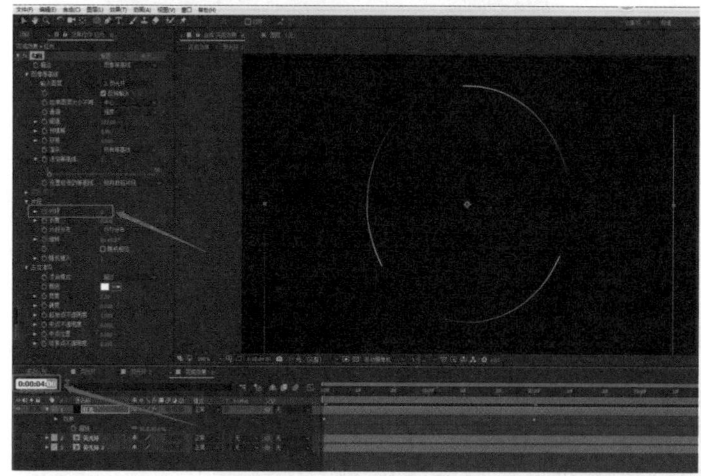

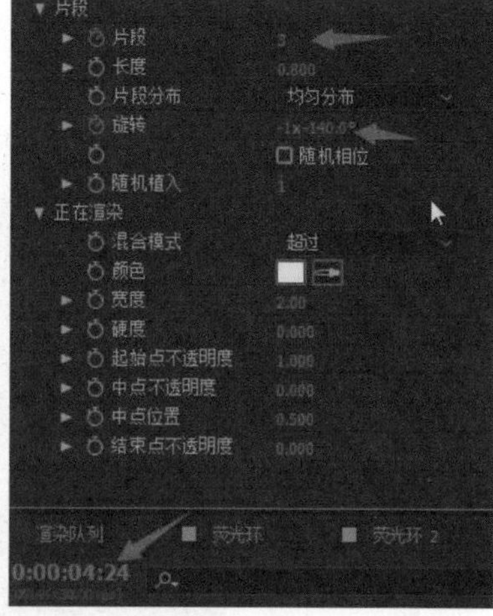

15 选择“红光”层，在【效果和预设】面板中展开【风格化】特效组，双击【发光】特

效，添加发光效果。

16 在【效果控件】中修改【发光】特效的参数。将【发光阈值】设置为“20%”,【发光半径】设置为“30”,【发光强度】设置为“5”,【发光颜色】设置为“A和B颜色”。

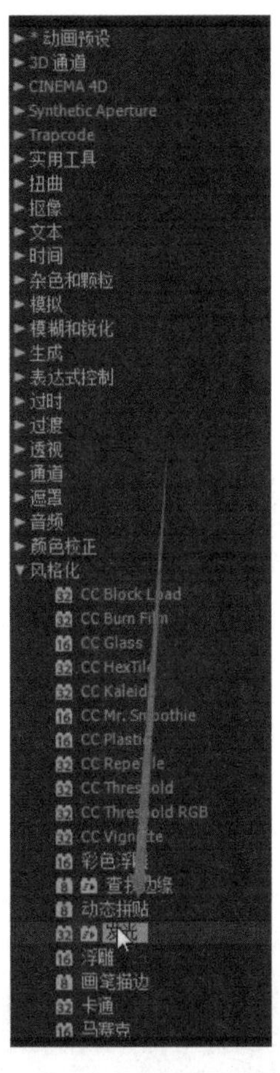

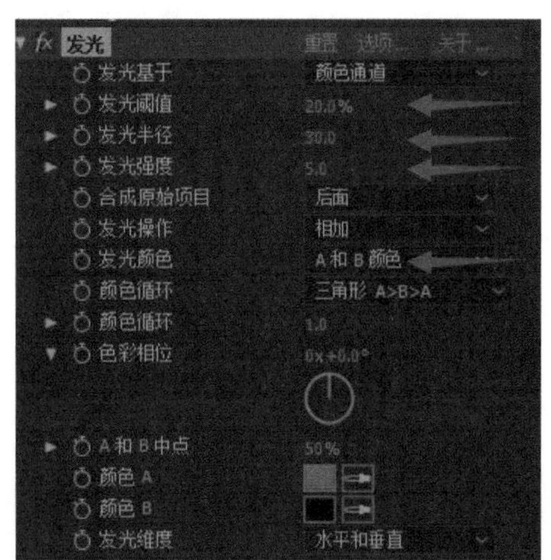

将【颜色A】设置为“橙色”：将【R】设置为“255”,【G】设置为“60”,【B】设置为“30”，单击【确定】。

将【颜色B】设置为“红色”：将【R】设置为“255”,【G】设置为“0”,【B】设置为“0”，单击【确定】。

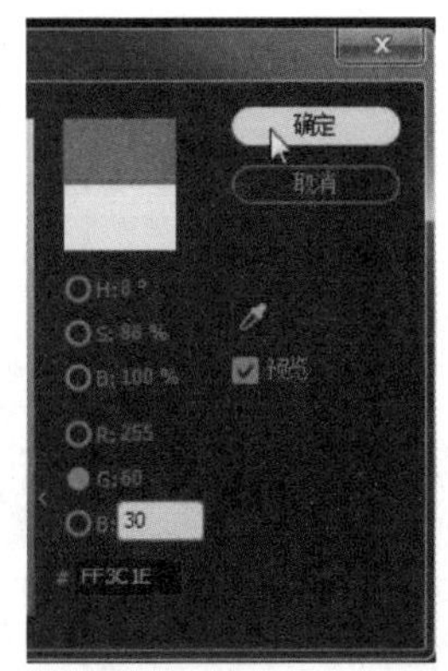

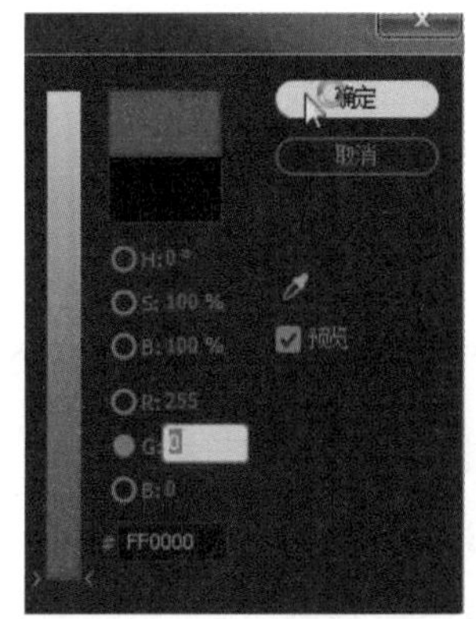

17 在【效果和预设】面板中展开【Trapcode】特效组，双击【Starglow】特效，添加荧光效果。

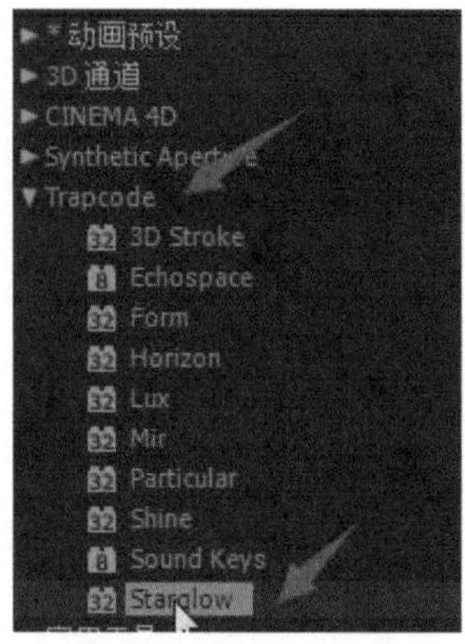

选择“红光”层，按【Ctrl+D】组合键，将其复制一份，将复制得到的图层重命名为“蓝光”。

将【颜色A】修改为“湖蓝色”：将【R】设置为“50”，【G】设置为“250”，【B】设置为“200”，单击【确定】。

将【颜色B】修改为“深蓝色”：将【R】设置为“45”，【G】设置为“0”，【B】设置为“255”，单击【确定】。

现在得到光环效果。

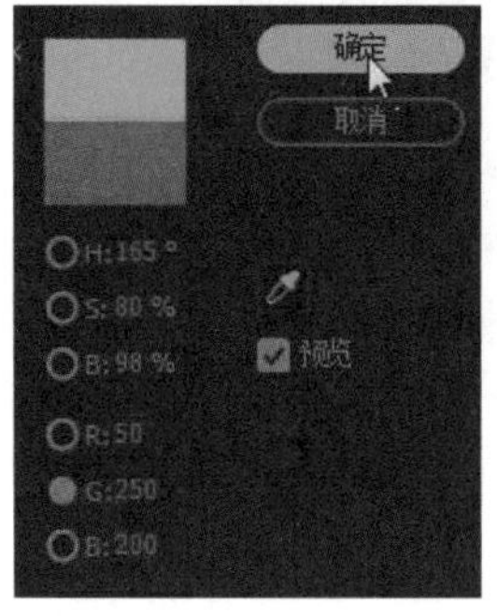

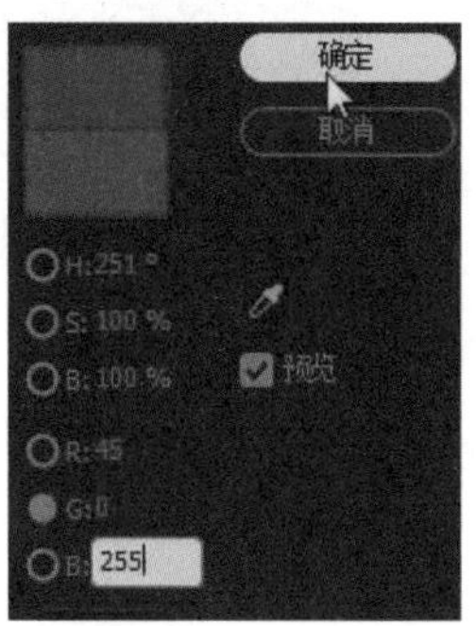

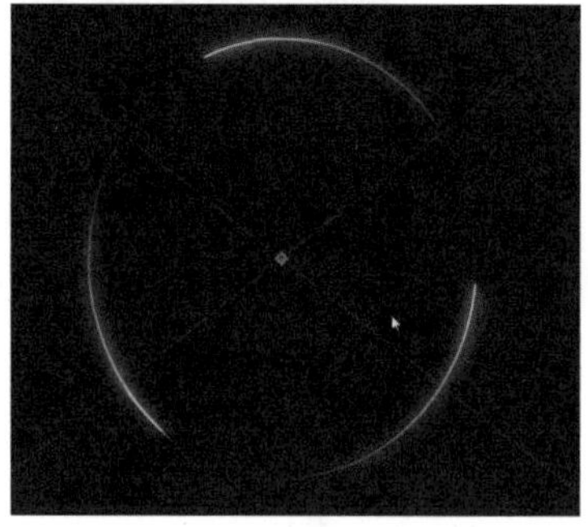

18 选择“蓝光”层，在【输入图层】右侧选择“1. 蓝光”。

将【旋转】设置为“0x+140°”，【起始点不透明度】设置为“0”，【结束点不透明度】设置为“1”，拖曳时间滑块，查看一下动画效果。

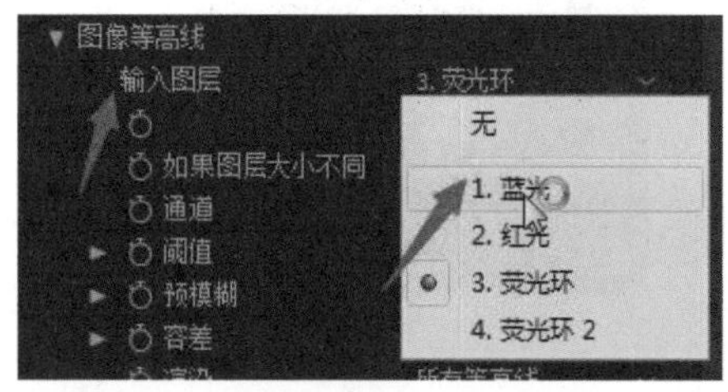

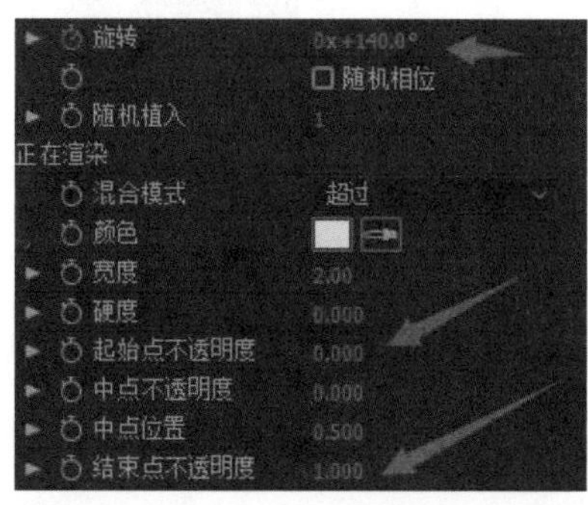

将【输入图层】分别设置为“3.荧光环”和“4.荧光环2”，拖曳时间滑块，查看一下动画效果。

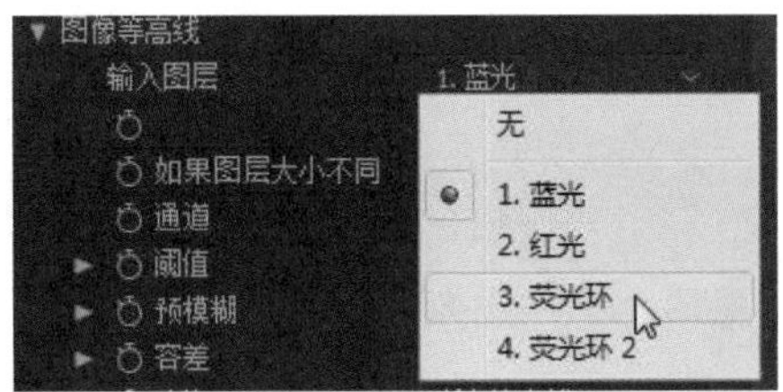

19 选择“蓝光”层，在【模式】中选择【相加】，现在可以在预览窗口中看到两个圆环。

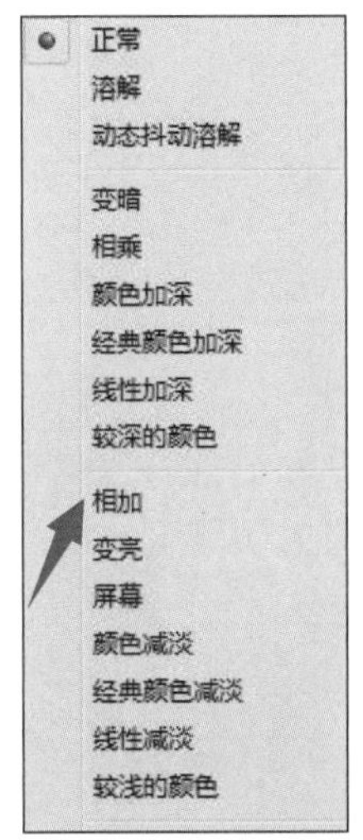

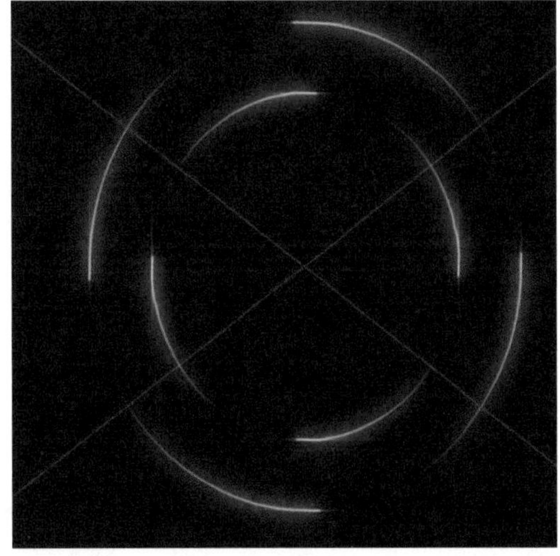

拖曳时间滑块，查看一下动画效果。按空格键，观看完整的动画效果。

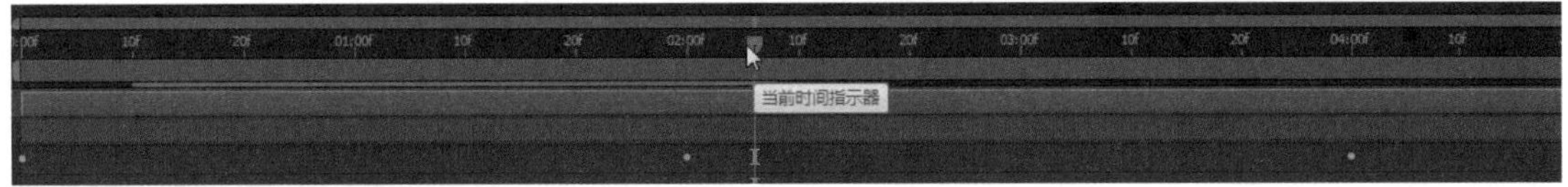

至此，“旋转的荧光环”短视频动画特效就制作完成了。

第 6 课

制作“彩色光环”特效

01 打开After Effects，单击菜单栏中的【合成】→【新建合成】，创建一个合成，将合成的名称设置为“圆环”，【宽度】设置为“352”像素，【高度】设置为“288”像素，【帧速率】设置为“25”帧/秒，【持续时间】设置为“5”秒，【背景颜色】设置为“黑色”，单击【确定】。

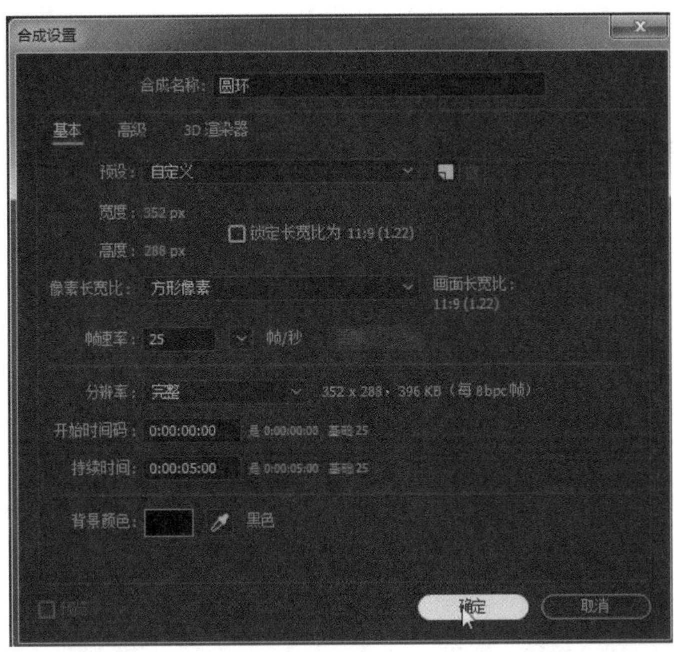

02 在时间轴面板中按【Ctrl+Y】组合键，打开【纯色设置】对话框，将【名称】设置为“圆环”，【宽度】设置为“352”像素，【高度】设置为“288”像素，【颜色】设置为“黑色”，单击【确定】，创建一个纯色层。

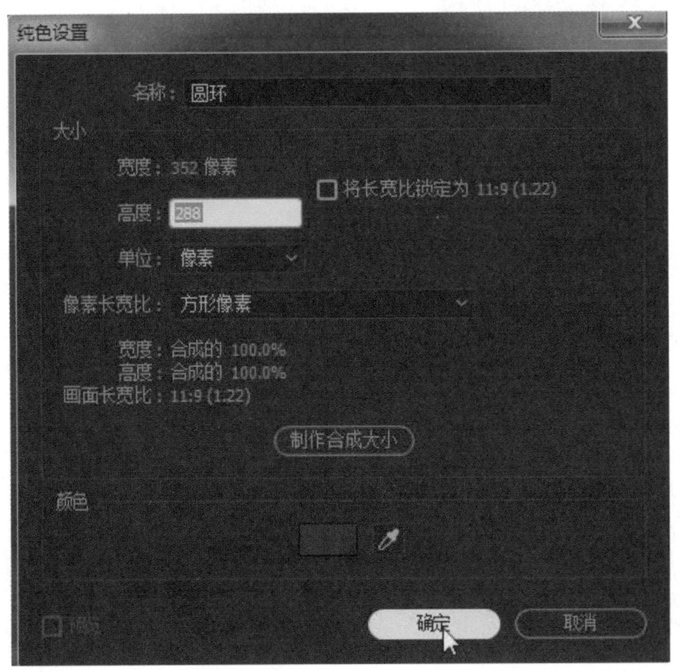

03 选择“圆环 · 圆环”层，在【效果和预设】面板中展开【杂色和颗粒】特效组，双击【分形杂色】特效。

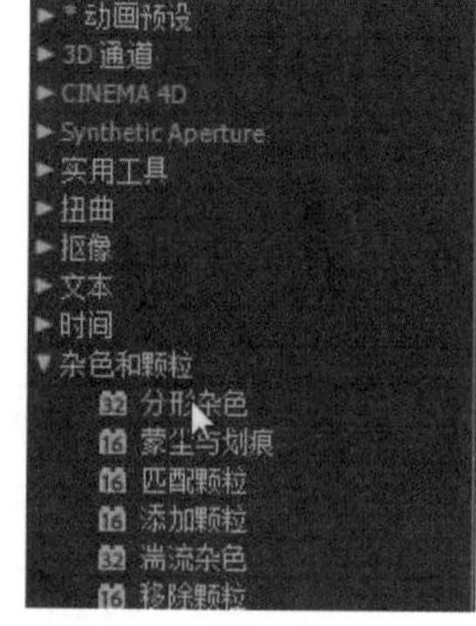

04 在【效果控件】面板中修改【分形杂色】特效的参数。展开【变换】选项组，取消勾选【统一缩放】复选框，【缩放宽度】设置为“5000”，【缩放高度】设置为“20”，现在可以看到“拉丝”效果。

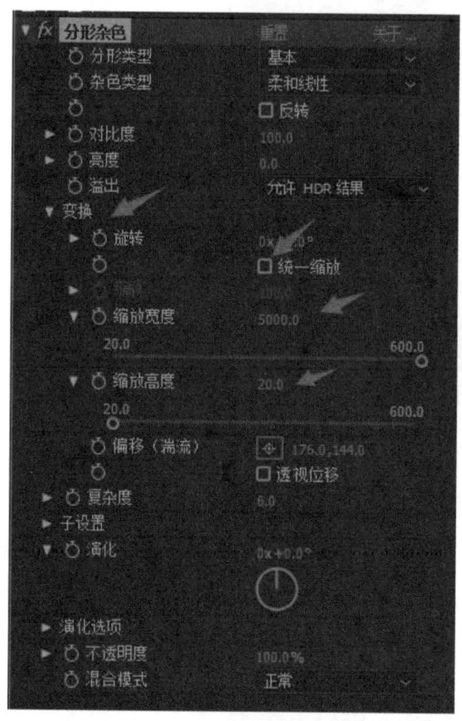

05 在工具栏中选择【矩形工具】。

在预览窗口中按住鼠标左键并向外拖曳，绘制出一个矩形。

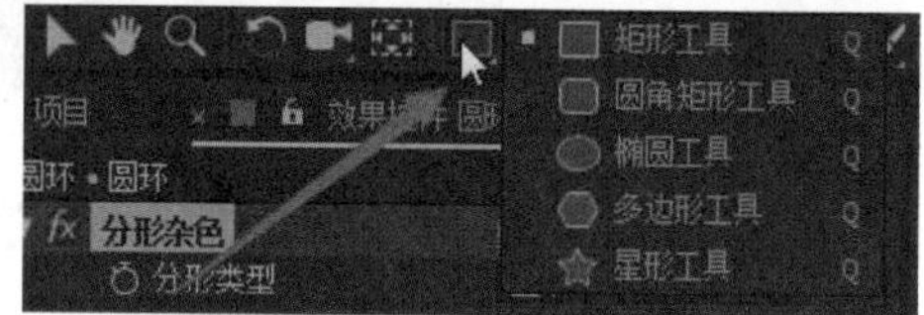

06 矩形绘制完成以后，在时间轴面板中选择“圆环 · 圆环”层，按【F】键打开【蒙版羽化】选项，取消勾选【等比羽化锁定】复选框，然后设置水平值为“100”像素、垂直值为“15”像素。

07 在【效果和预设】面板中展开【扭曲】特效组，双击【极坐标】特效。

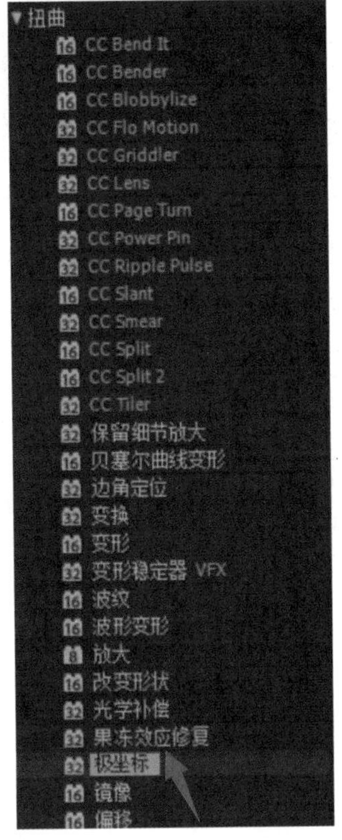

在【效果控件】面板中设置【极坐标】特效的【转换类型】为“矩形到极线”，然后设置【插值】为“100%”，现在可以看到下方右图所示的效果。

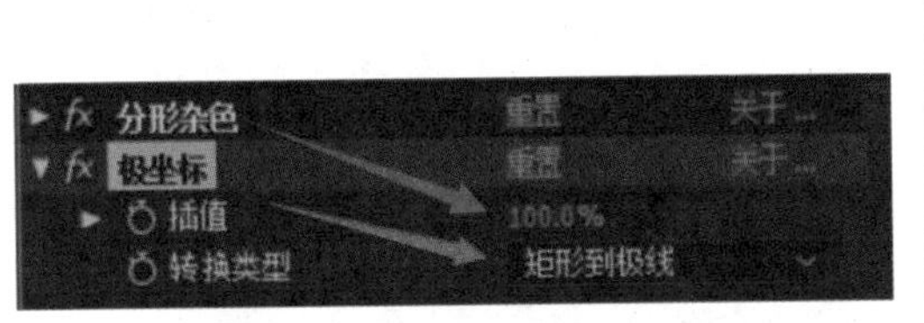

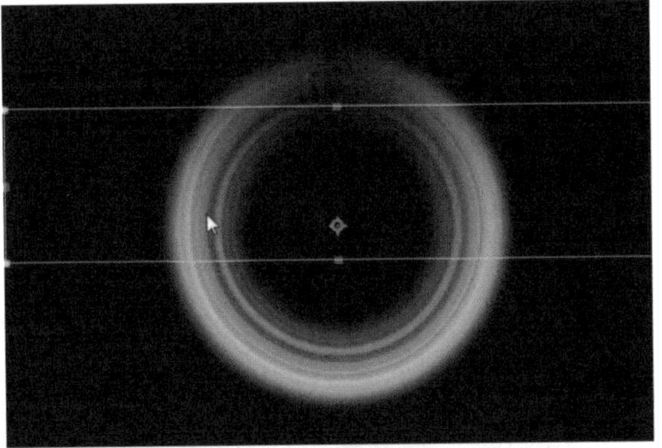

08 创建一个新的合成，将合成的名称设置为“绿色”，【宽度】设置为“352”像素，【高度】设置为“288”像素，【帧速率】设置为“25”帧/秒，【持续时间】设置为“5”秒。

09 在【项目】面板中选择“圆环”合成，将它拖曳到“绿色”合成的时间轴面板中。

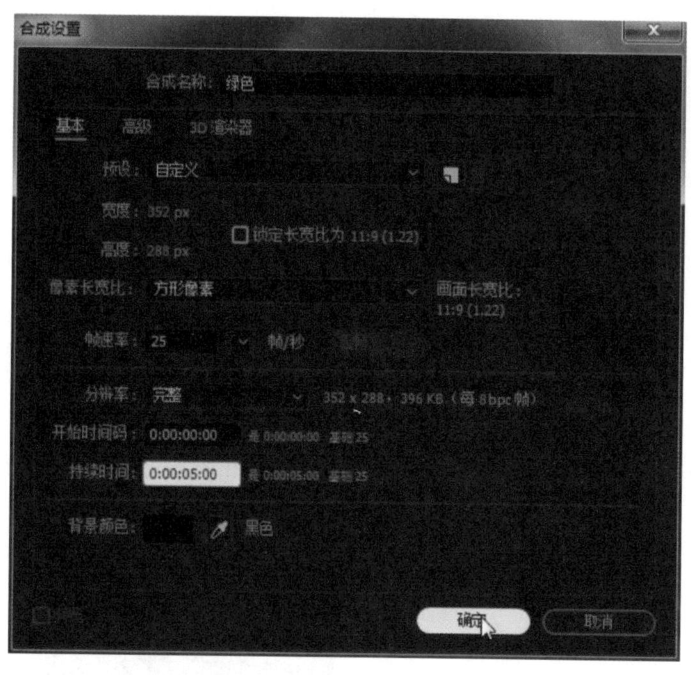

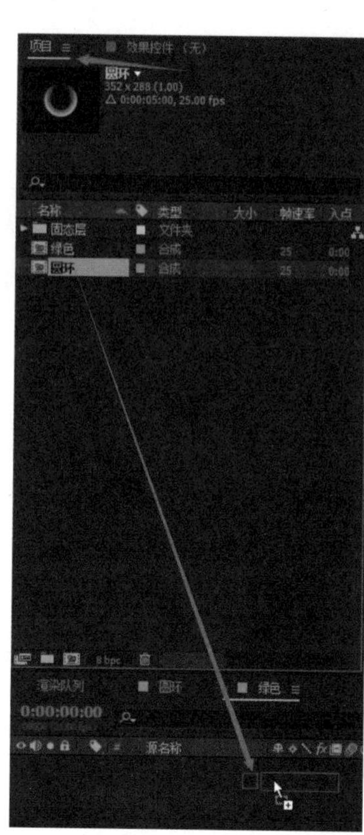

10 选择“绿色 · 圆环”层，在【效果和预设】面板中展开【色彩矫正】特效组，然后双击【色相/饱和度】特效。

11 在【效果控件】面板中修改【色相/饱和度】特效的参数。勾选【彩色化】复选框，将【着色色相】设置为“0x+114° ”，【着色饱和度】设置为“100”。现在，预览窗口中的圆环变成了另外一种颜色。

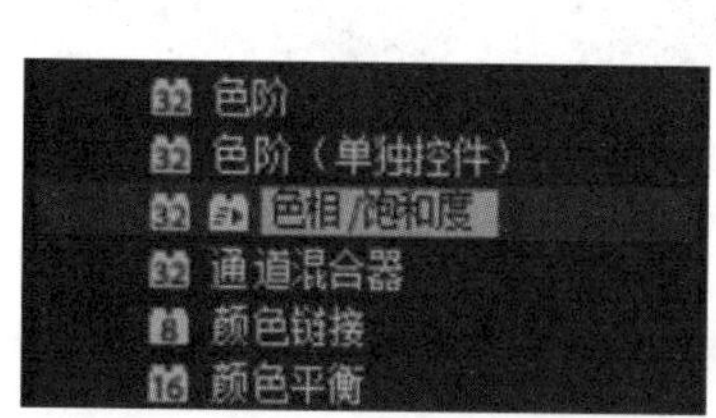

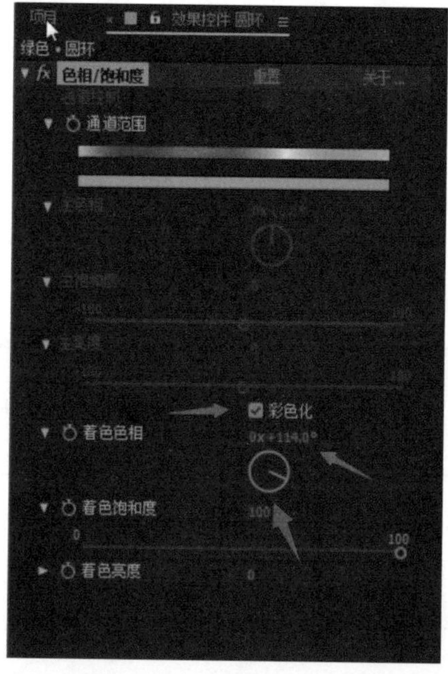

12 在【项目】面板中选择“绿色”合成，按【Ctrl+D】组合键3次，复制出3个副本，将这3个副本分别重命名为“蓝色”“黄色”“红色”，按回车键确定。

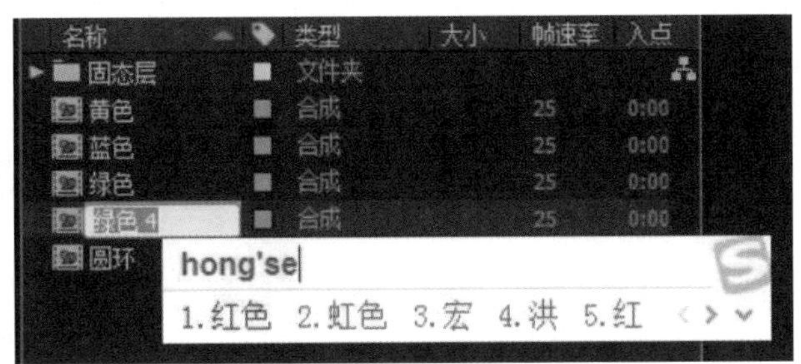

13 双击“蓝色”合成将其打开。选择“圆环”层，在【效果控件】面板中设置【着色色相】为“0x+224° ”。

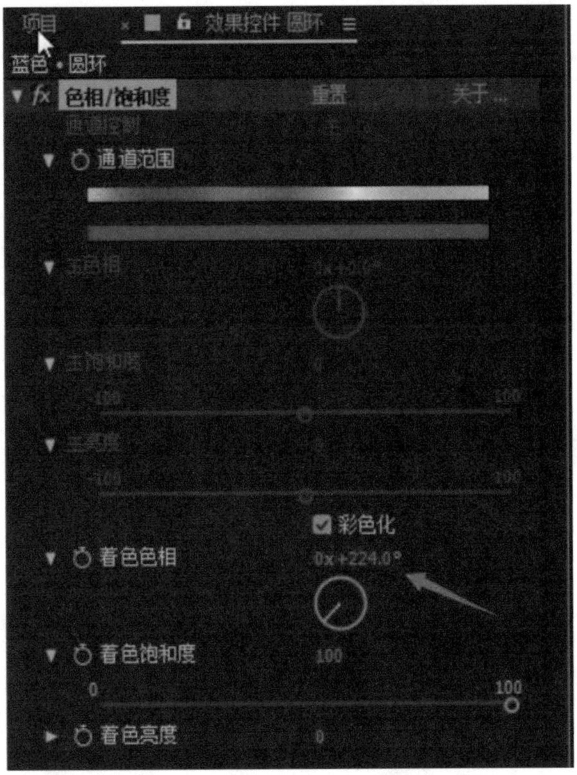

双击“黄色”合成将其打开，选择“圆环”层，在【效果控件】面板中将【着色色相】修改为“0x+59° ”。双击“红色”合成将其打开，选择“圆环”层，在【效果控件】面板中将【着色色相】修改为“0x+0° ”。

14 创建一个新的合成，将其命名为“光环”，将【宽度】设置为“352”像素，【高度】

设置为“288”像素，【帧速率】设置为“25”帧/秒，【持续时间】设置为“5”秒，单击【确定】。

15 按住【Shift】键选中【项目】面板中的“蓝色”“红色”“黄色”“绿色”“圆环”合成，将它们拖曳到时间轴面板中，并确认所有合成都处于选中状态。

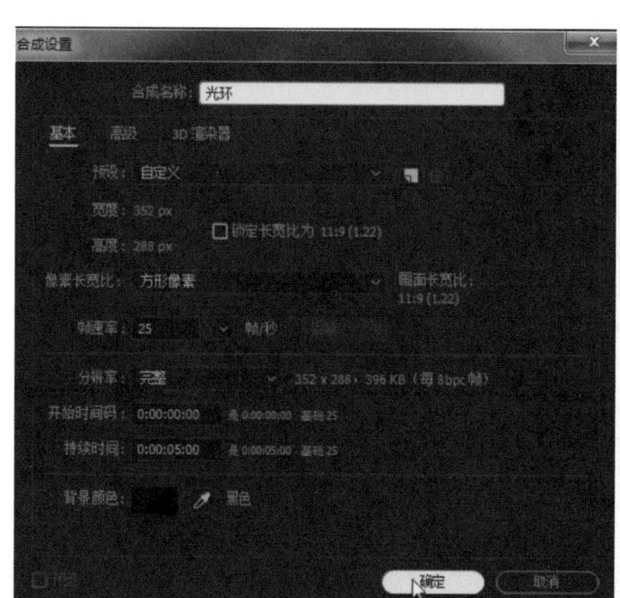

16 打开这些合成的【三维属性】开关，并修改它们的【模式】为“相加”。

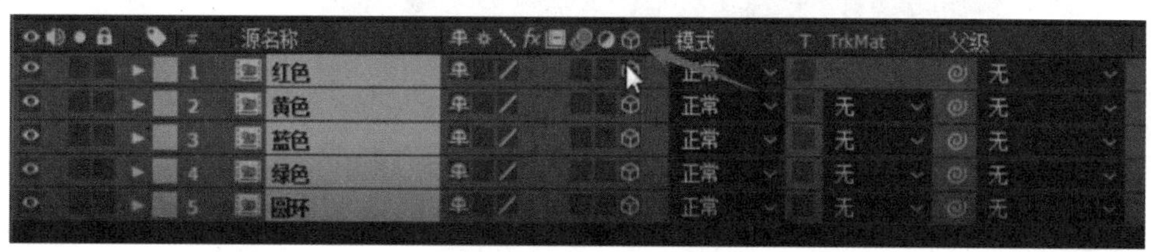

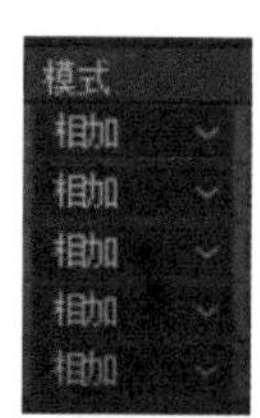

17 同时选择除“圆环”以外的其他4个合成，按【R】键打开旋转选项。在空白处单击，或者在其他合成选项上单击，取消它们的选中状态。设置“蓝色”合成的【Y轴旋转】为“0x+36°”，“红色”合成的【Y轴旋转】为“0x+72°”，“黄色”合成的【Y轴旋转】为“0x+108°”，“绿色”合成的【Y轴旋转】为“0x+144°”。

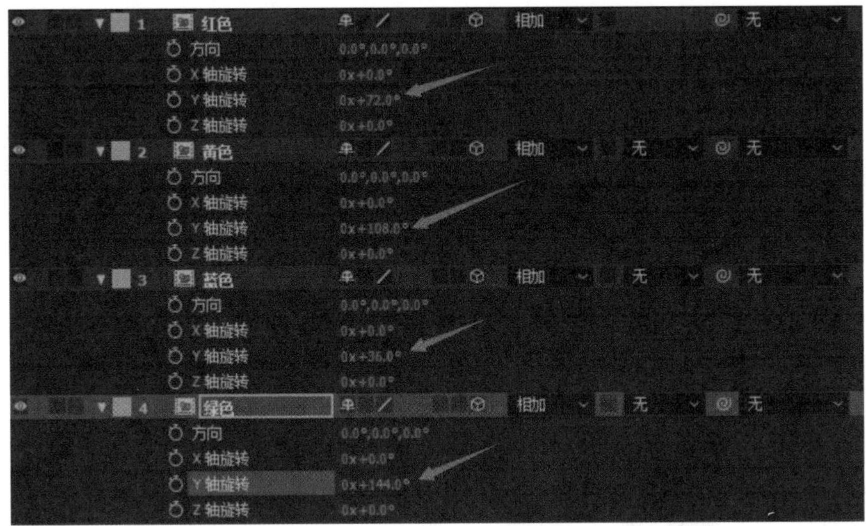

18 将这些合成折叠起来。单击菜单栏中的【图层】→【新建】→【摄像机】。

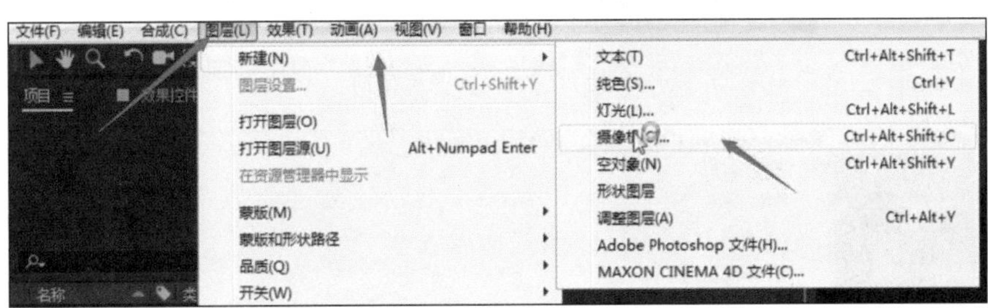

打开【摄像机设置】对话框，修改摄像机的参数。将【缩放】设置为“166.33”,【视角】设置为“40.94° ”。可以进行任意的修改，修改成合适的效果即可。

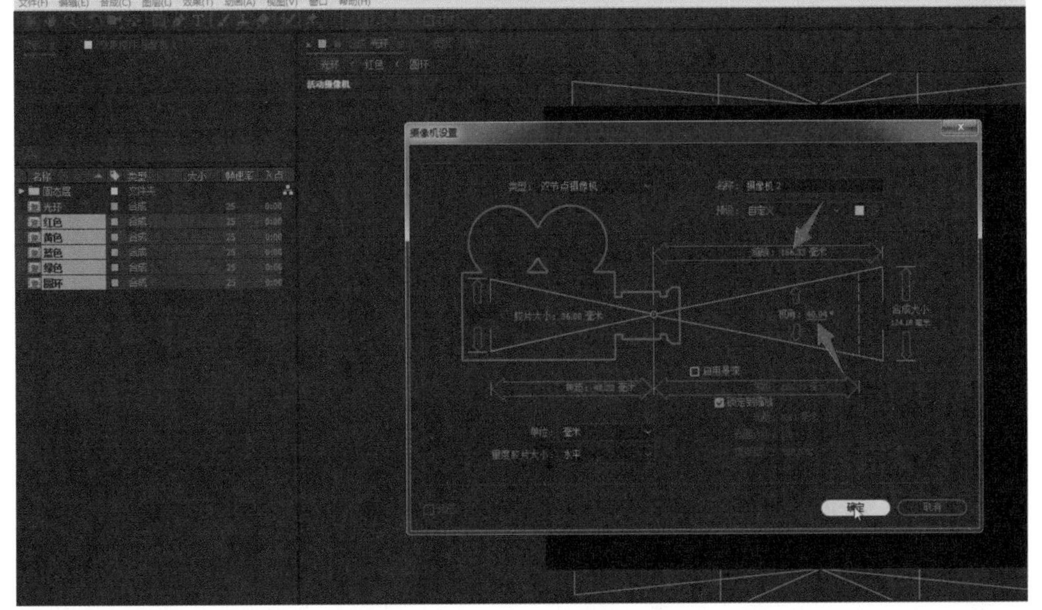

19 选择“摄像机2”层，按【P】键打开【位置】选项，将【位置】设置为“176”“144”“-377”。

现在，整体图形变大了一些。

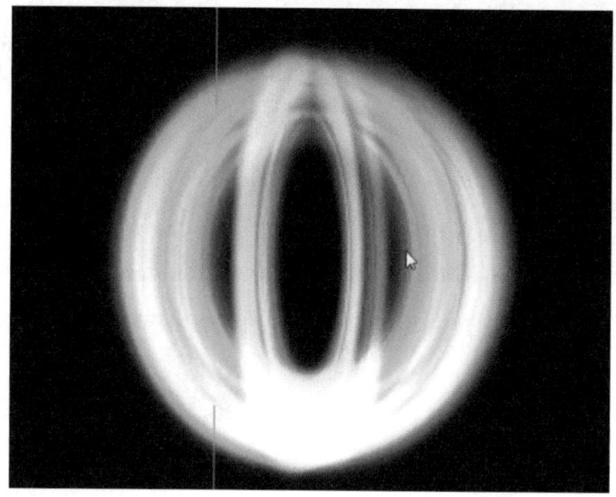

20 单击菜单栏中的【图层】→【新建】→【空对象】。

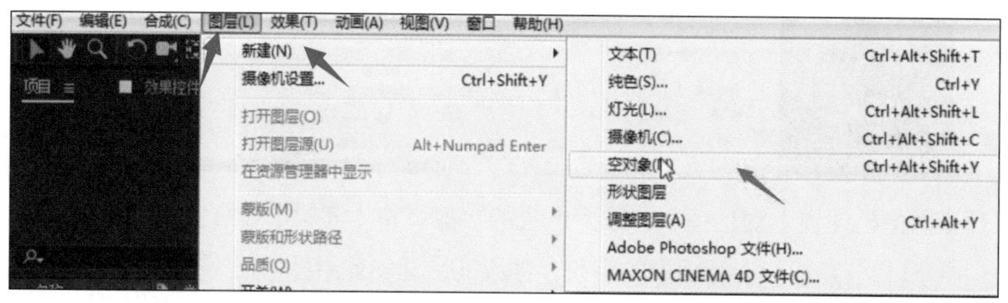

“光环”合成的时间轴面板中出现“空1”层。

将“空1”层的【三维属性】打开，同时选中“红色”“蓝色”“黄色”“绿色”“圆环”这5个层，在右侧空白处单击鼠标右键，在弹出的快捷菜单中选择【列数】→【父级】，打开这些图层的“父级”属性。

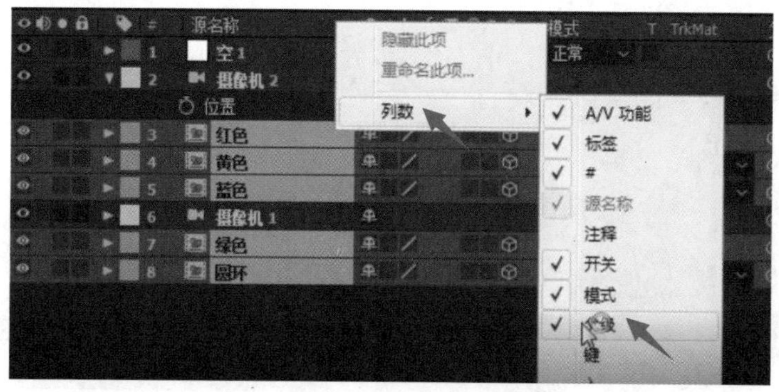

单击“父级”下方的下拉按钮，在弹出的菜单中选择“1.空1”，将它们的父级设置为“空1”层。现在，这些图层都是“空1”层的子级了。

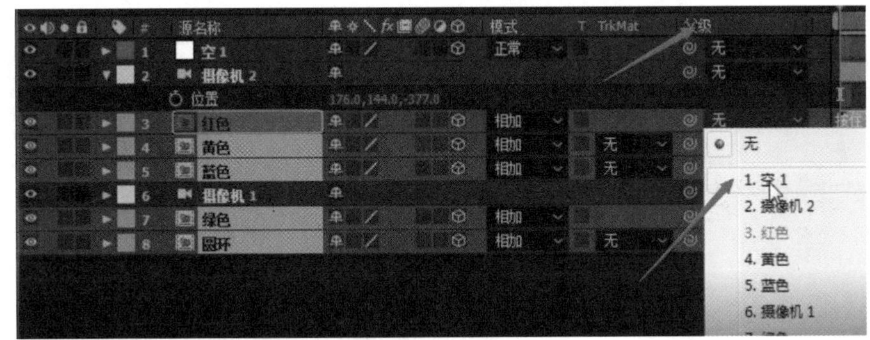

21 将时间调整到“0”秒的位置，选择“空1”层并按【R】键，打开旋转选项，分别单击【X轴旋转】和【Y轴旋转】左侧的码表图标，在当前位置为它们添加关键帧。

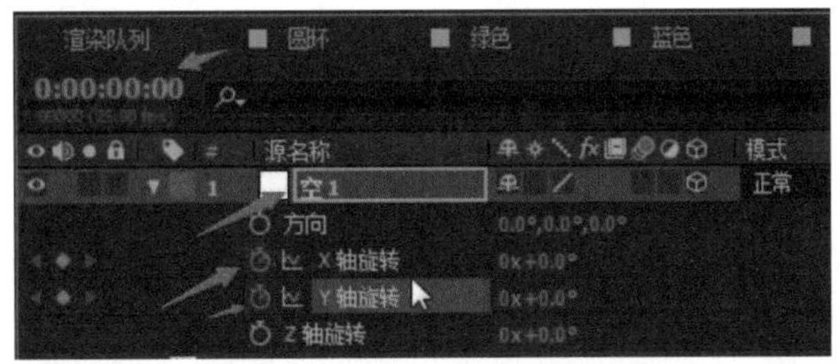

将时间调整到“4秒24帧”的位置，修改【X轴旋转】为“1x+0° ”，表示旋转“360° ”；将【Y轴旋转】设置为“1x+0° ”，表示旋转“360° ”。系统将自动创建关键帧动画。

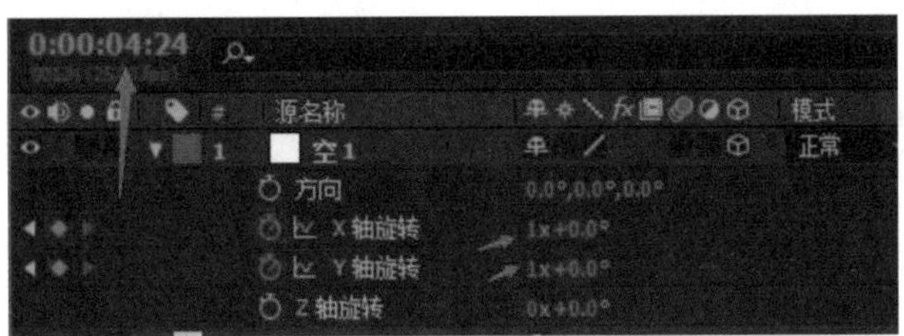

拖曳时间滑块查看一下动画效果。至此，整个“彩色光环”短视频动画特效就制作完成了，按空格键，可以预览当前的动画效果。

这节课我们学习到，可以利用父级物体控制其他物体；为物体指定父级物体后，只要父级物体旋转，其子级物体就会跟着旋转，这就是父级物体的重要作用。

第 7 课

制作“旋转粒子球”特效

01 打开After Effects，单击菜单栏中的【合成】→【新建合成】。将合成的名称设置为“粒子球”，【宽度】设置为“1024”像素，【高度】设置为“768”像素，【像素长宽比】设置为“D1/DV PAL（1.09）”，【帧速率】设置为“30”帧/秒，【持续时间】设置为“5”秒，【背景颜色】设置为“黑色”，单击【确定】。

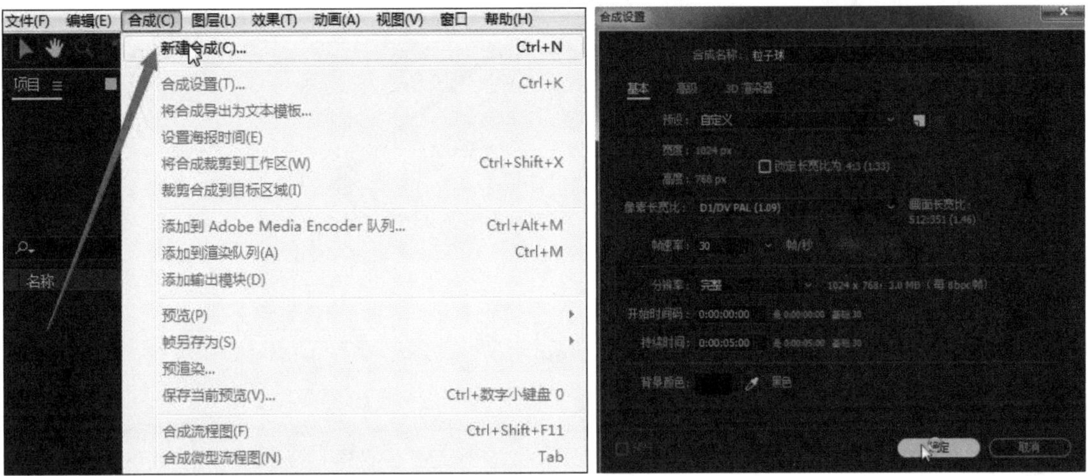

02 单击菜单栏中的【文件】→【导入】→【文件】，将配套资源中的图片素材导入After Effects。

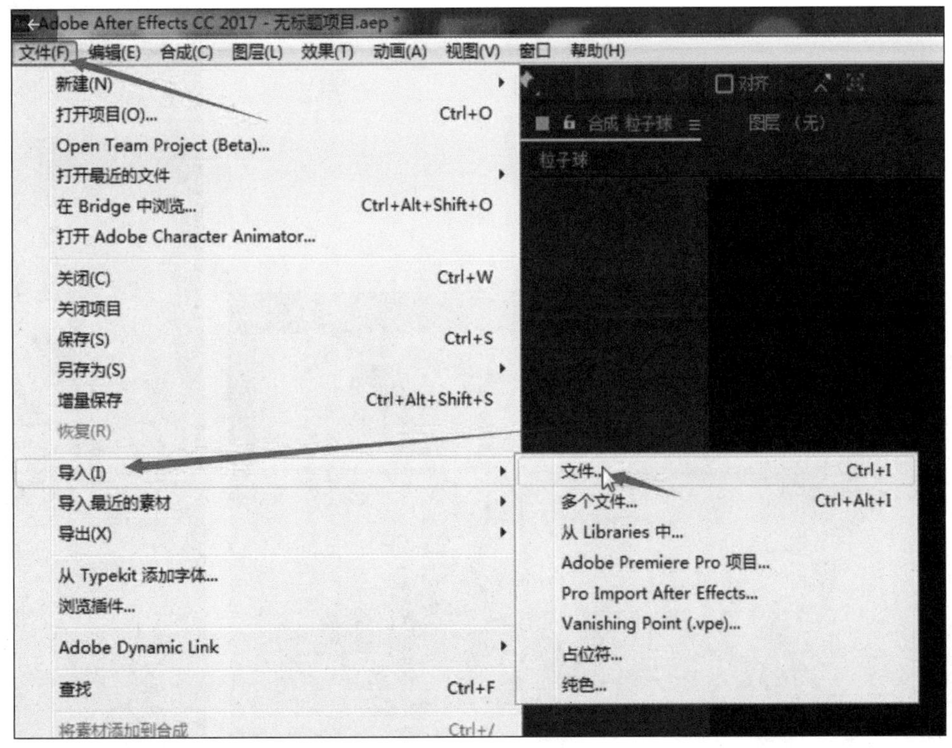

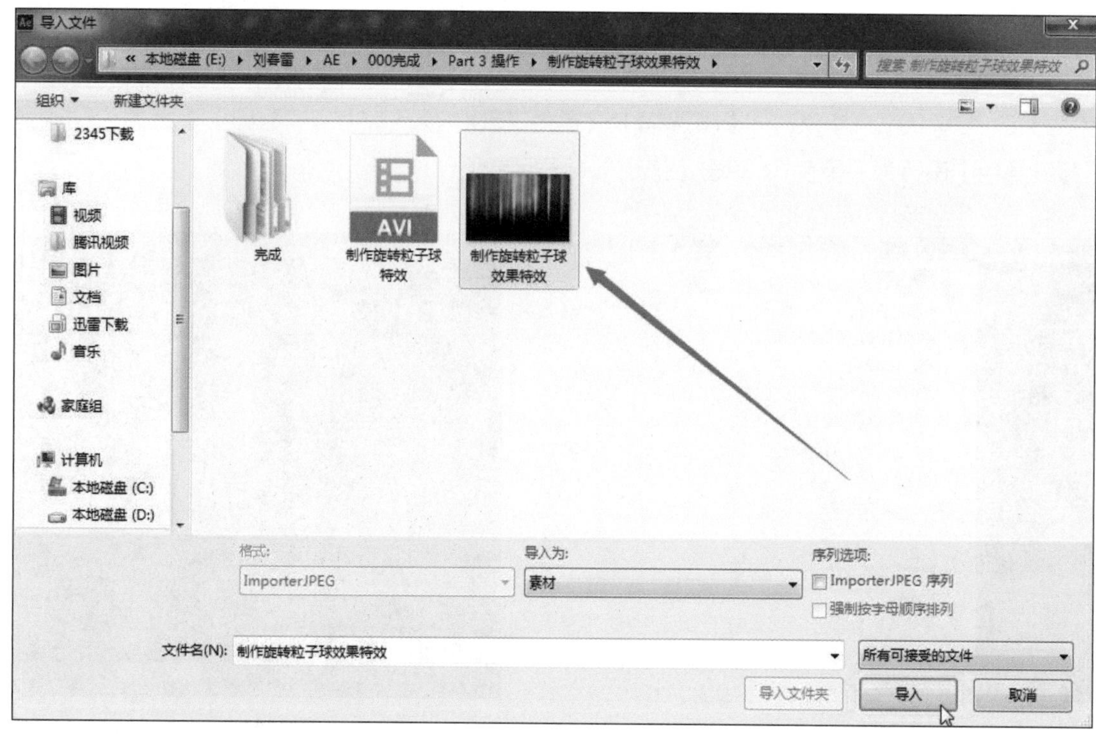

将导入的图片素材拖曳到时间轴面板中。

03 在【效果和预设】面板中展开【模拟】特效组，双击【CC Ball Action】特效。

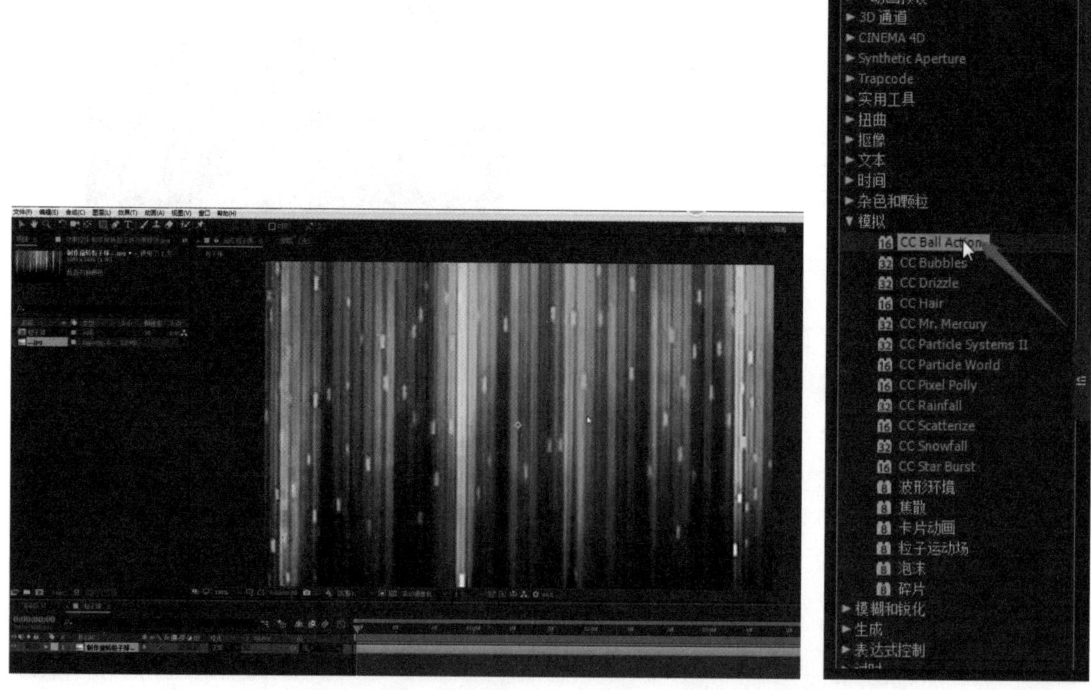

04 在【效果控件】面板中对【CC Ball Action】特效的参数进行设置。分别单击【Rotation】

（旋转）和【Twist Angle】（扭曲角度）左侧的码表图标。

05 将【Grid Spacing】（网格距离）设置为“20”，将【Ball Size】（粒子球尺寸）设置为“50”。

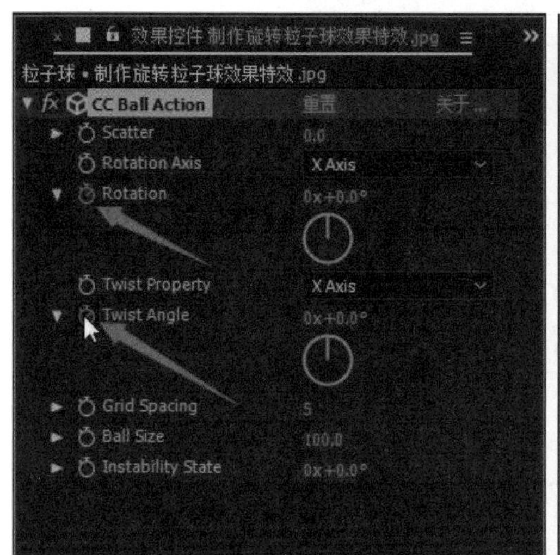

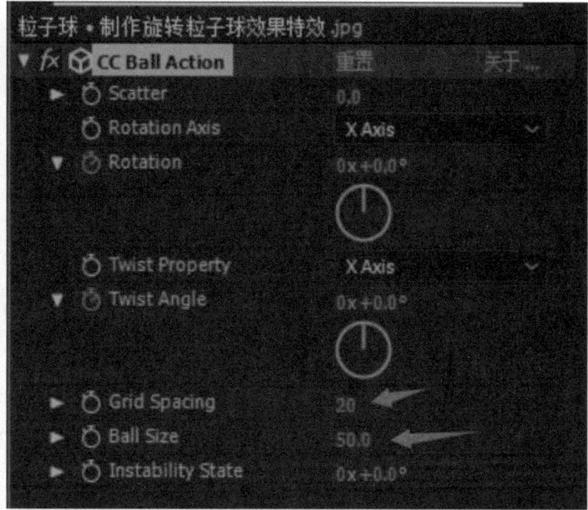

现在可以在预览窗口中查看立体的粒子球效果。

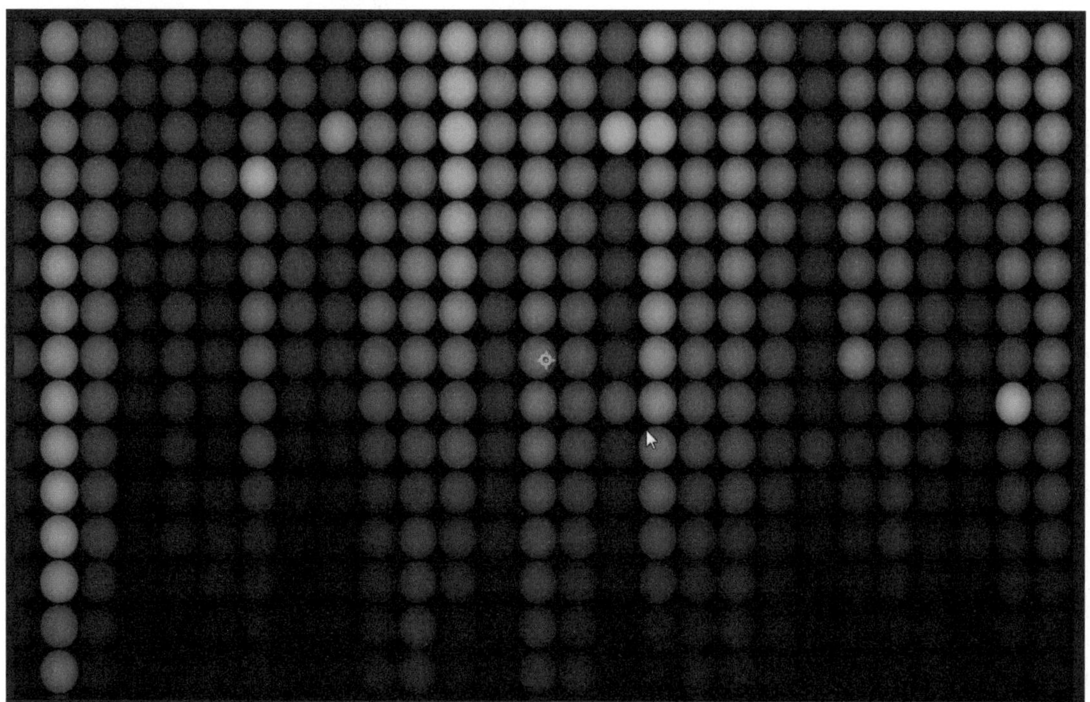

06 将时间设置为“4秒24帧”。

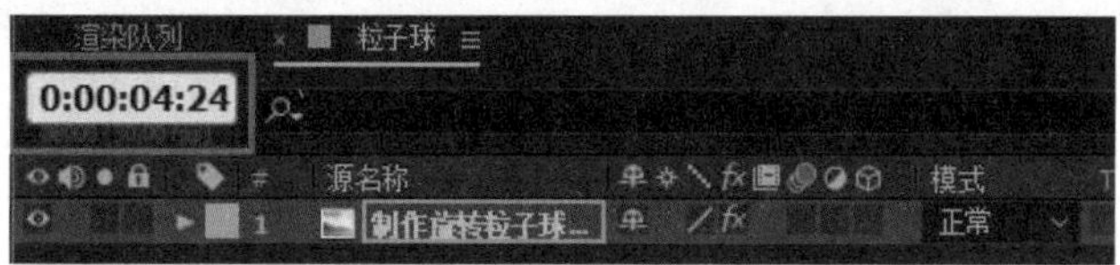

将【Rotation】设置为“3x+0.0°”，表示旋转3周，将【Twist Angle】设置为“0x+300.0°”。

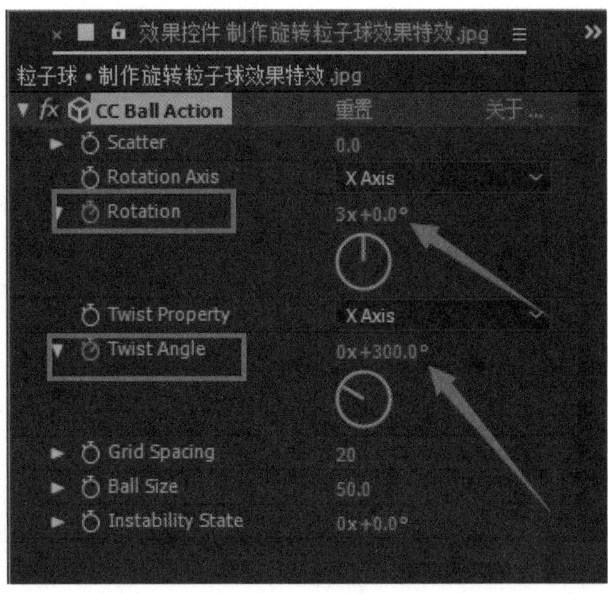

现在，预览窗口中的粒子球发生了变化，拖曳时间滑块查看一下动画效果。

07 将旋转轴设置为y轴。拖曳时间滑块，粒子球以y轴为中心进行旋转。

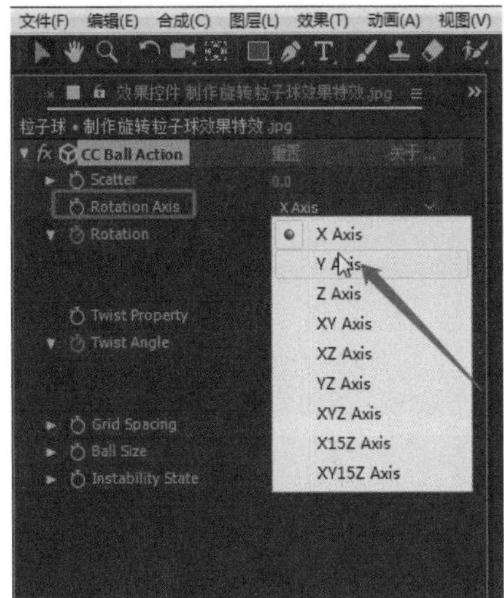

08 将旋转轴设置为z轴。拖曳时间滑块，粒子球以z轴为中心进行旋转。

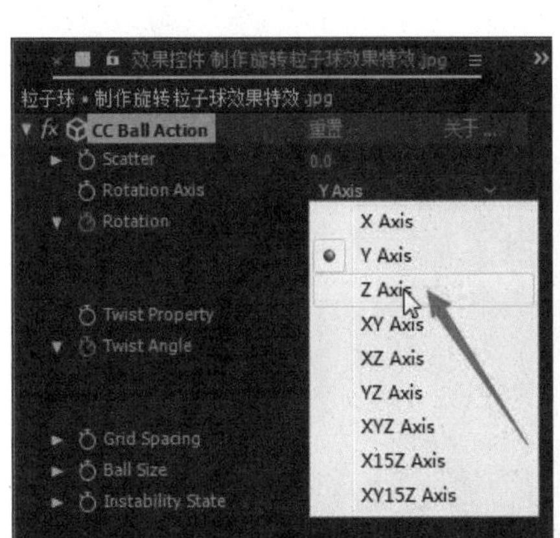

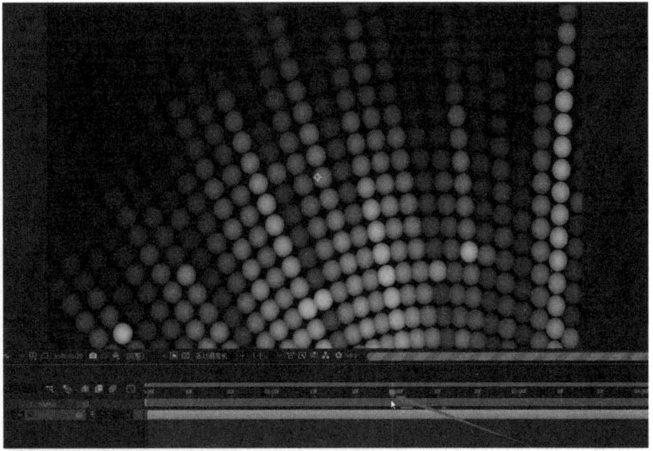

09 将旋转轴设置为xy轴。拖曳时间滑块，粒子球以xy轴为中心进行旋转。读者也可以根据自己的喜好来设置粒子球旋转的角度和方向。

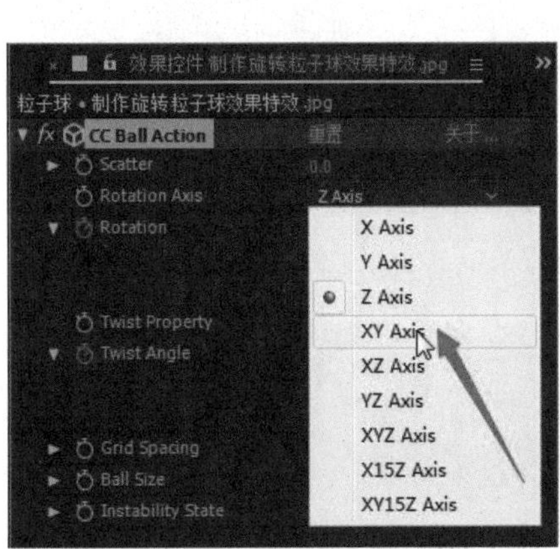

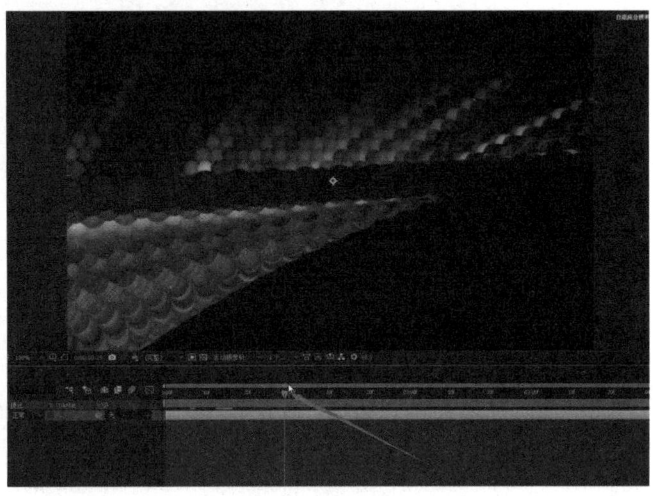

10 设置旋转轴为x轴，拖曳时间滑块，粒子球以x轴为中心进行旋转。按空格键，观看完整的动画效果。

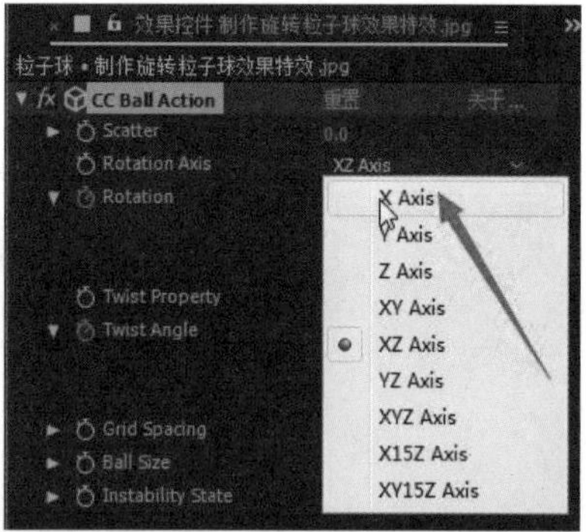

至此，“旋转粒子球”短视频动画特效就制作完成了。

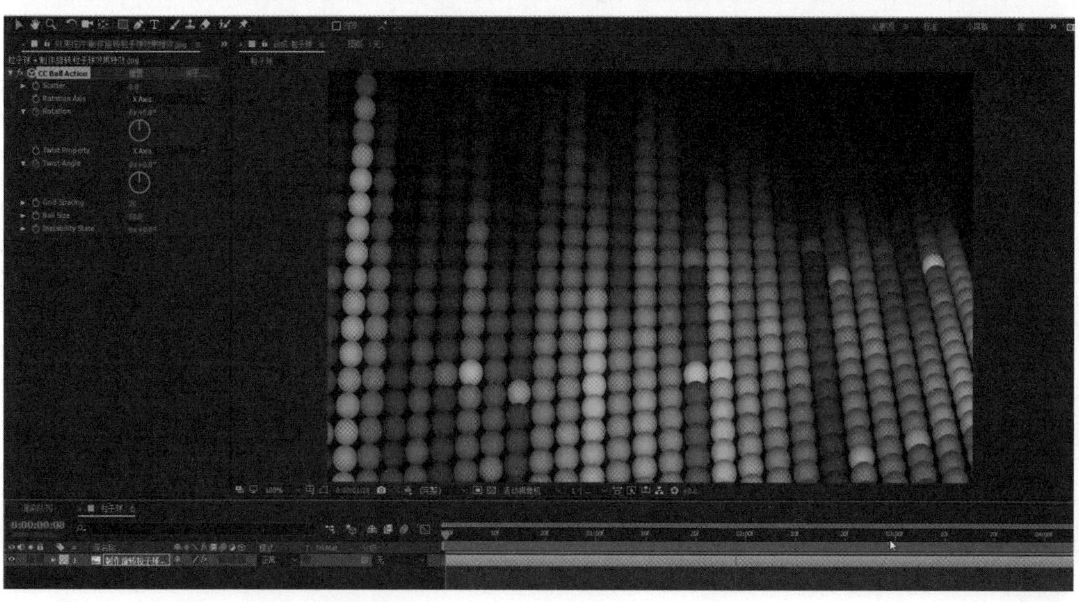

第 8 课

制作“炫光文字”特效

01 打开After Effects，单击菜单栏中的【合成】→【新建合成】。将合成的名称设置为“文字旋转特效”，【宽度】设置为“1024”像素，【高度】设置为“480”像素，【像素长宽比】设置为“方形像素”，【帧速率】设置为“25”帧/秒，【持续时间】设置为“5”秒，【背景颜色】设置为“黑色”，单击【确定】。

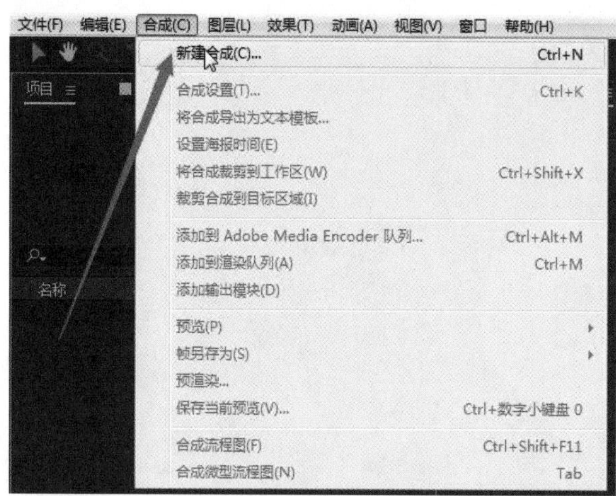

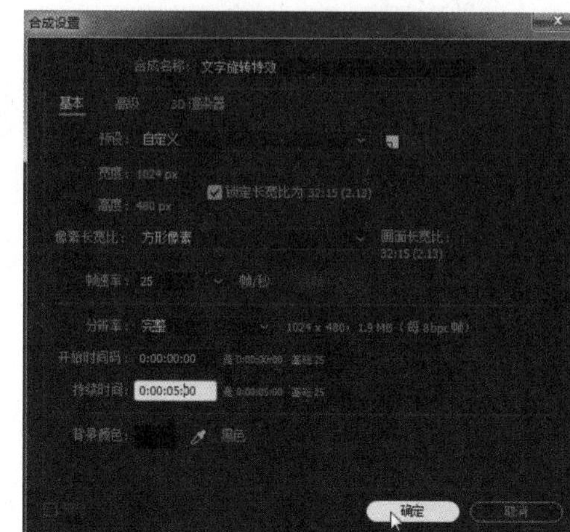

02 选择工具栏中的【文字工具】，输入文字“WELCOME TO OUR SCHOOL”。读者也可以输入自己喜欢的文字内容。

03 选择工具栏中的【选择工具】，把文字拖曳到合适的位置。

04 在【字符】面板中设置文字的各种属性。

单击色块，在弹出的【文本颜色】对话框中将【R】设置为“240”,【G】设置为“40”,【B】设置为“200”，单击【确定】。

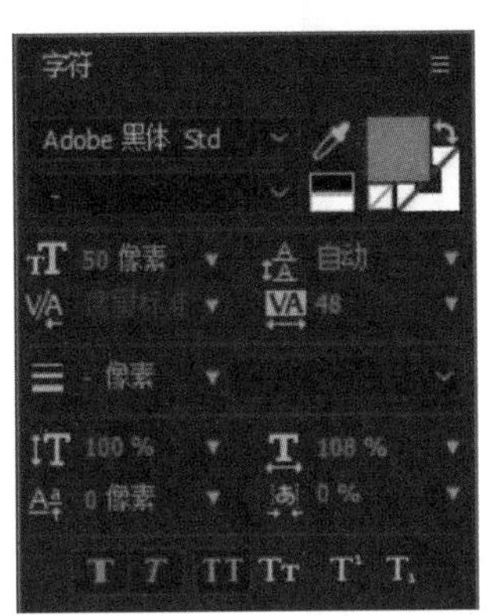

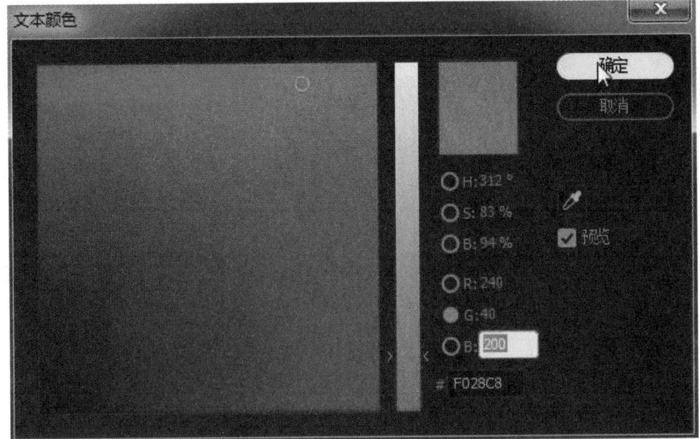

字体样式可以根据自己的喜好进行设置，只要让文字的最终效果看起来比较美观即可。

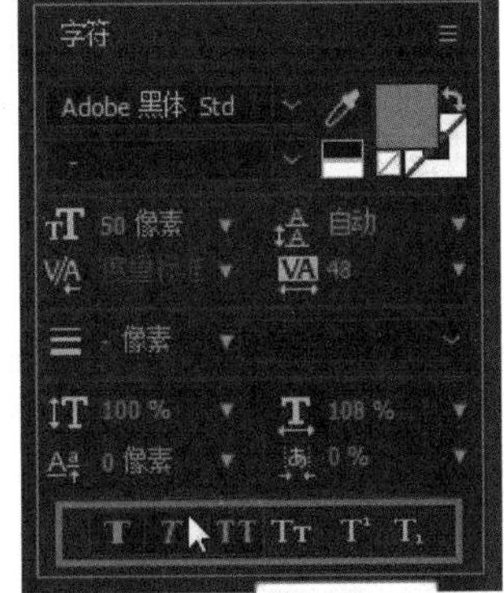

05 在时间轴面板中展开“文本”层，单击【文本】右侧的小三角形按钮，在出现的菜单中选择【缩放】。

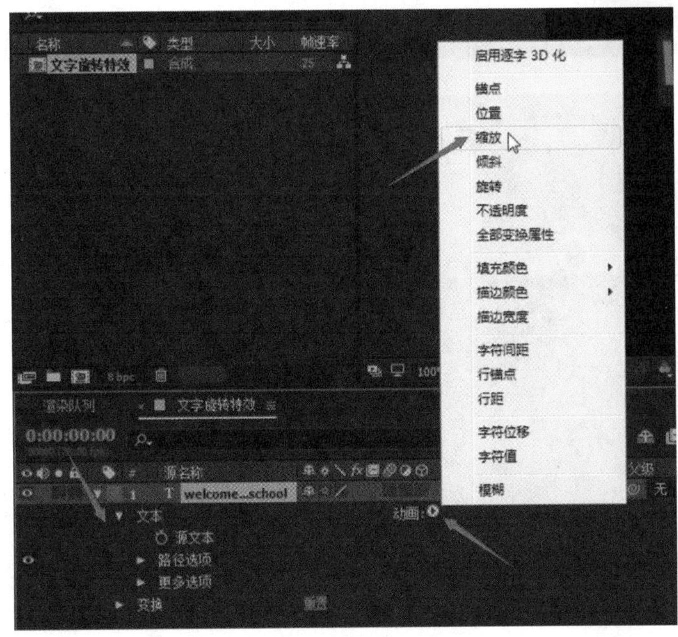

06 在【动画制作工具1】右侧单击【添加】→【属性】→【旋转】，再单击【添加】→【属性】→【不透明度】。

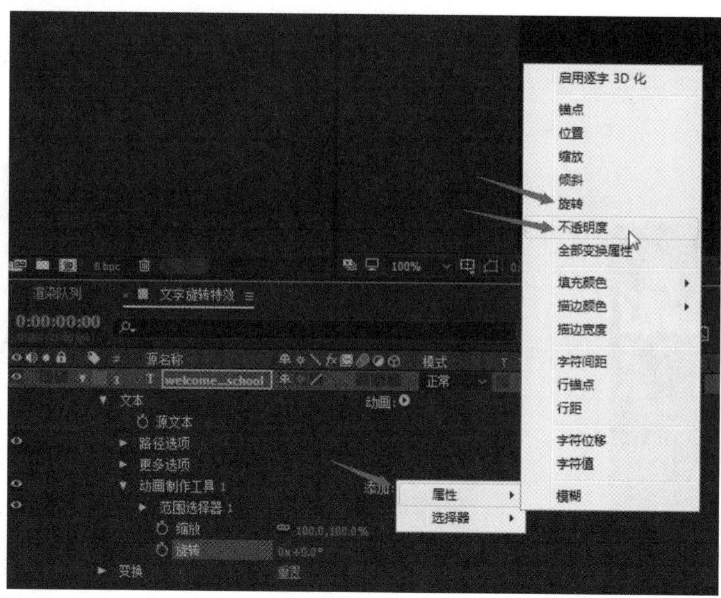

07 在【动画制作工具1】下的【范围选择器1】中找到“04s”（4秒）【起始】选项，单击【起始】左侧的码表图标，将时间滑块向右拖曳到“04s”（4秒）的位置，将【缩放】设置为“500”和“500%”。将【起始】设置为“21”。向左拖曳时间滑块，能看到文字依次缩小的动画效果。按空格键播放动画，可以看到文字依次放大的动画效果。

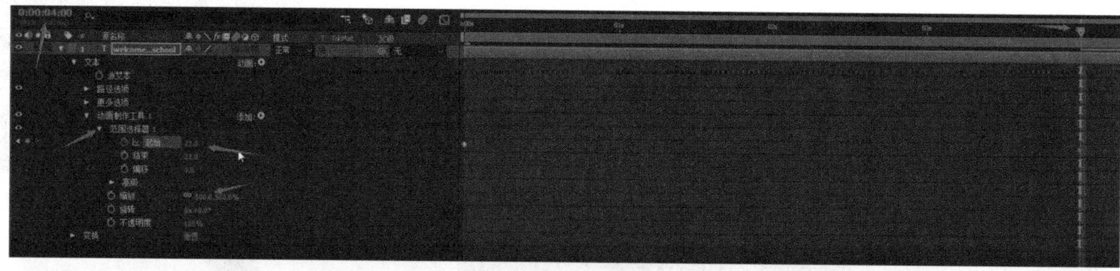

08 将时间滑块向左拖曳到“00s”（0秒）的位置，将【不透明度】设置为“0%”，按空格键播放动画，可以看到文字不仅产生了透明的动画效果，还有依次放大的动画效果。

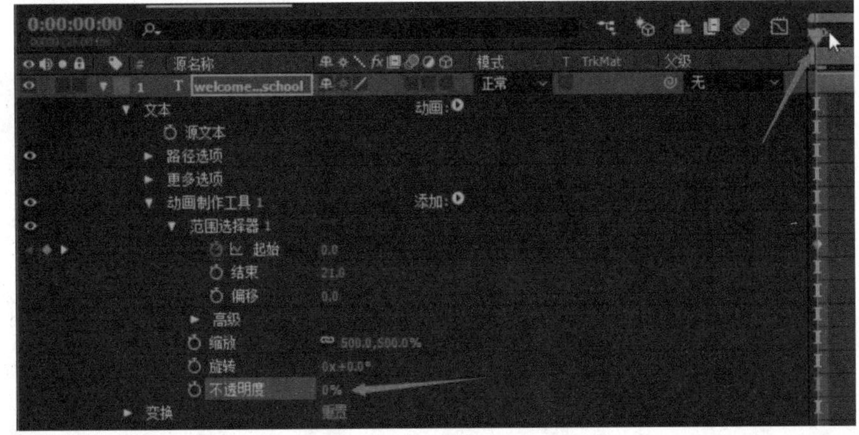

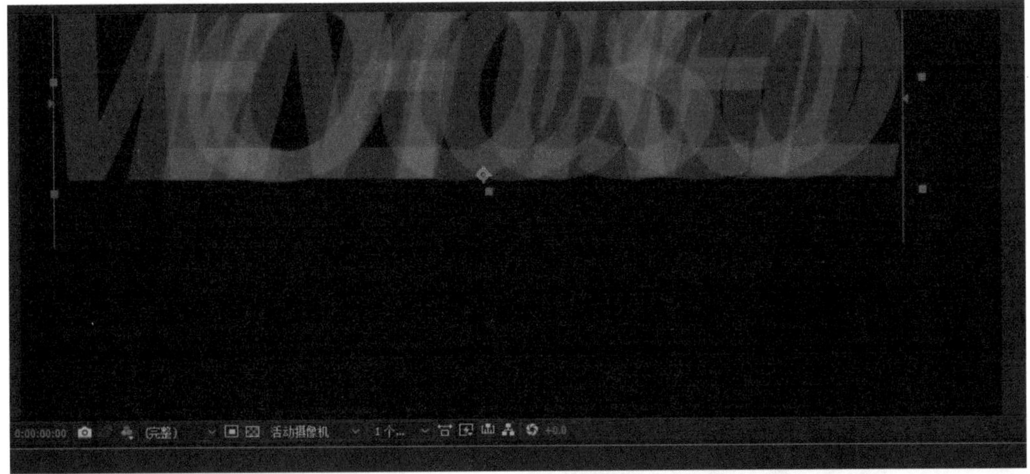

09 将【旋转】设置为“1x+0°”，表示旋转一周。

旋转 1x+0.0°

拖曳时间滑块查看一下动画效果，文字产生了第3种旋转效果。但是，现在我们发现一个问题：文字在旋转的时候，并不是以其自身的中心点进行旋转的。

10 展开【更多选项】，将【分组对齐】设置为“0”和“-48%”，现在我们可以看到，文字绕其自身的中心点进行旋转。

按空格键查看一下动画的整体效果。现在，已经完成了“缩放”“旋转”“透明”3种动画效果。

11 设置文字的色彩动画。将时间滑块向左拖曳到“00s”（0秒）的位置，单击【添加】→【属性】→【填充颜色】→【色相】，将【色相】设置为“1X”。

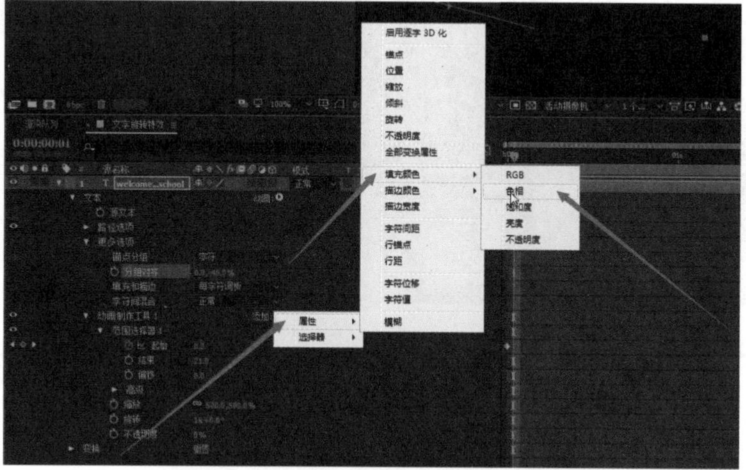

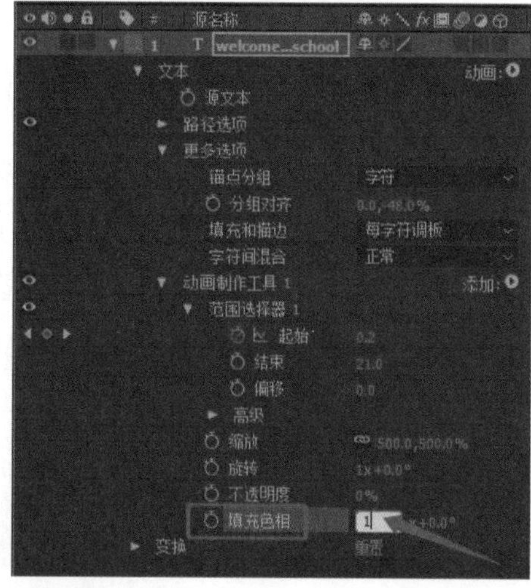

这表示文字在旋转一周的同时，其色彩也发生色相环上一周所有颜色的变化。

12 按空格键观看动画效果，文字产生了丰富的色彩变化效果。

13 现在把动画的【动态模糊】开关打开。注意，图层的【动画模糊】开关也要打开。

14 双击【项目】面板的空白处，也可以单击菜单栏中的【文件】→【导入】，将配套资源里的素材图片导入After Effects，读者也可以将自己喜欢的图片导入After Effects。

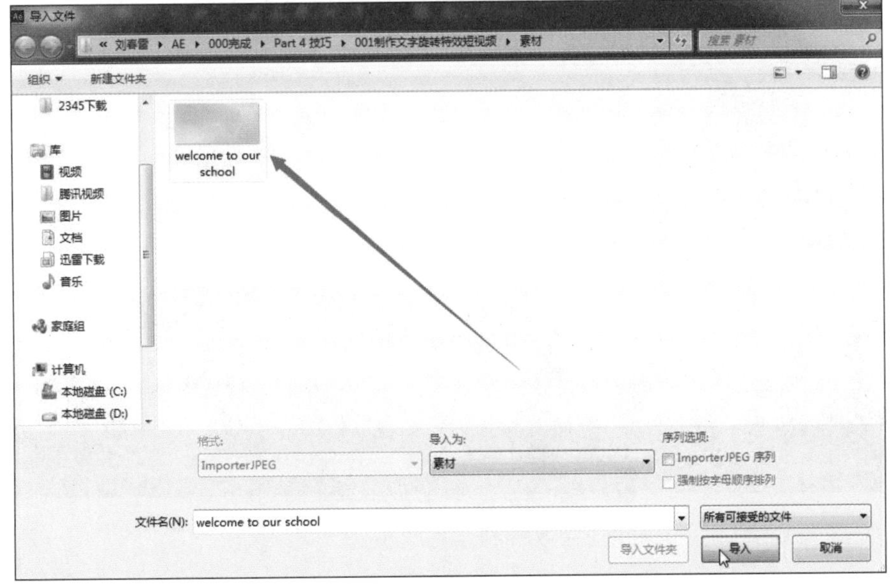

将导入的素材图片拖曳到时间轴面板中。

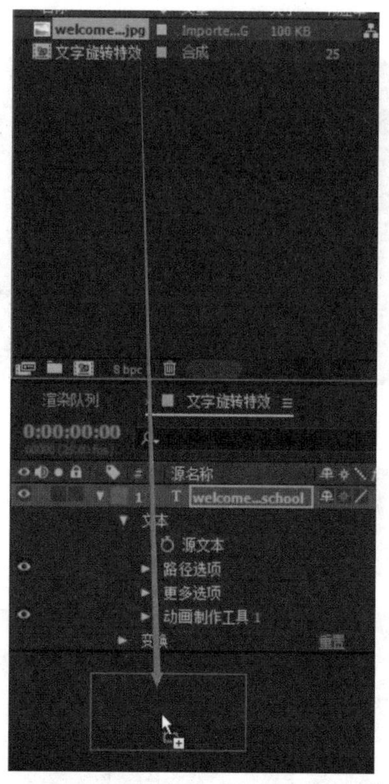

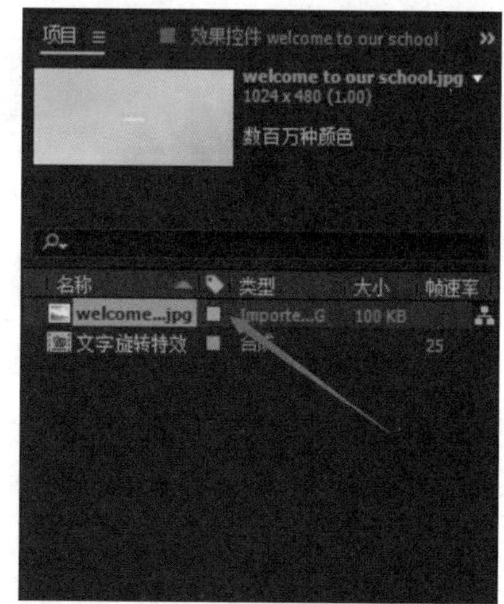

这样素材图片就出现在预览窗口中了，按空格键查看一下动画效果。

15 选择文字，使用【选择工具】将文字拖曳到画面中合适的位置。

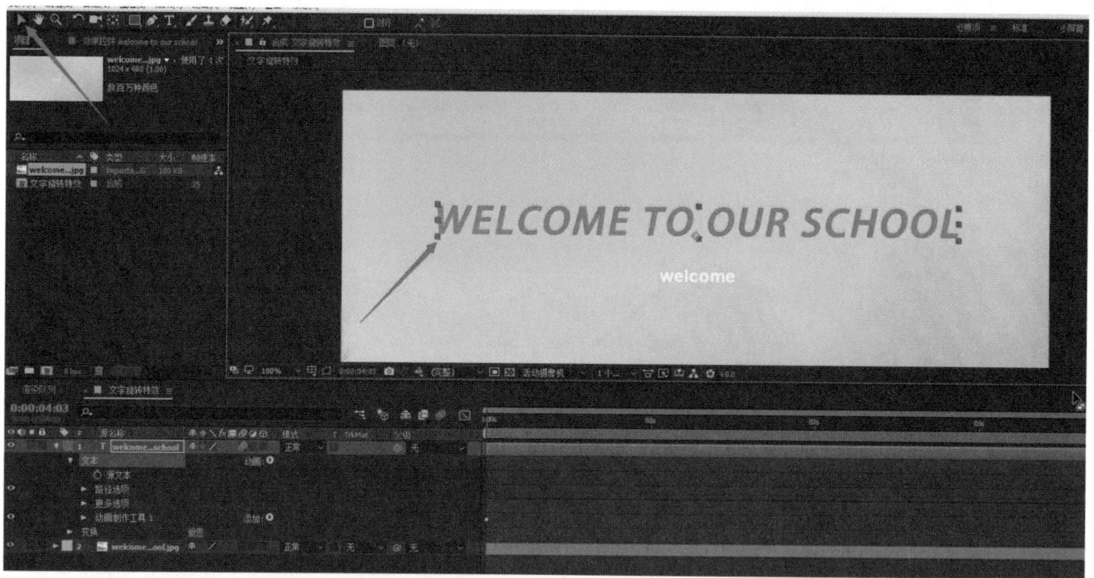

至此，“炫光文字”短视频动画特效就制作完成了。

第 9 课

制作“云层穿梭”特效

01 单击菜单栏中的【合成】→【新建合成】，新建一个合成。

将合成的名称设置为“云层效果”，【宽度】设置为“1024”像素，【高度】设置为“768”像素，【像素长宽比】设置为“方形像素”，【帧速率】设置为“25”帧/秒，【持续时间】设置为“5”秒，【背景颜色】设置为“黑色”，单击【确定】。

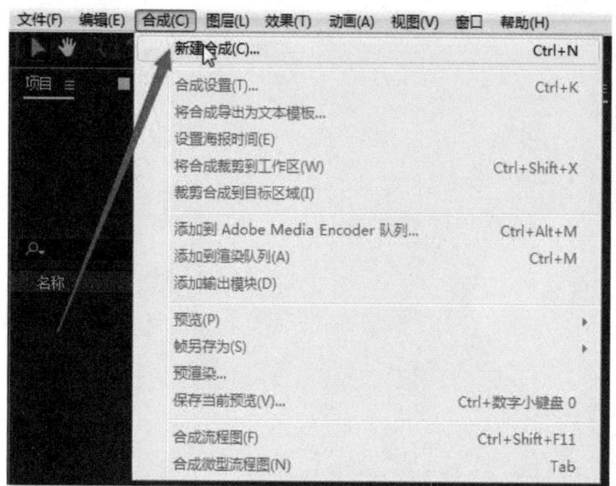

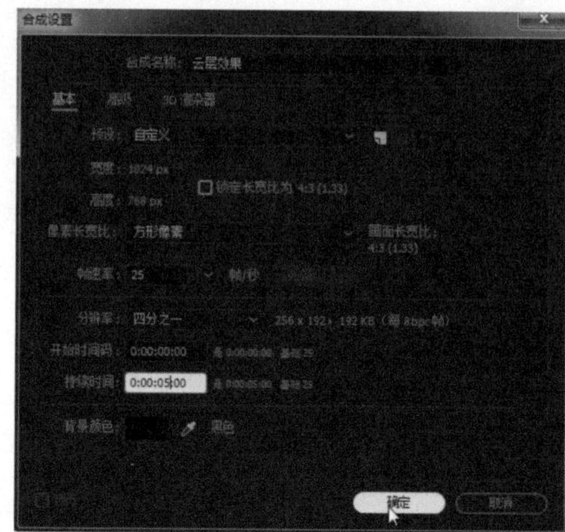

02 在时间轴面板的空白处单击鼠标右键，在弹出的快捷菜单中选择【新建】→【纯色】，新建一个纯色层，将其命名为“云层”。

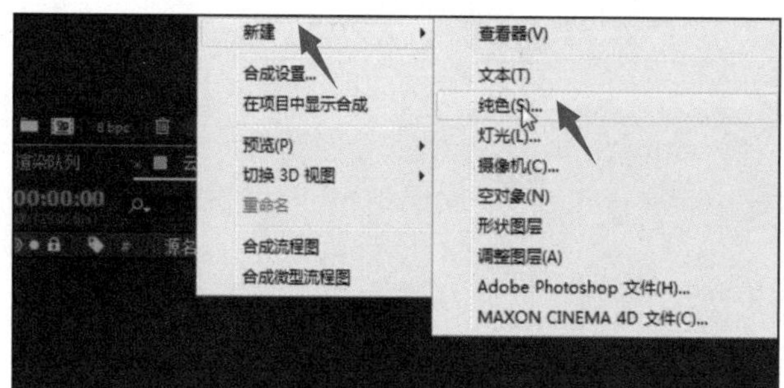

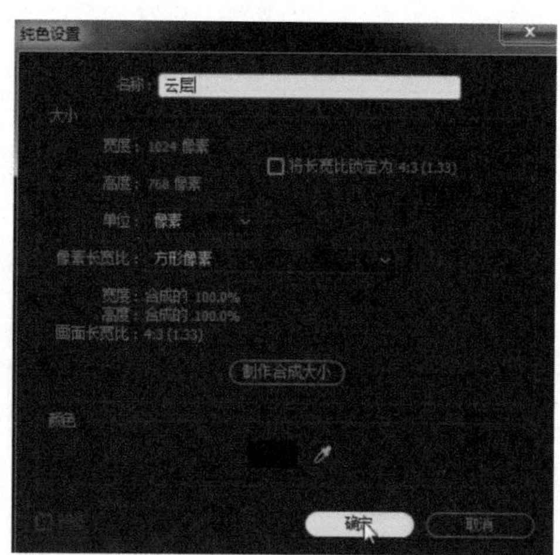

03 在【效果和预设】面板中展开【Trapcode】特效组，双击【Form】特效。

【Trapcode】属于After Effects的外挂效果。将配套资源中的插件文件复制粘贴至After Effects安装目录下的Adobe\Adobe After Effects CC 2017\Support Files\Plug-ins\Effects文件夹内即可在软件中使用该特效。

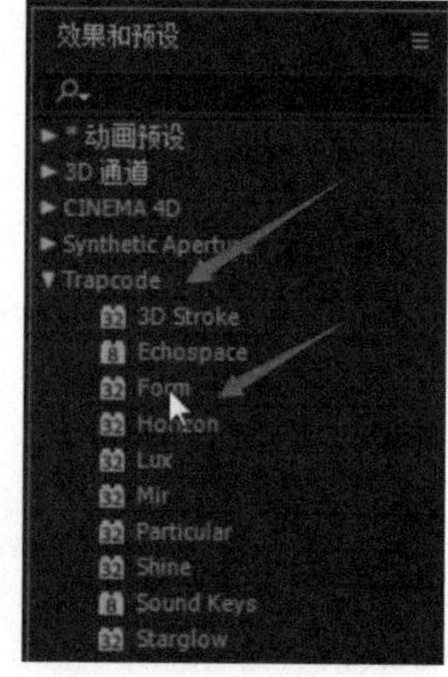

04 此时预览窗口中出现了对应的效果，在【效果控件】面板中展开【粒子】选项组，在其中可以改变粒子的大小，此处暂时保持现

有设置不变。

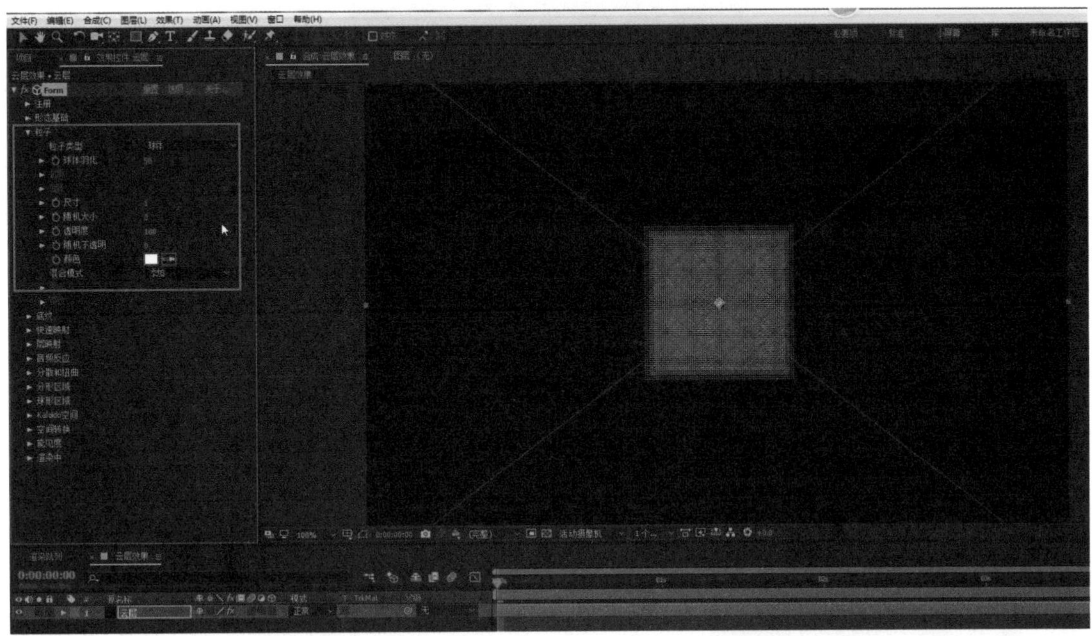

05 展开【形态基础】选项组，将【大小X】设置为“1250”,【大小Y】设置为“650”,【大小Z】设置为“200”,【X旋转】设置为“0x+121°”。其他参数设置可以参考下图中的数字设置。在预览窗口中观察，云层是否已经形成了一种向前延伸的透视效果。

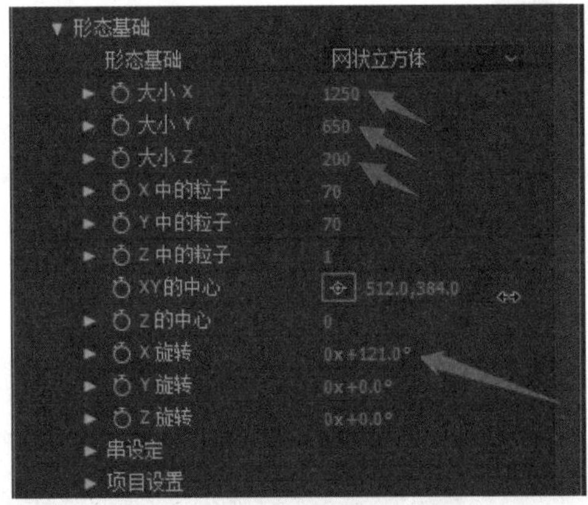

06 将【XY的中心】调整为“512，453”,【大小X】调整为“1440”,【X旋转】调整为“0x+111°”，不断调整参数，直到得到满意的效果为止。

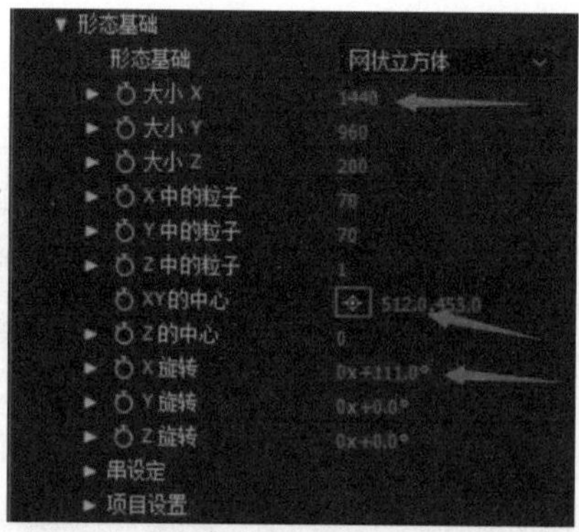

07 将云层粒子的【尺寸】调大，设置为“15”。

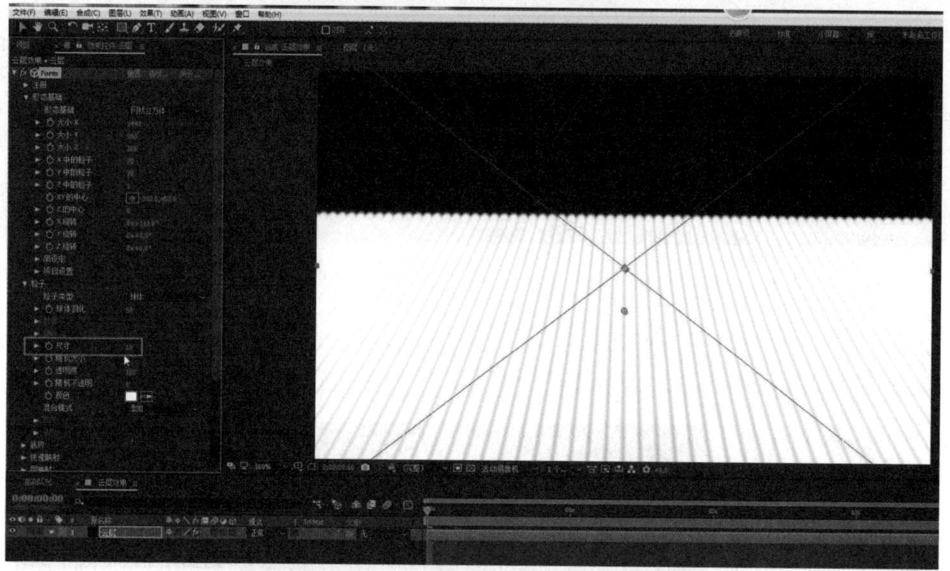

08 将【随机大小】设置为“100”，现在云层粒子的大小就产生了随机变化，看起来比较自然。

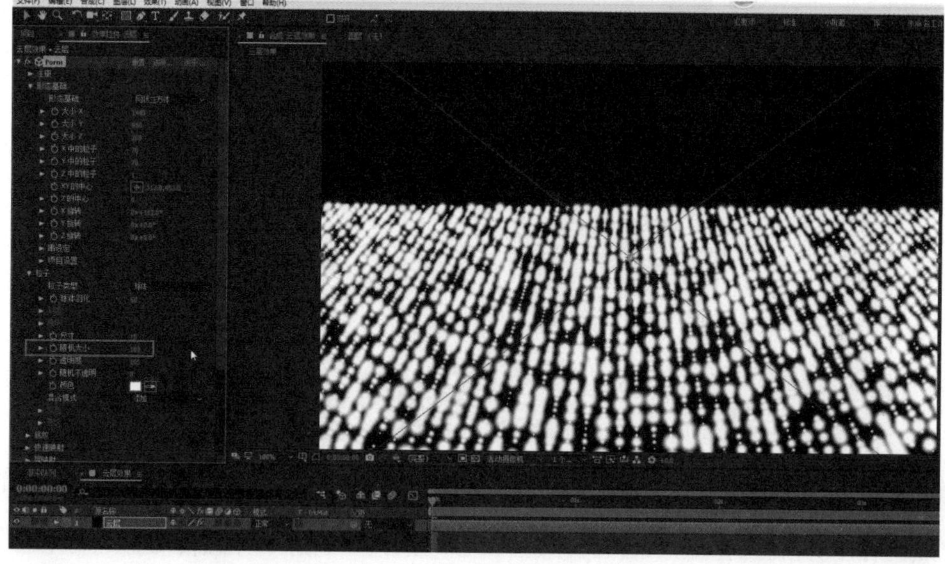

09 将云层粒子的【尺寸】调大，此处设置为“50”。

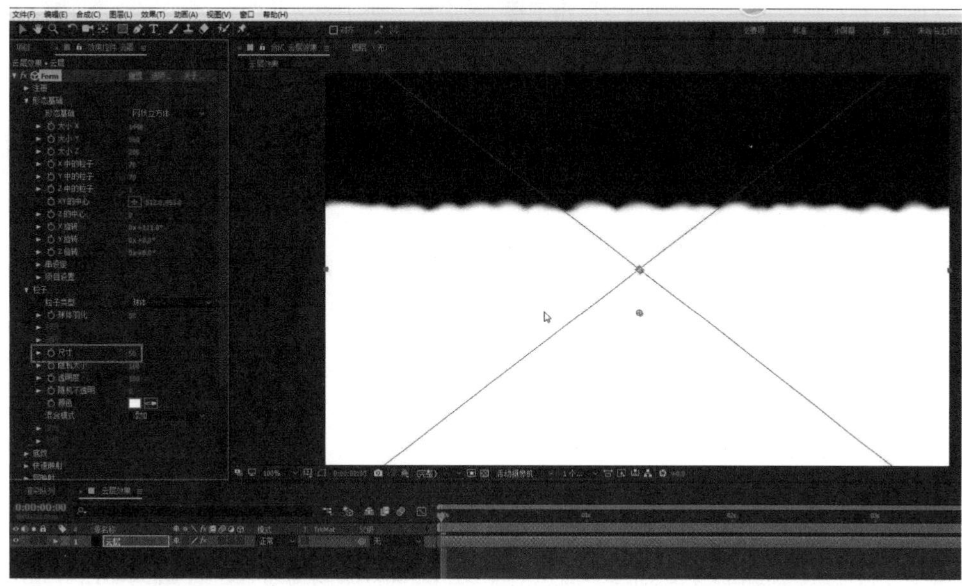

现在，预览窗口中的效果如下图所示。

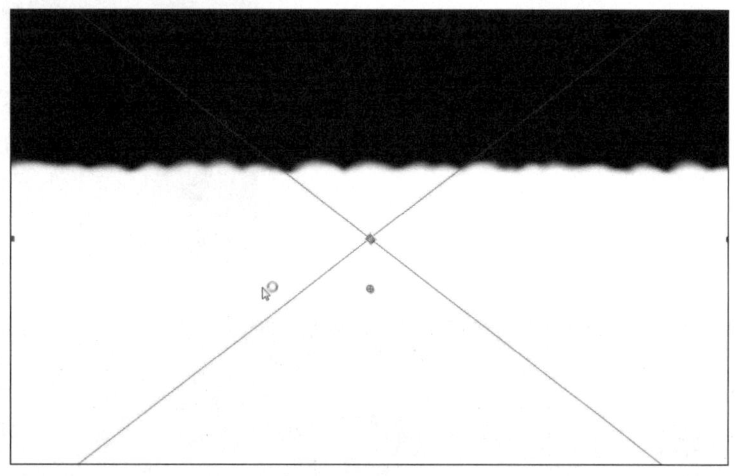

10 在【底纹】选项组中将【暗部】设置为“开”。这样云层就产生了明暗变化。但是，现在的云层上下颠倒了。

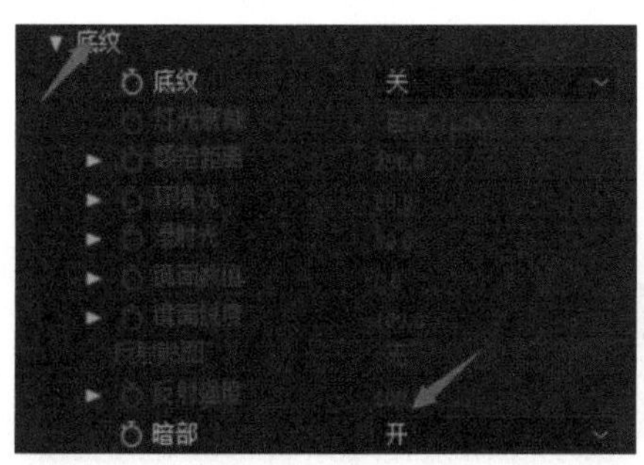

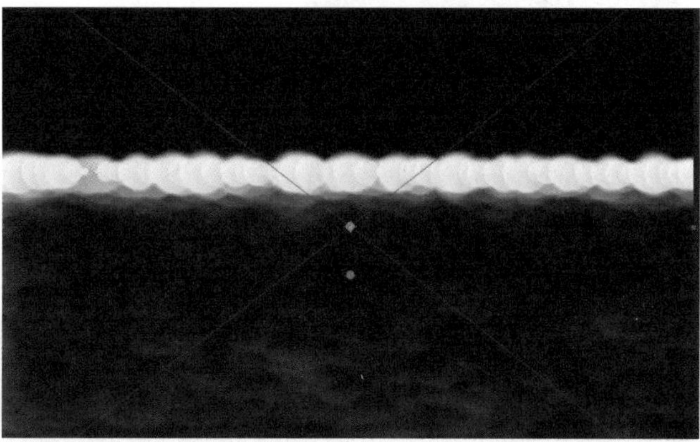

11 调整一下【X旋转】的值，将其设置为“0x-55°”，将云层颠倒过来，得到下图所示的效果。

12 在【快速映射】选项组中，将【映射#1到】更改为“不透明”，将【映射#1在】设置为“Y”。调整【映射#1】下的曲线让y轴方向上的云层粒子产生透明度的变化，云层看起来会更加真实。可以反复调整曲线，直到得到满意的效果为止。

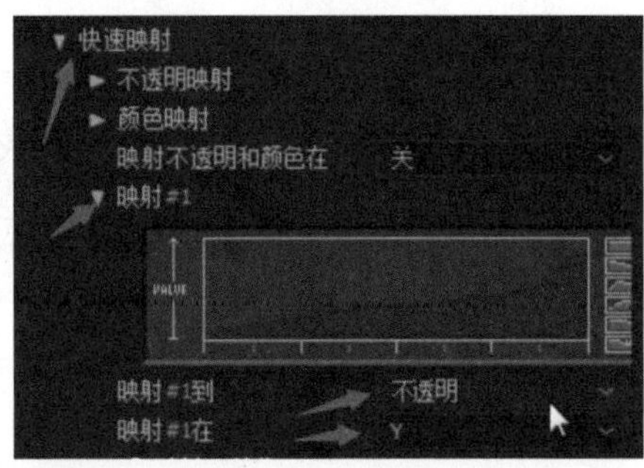

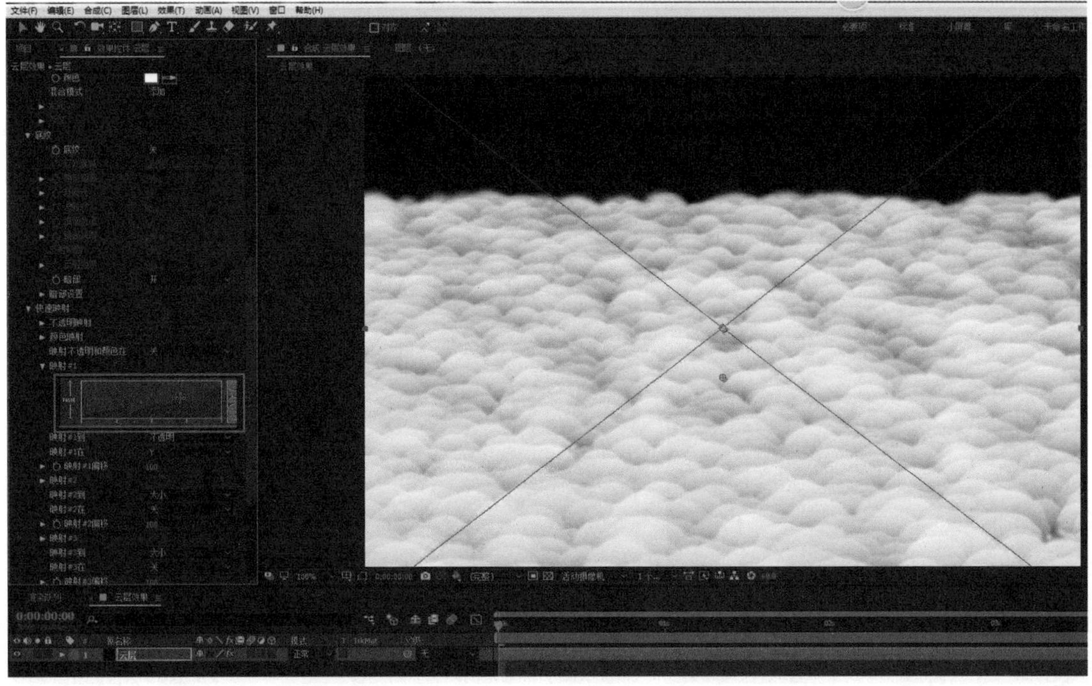

13 制作天空背景。在时间轴面板的空白处单击鼠标右键，在弹出的快捷菜单中选择【新建】→【纯色】，将新建的纯色层命名为“背景”，单击【确定】。

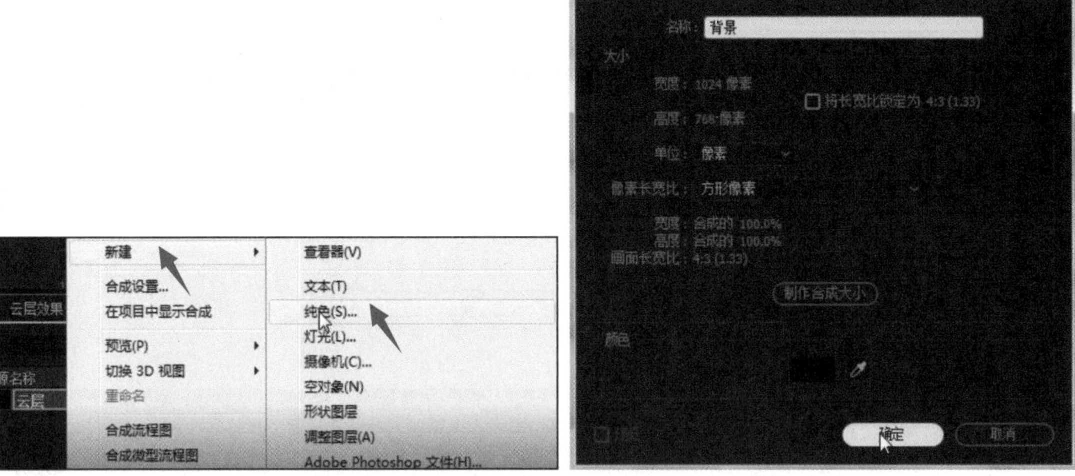

14 在【效果控件】面板的空白处单击鼠标右键，在弹出的快捷菜单中选择【生成】→【梯度渐变】，预览窗口中出现对应的渐变效果。

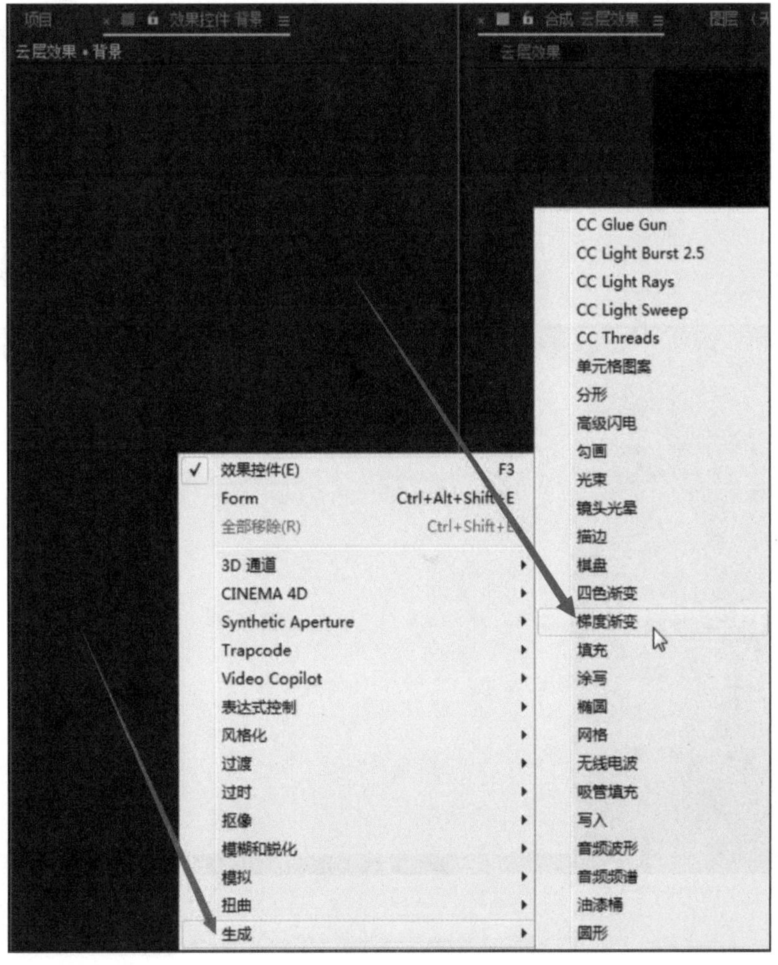

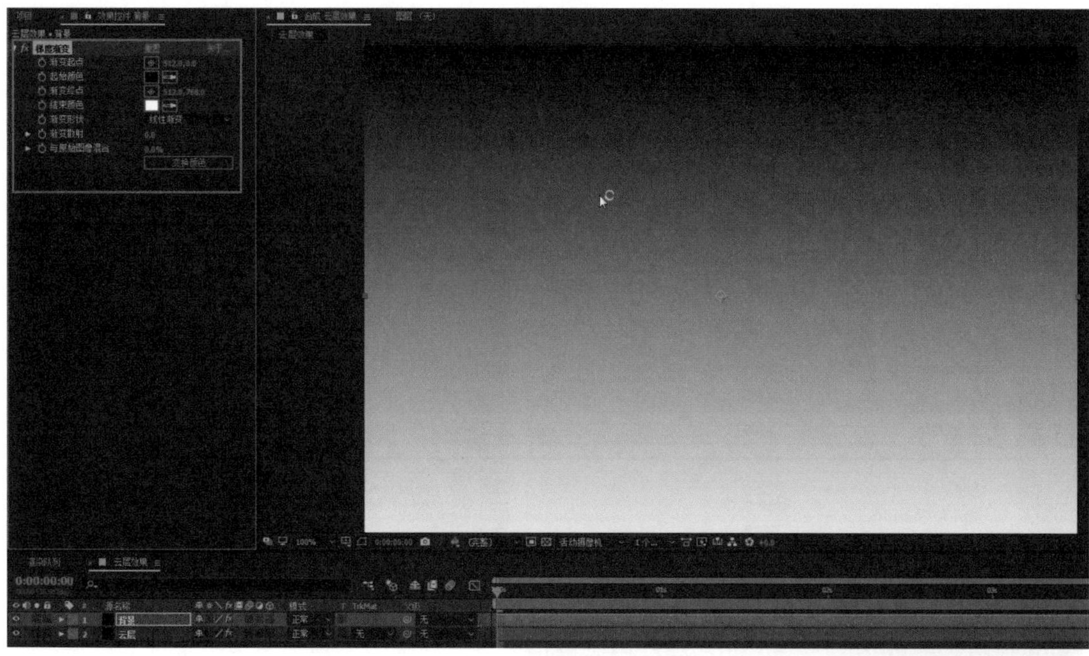

15 将【起始颜色】更改为“蓝色”：将【R】设置为“80”，【G】设置为“190”，【B】设置为“250”，单击【确定】。

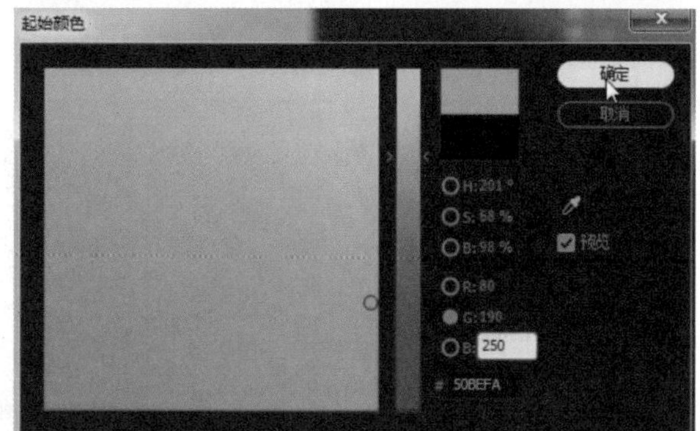

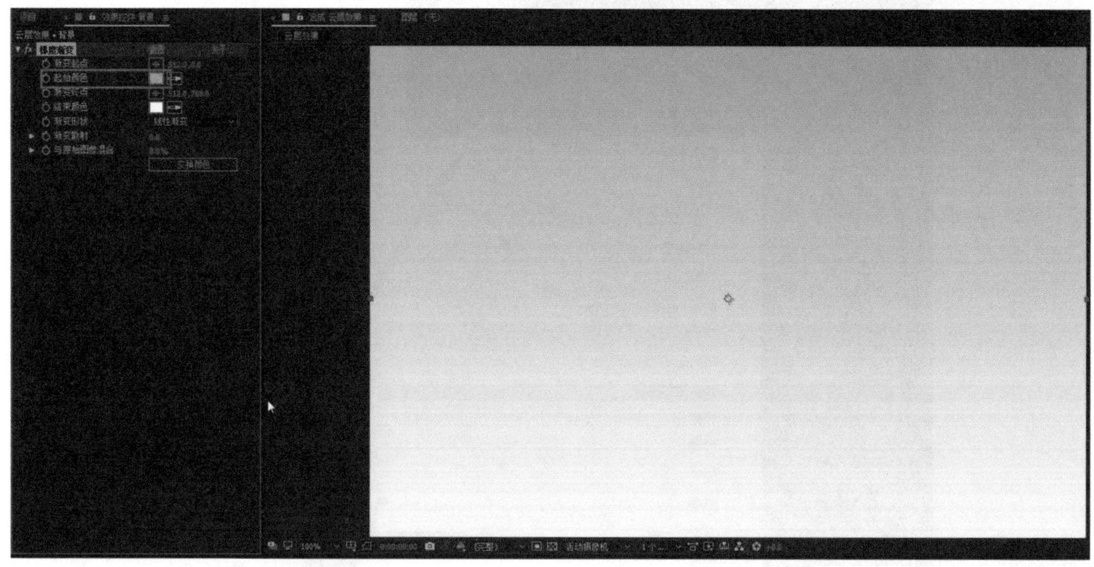

16 将“背景”层拖曳到“云层”层的下方，现在预览窗口中出现了蓝天的效果。

17 在【效果控件】面板中选择【梯度渐变】，在预览窗口中将渐变下方的结束点向上拖曳，让白色上移，将白色调整到与云层边缘相接的位置。

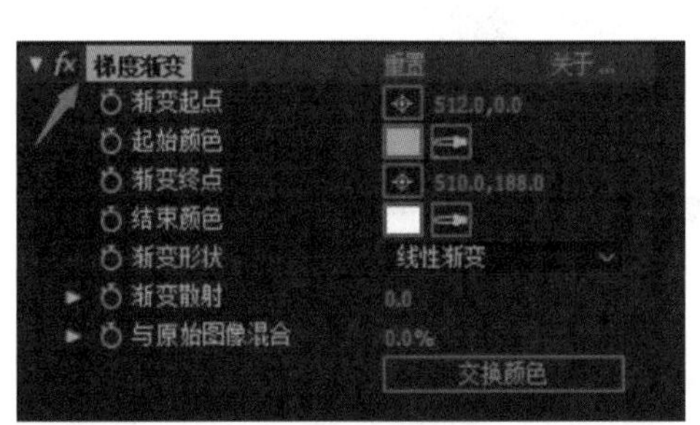

放大视图，看一下效果。现在云层看起来颜色单一，不太美观。

18 在时间轴面板的空白处单击鼠标右键，在弹出的快捷菜单中选择【新建】→【纯色】，新建一个纯色层，将其命名为“遮罩”，单击【确定】。

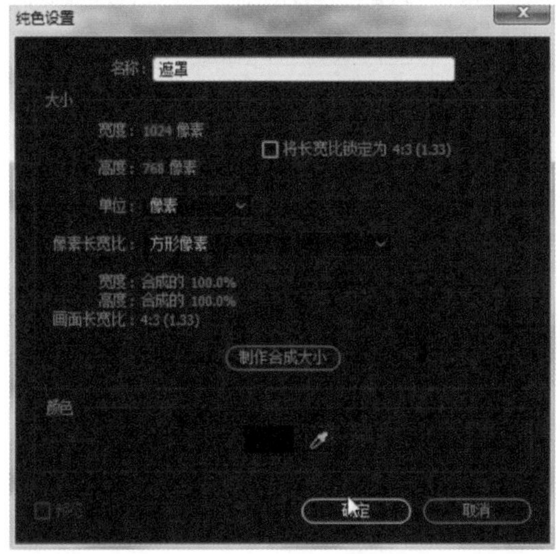

19 选择工具栏中的【钢笔工具】，在预览窗口中画一个封闭图形。

选择“遮罩”层，单击【M】键将蒙版设置打开，将【蒙版羽化】调整为“100”和“100”。

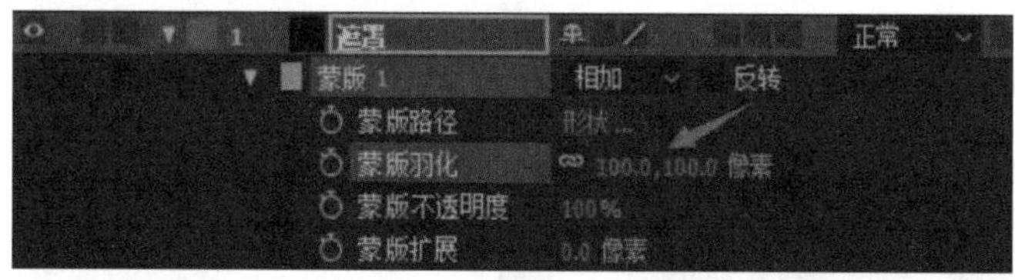

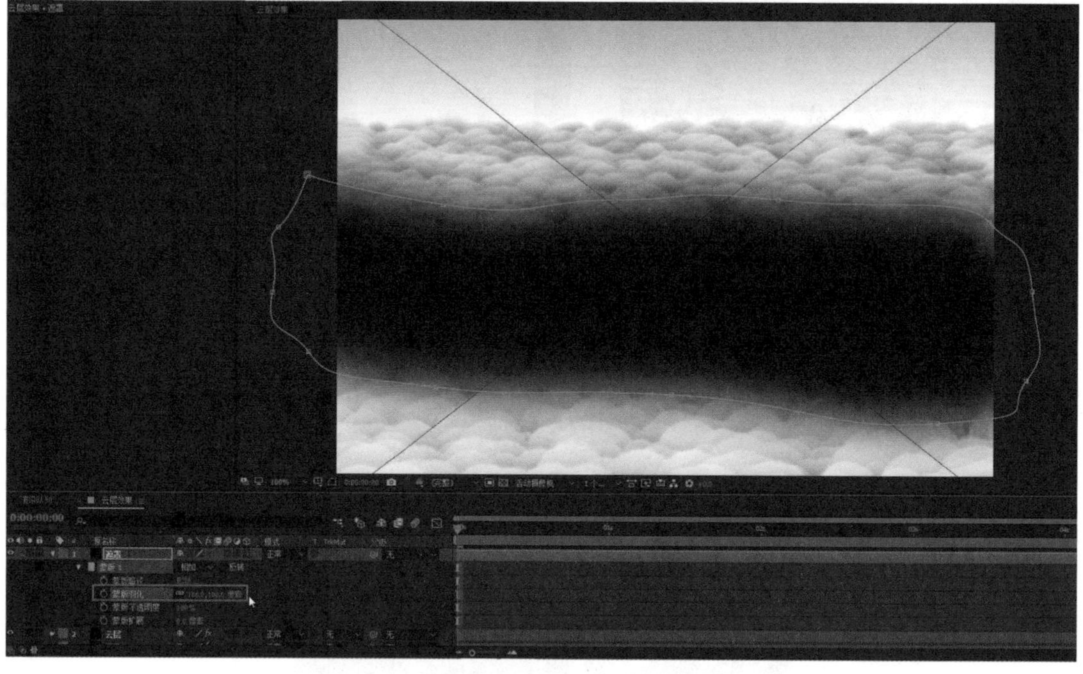

20 在【效果控件】面板的空白处单击鼠标右键，在弹出的快捷菜单中选择【生成】→【四色渐变】，这样蒙版就由4种渐变颜色组成了。

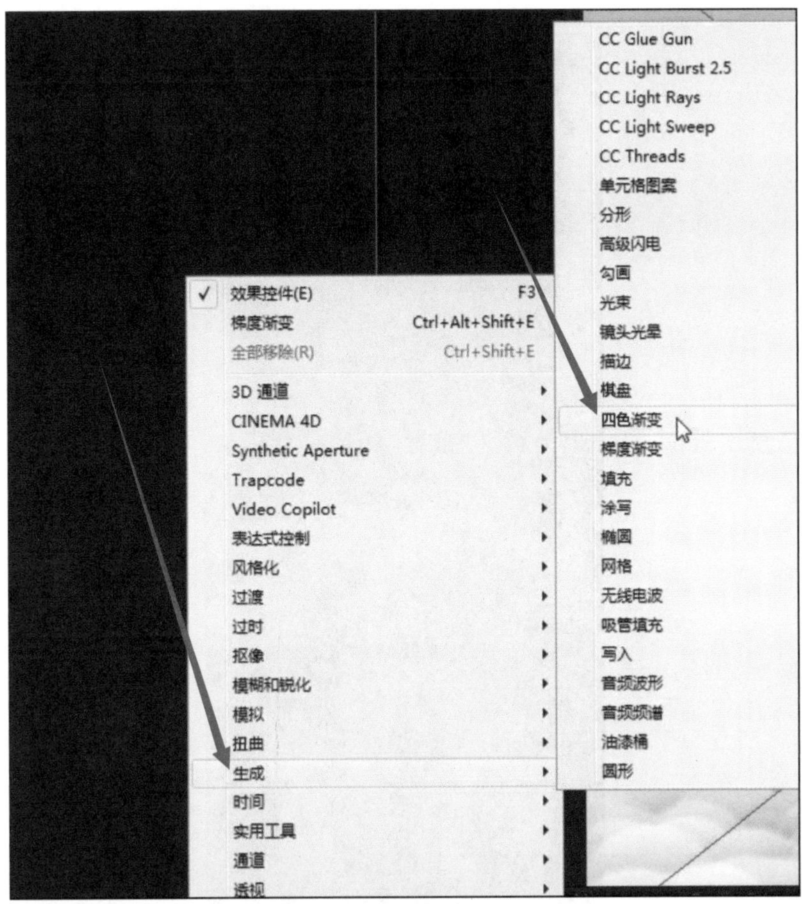

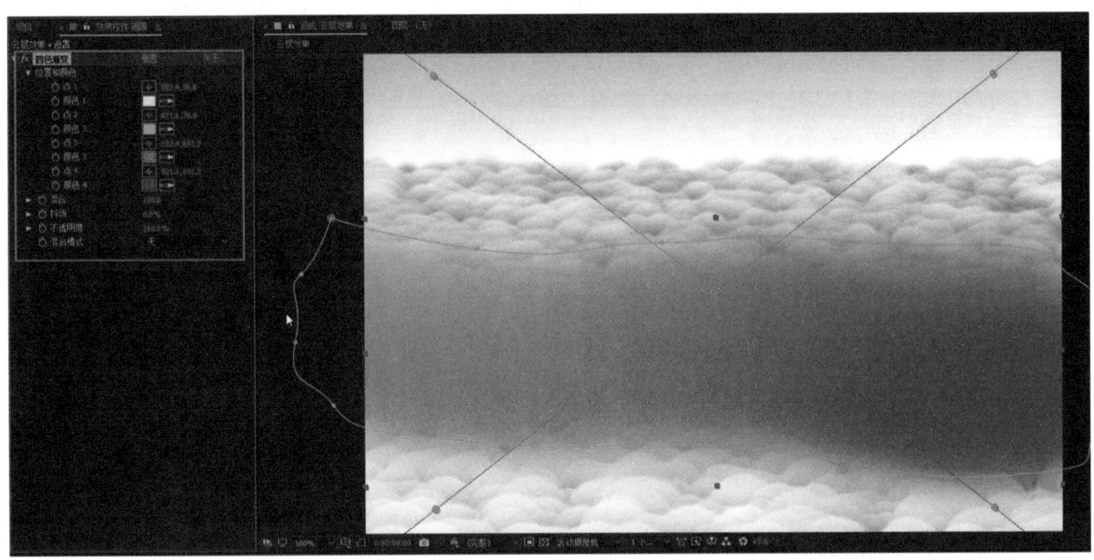

21 将“遮罩”层的【模式】更改为“叠加”，为云层添加丰富的色彩变化效果。

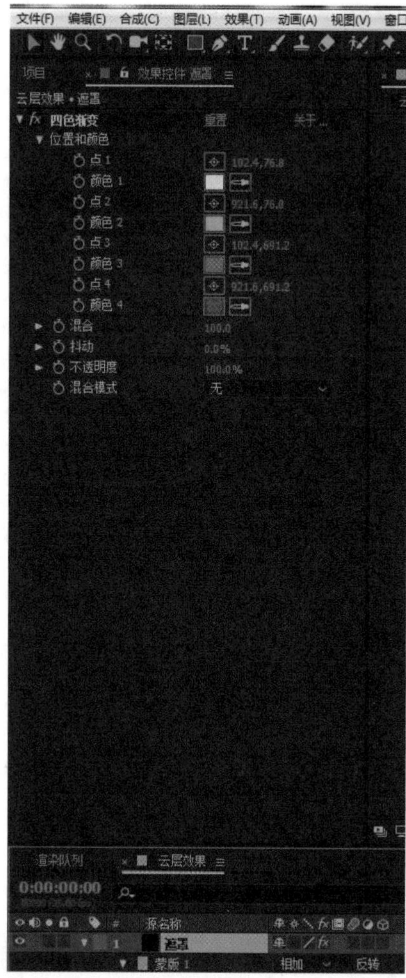
文件(F) 编辑(E) 合成(C) 图层(L) 效果(T) 动画(A) 视图(V) 窗口
项目
效果控件 遮罩
云层效果 • 遮罩
四色渐变
重置
关于...
位置和颜色
点 1
102.4,76.8
颜色 1
点 2
921.6,76.8
颜色 2
点 3
102.4,691.2
颜色 3
点 4
921.6,691.2
颜色 4
混合
100.0
抖动
0.0%
不透明度
100.0%
混合模式
无
渲染队列
云层效果
0:00:00:00
源名称
1
遮罩
蒙版 1
相加
反转

可以通过调整遮罩蒙版的大小和位置，调整云层色彩的覆盖位置。分别调整4种颜色的色相，直到得到满意的效果。

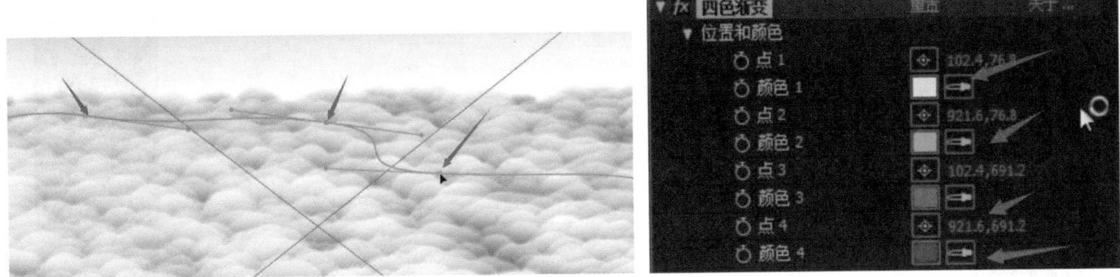

22 为云层创建一个动画。在时间轴面板的空白处单击鼠标右键，在弹出的快捷菜单中选择【新建】→【摄像机】，新建一个摄像机，保持原始设置即可，单击【确定】。

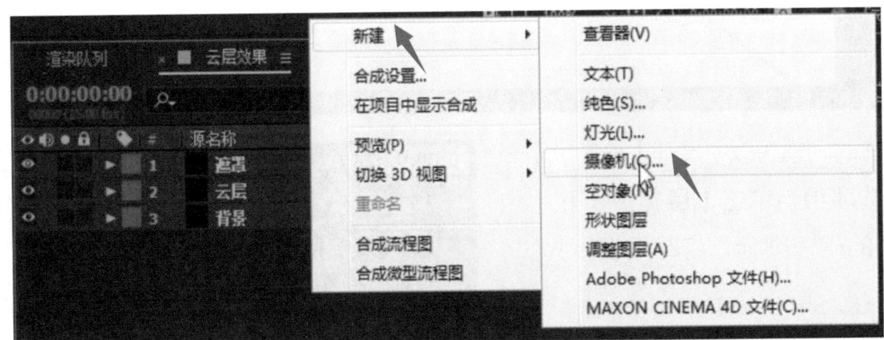

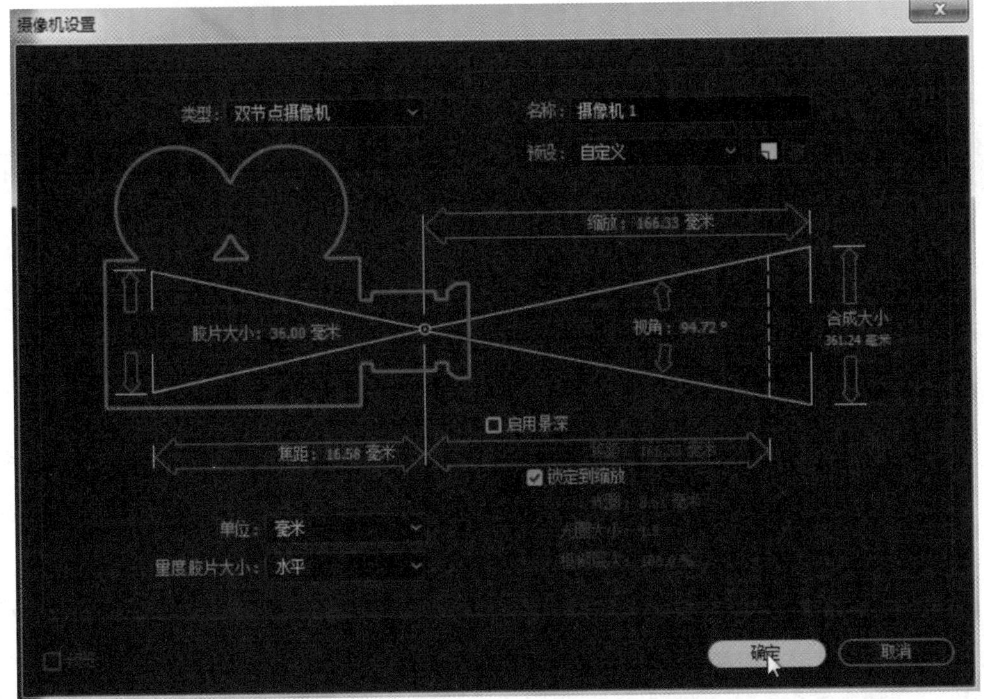

23 在工具栏中选择【统一摄像机工具】，按住鼠标右键，在预览窗口中向上拖曳，得到摄像机向前的运动效果，读者可以反复操作并查看预览窗口中的效果。

24 在时间轴面板中展开【摄像机】→【变换】选项组，单击【目标点】和【位置】左侧的码表图标，将时间设置为“4秒24帧”。

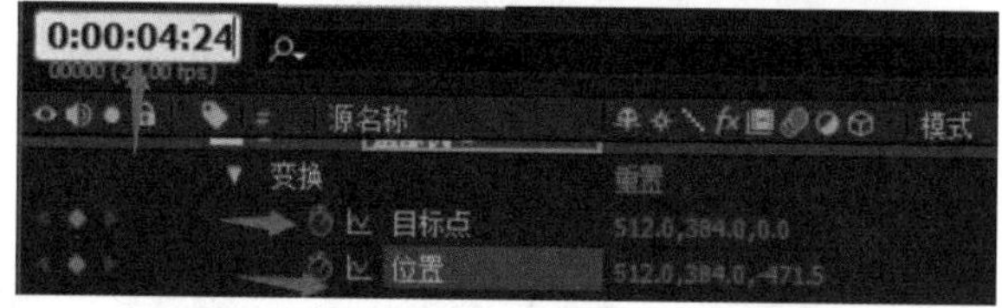

25 按住鼠标右键，在预览窗口中向上拖曳。向右拖曳时间滑块，现在产生了仿佛在云层中穿梭的动态效果。

按空格键，等待动画渲染完成。渲染的时间可能会比较长，渲染时间主要由计算机配置决定。

至此，“云层穿梭”短视频动画特效就制作完成了。

第 10 课

制作“旋转的镭射灯”特效

01 单击菜单栏中的【合成】→【新建合成】，新建一个合成。

将合成的名称设置为“旋转镭射灯”（镭射灯又称激光灯），将【宽度】和【高度】都设置为“720”像素，【锁定长宽比】为“1∶1（1.0）”，这样可以确保画面是正方形的。将【持续时间】设置“5”秒，【背景颜色】设置为“黑色”，单击【确定】。

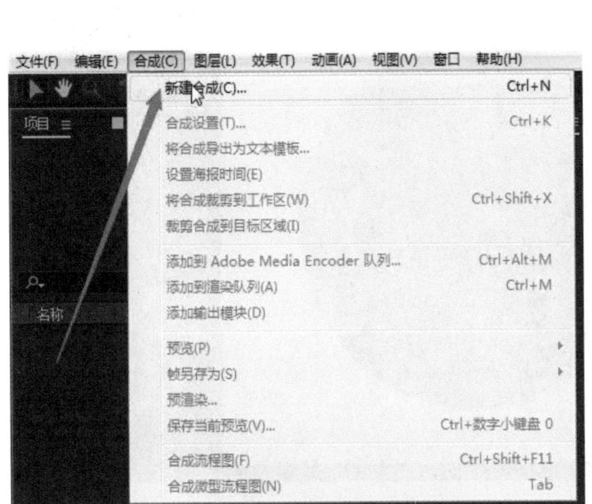

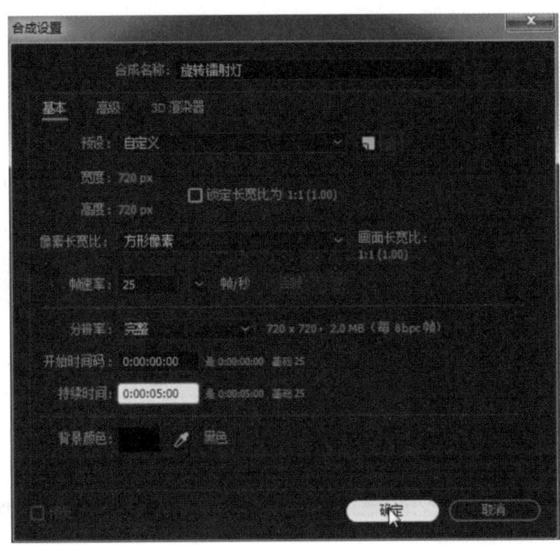

02 在合成面板中单击鼠标右键，在弹出的快捷菜单中选择【新建】→【纯色】，新建一个纯色层，将其命名为“球体”，单击【确定】。

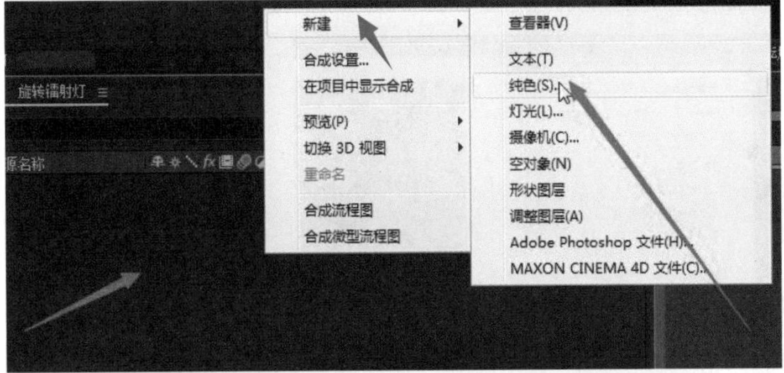

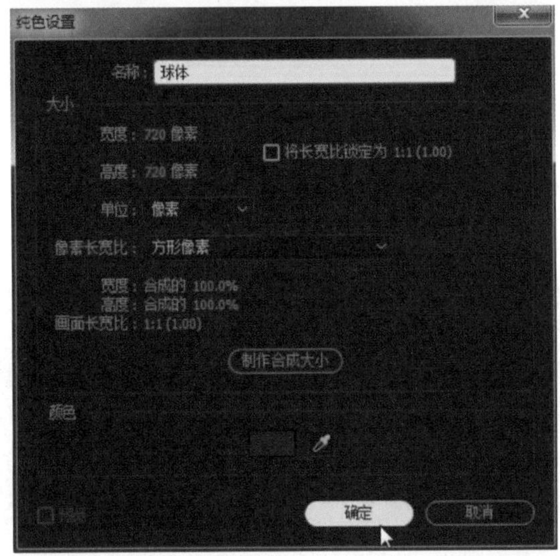

03 选择工具栏中的【椭圆工具】，从预览窗口中心向外拖曳，同时按住【Ctrl+Shift】组合键，绘制出一个圆形遮罩。

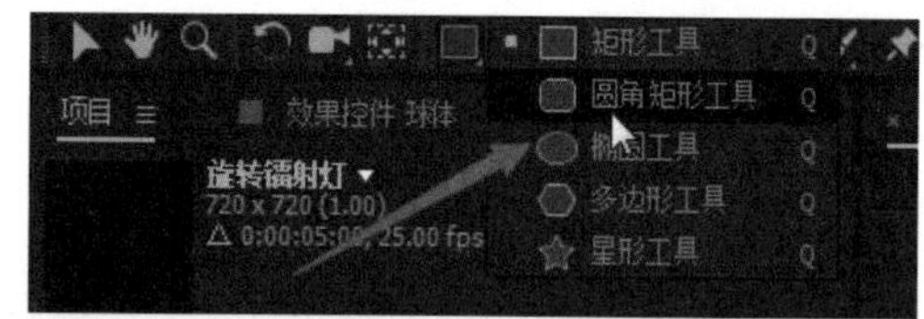

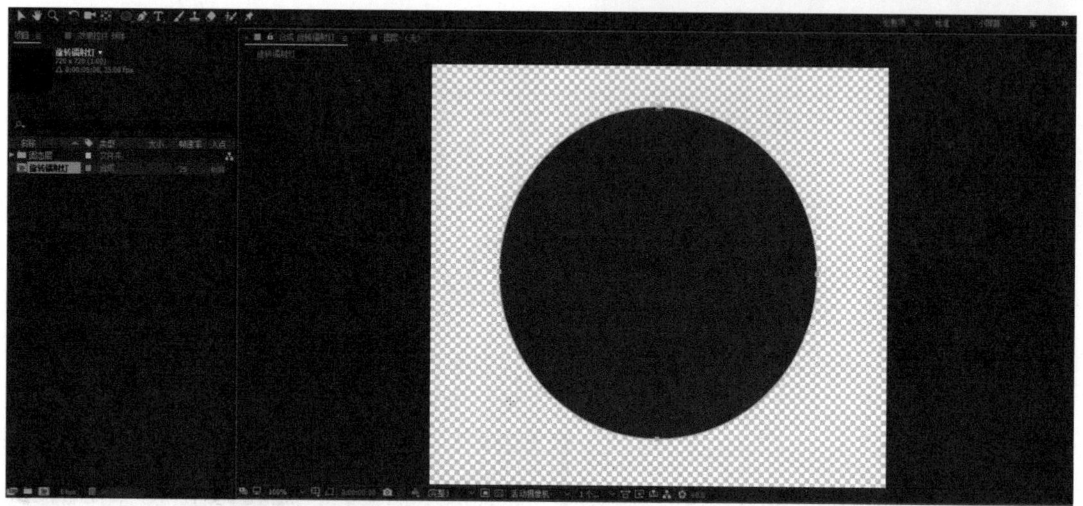

04 在菜单栏中单击【效果】→【扭曲】→【CC Tiler】，在【效果控件】面板中找到【Scale】，向右拖曳滑块，可以发现圆形会源源不断地出现，这样很快就可以做出满屏的圆形。

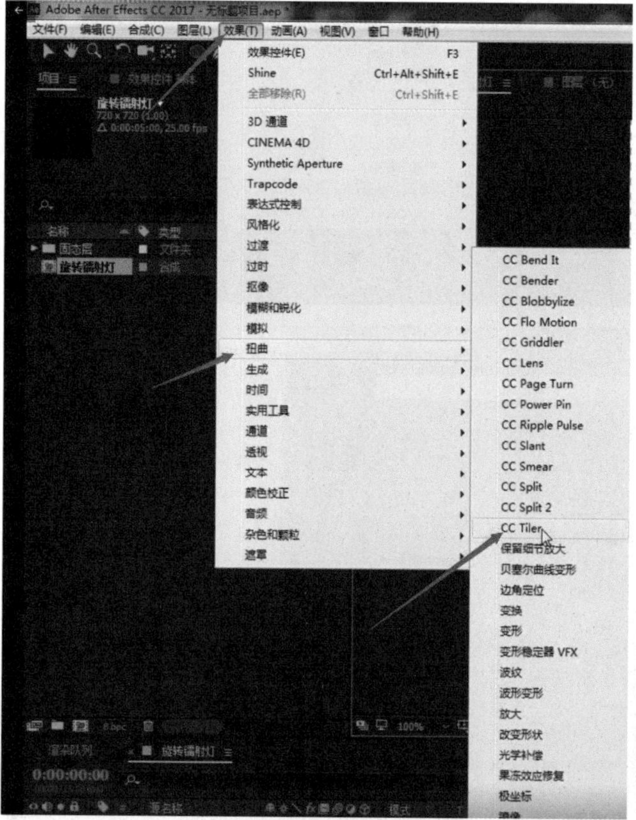

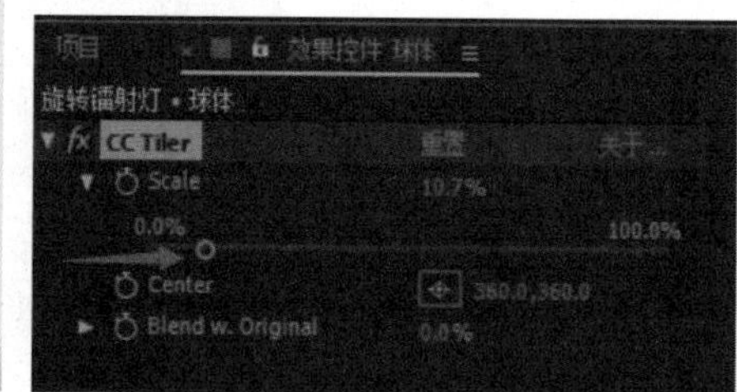

05 这些圆形出现以后，我们需要把它们制作成一个立体的球。在菜单栏中单击【效果】→【透视】→【CC Sphere】，就得到了一个立体的球。

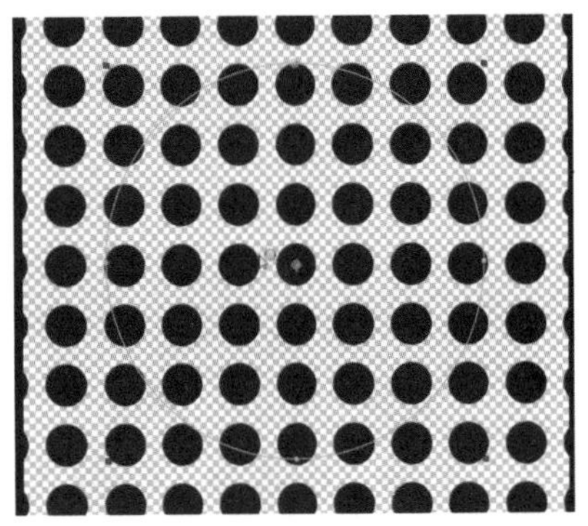

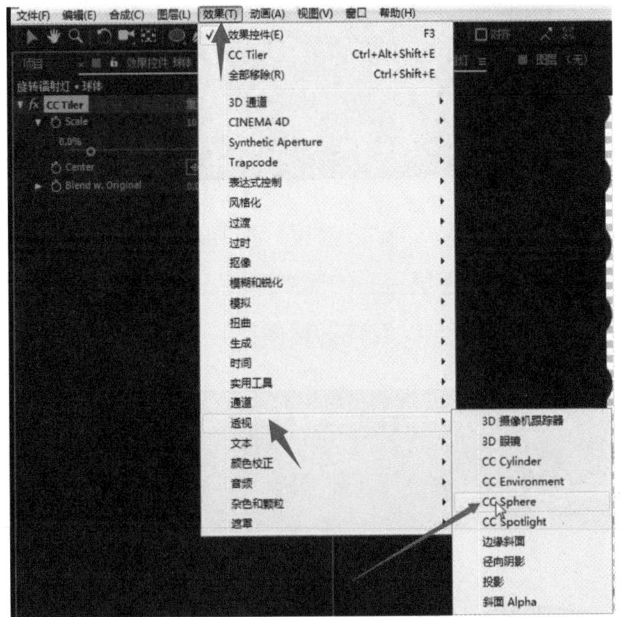

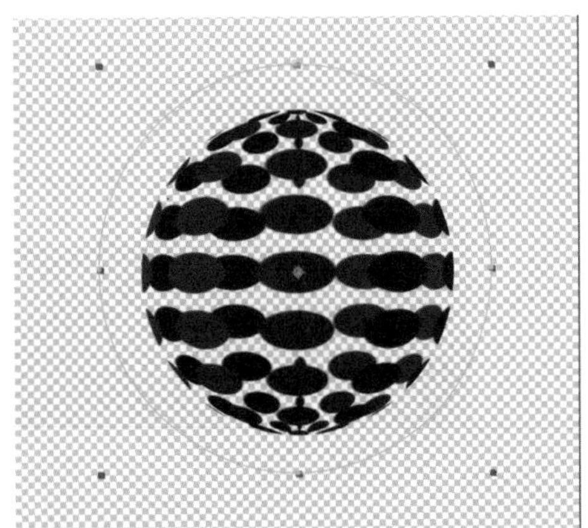

06 把这个球的【Radius】（半径）调大一点，将【Render】（渲染）设置为“Outside”。

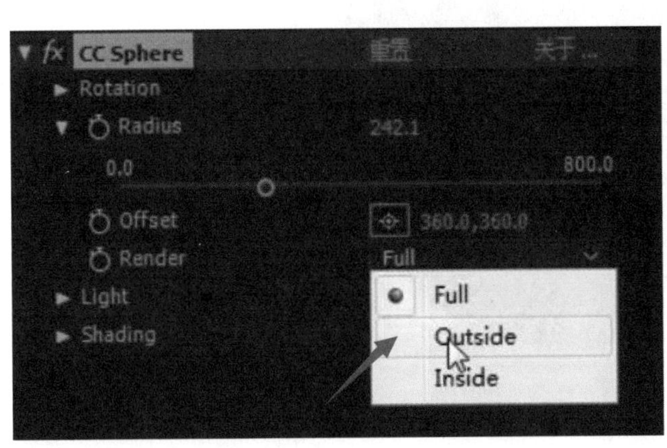

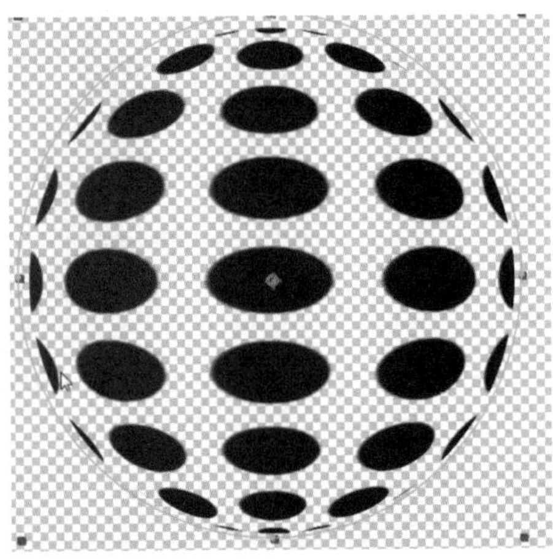

07 现在球体有一点扁，需要调整一下节点。可以反复调整，直到球体的立体效果看起来比较自然。

08 现在让这个球体旋转起来。展开【Rotation】选项组，将【Rotation Y】设置为“3x+0° ”，【Rotation X】设置为“4x+0° ”，【Rotation Z】设置为“5x+0° ”。读者也可以根据自己的喜好来设置球体的旋转效果。

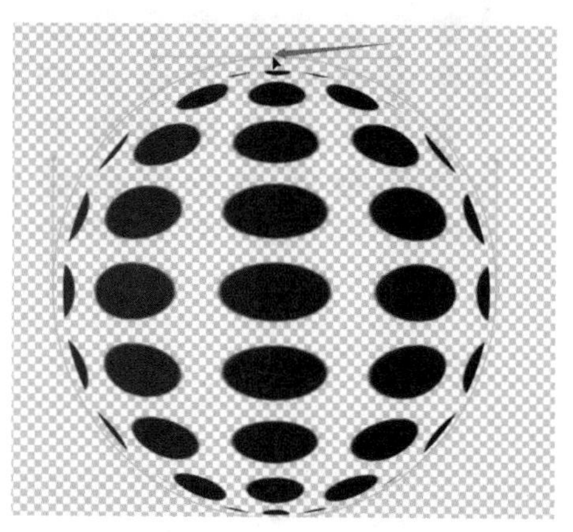

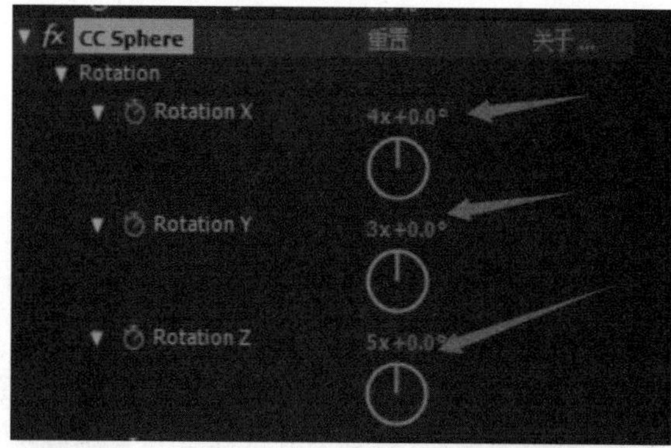

09 现在可以发现这个球体在*x*、*y*、*z*轴上都产生了旋转效果。选择“球体”层，按【Ctrl+D】组合键将其复制一份，把这个复制得到的纯色层里面的遮罩删掉。这样这个复制得到的纯色层也会受到【CC Shpere】特效的影响，变成一个立体的球体。

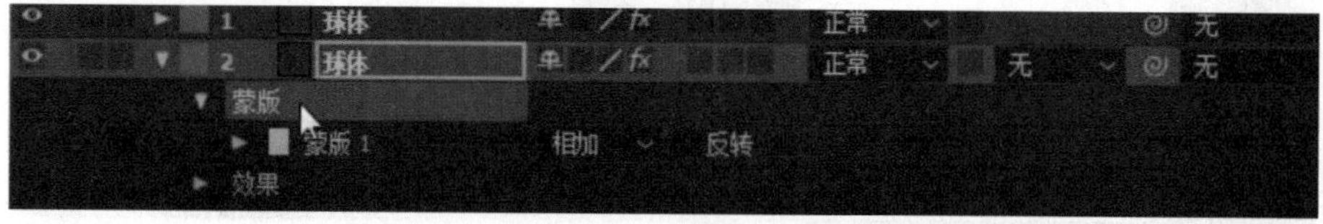

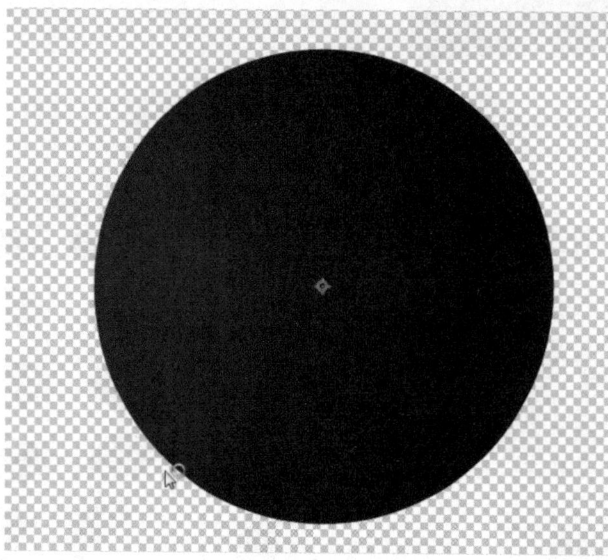

10 按【T】键打开【不透明度】选项。把“球体”层的【不透明度】调低，这里设置为“31%”。这样会使球体的立体感更强。

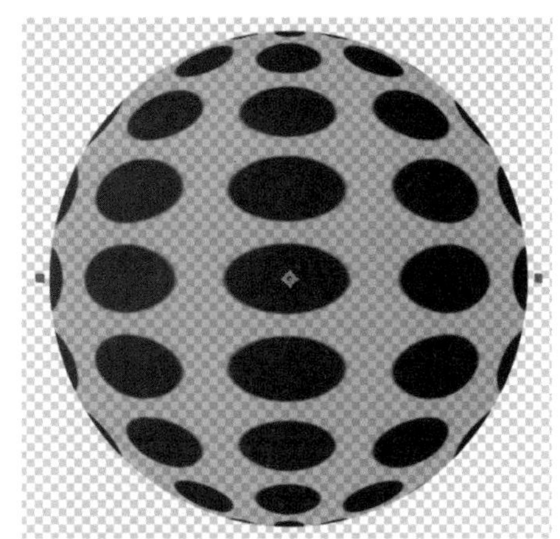

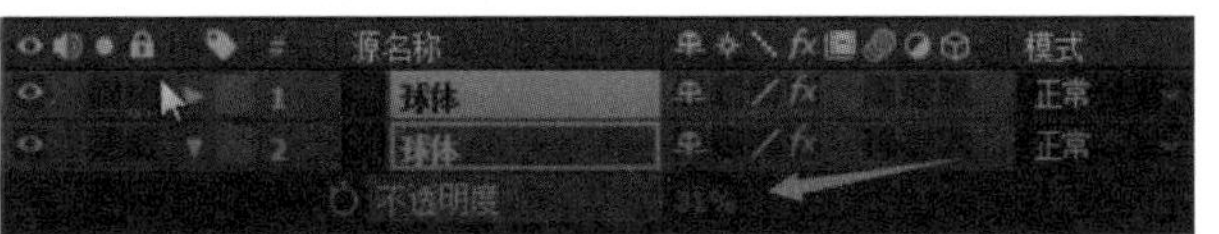

11 框选这两个纯色层，然后按【Ctrl+Shift+C】组合键，把它们合并在一起。在弹出的【预合成】对话框中，将其名称设置为“完成效果”，单击【确定】。现在，一个旋转的球体就制作完成了。

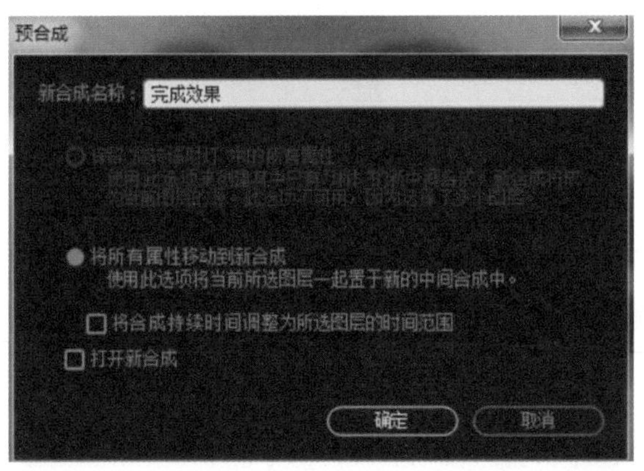

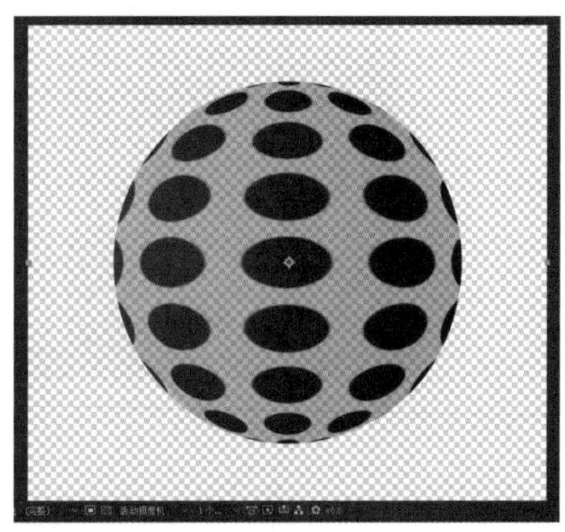

现在这个球体看上去有点大。选择“完成效果”预合成，按【S】键展开【缩放】选项，调整参数，将球体调小一些。

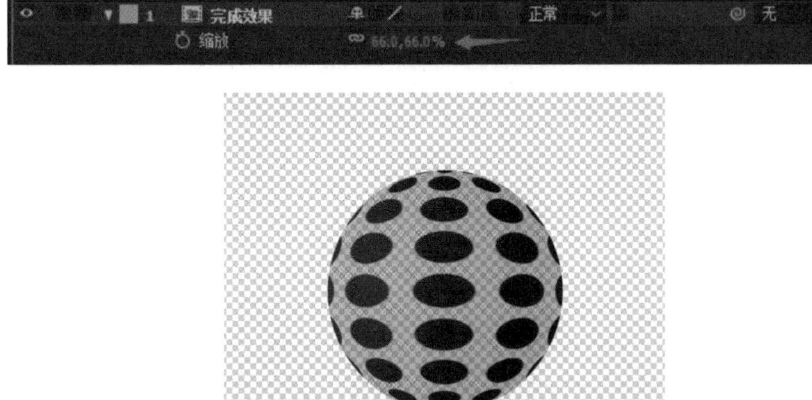

12 制作球体的发光效果。选择“完成效果”预合成，在菜单栏中单击【效果】→【Trapcode】→【Shine】。

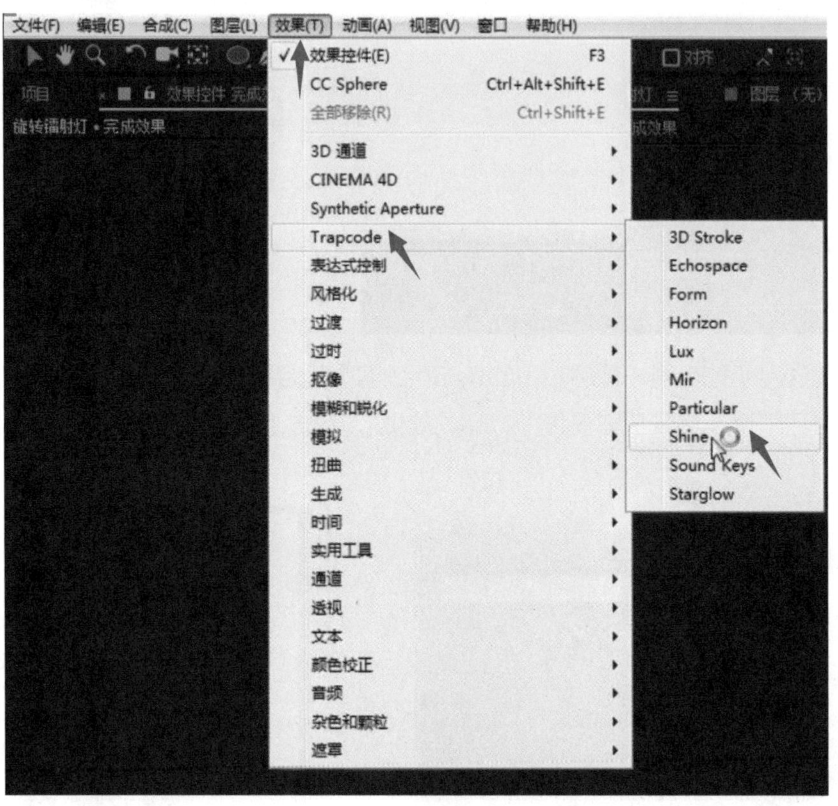

现在预览窗口中好像什么东西都没有了，也没有产生任何的发光效果。

13 在【效果控件】面板中展开【Shine】，将【颜色模式】设置为“三色渐变”，将【基于】设置为“Alpha”，将【光线不透明度】设置为“100”。现在，预览窗口中出现了一个发光的球体。

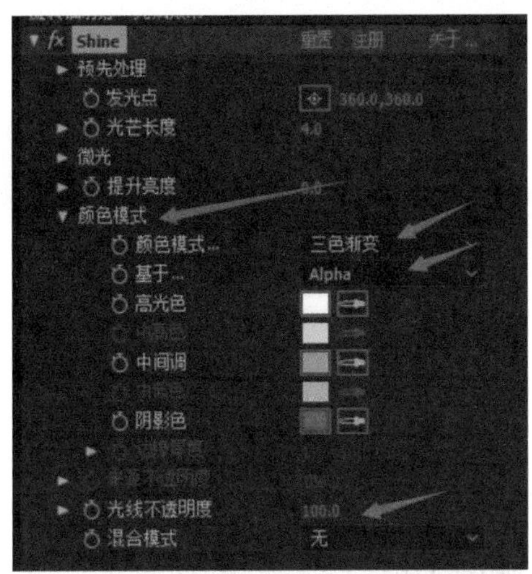

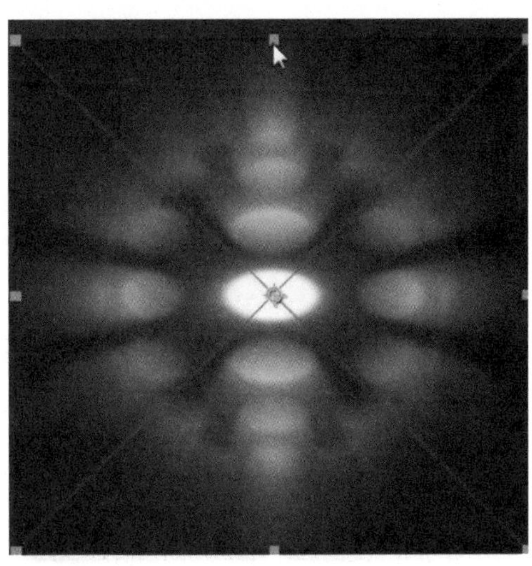

14 将【光芒长度】下方的滑块向右拖动，增加光线长度。将发光点调整到下图所示的位置。

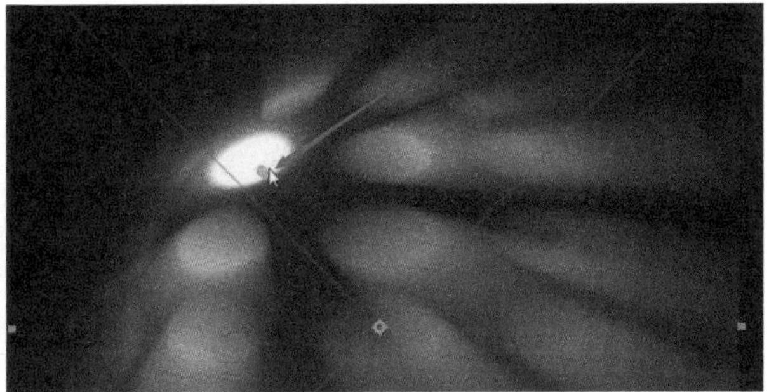

上述设置完全可以根据自己的喜好进行调整。这样一个发光的球体基本就制作完成了。这就是通过【Shine】特效制作的发光特效。

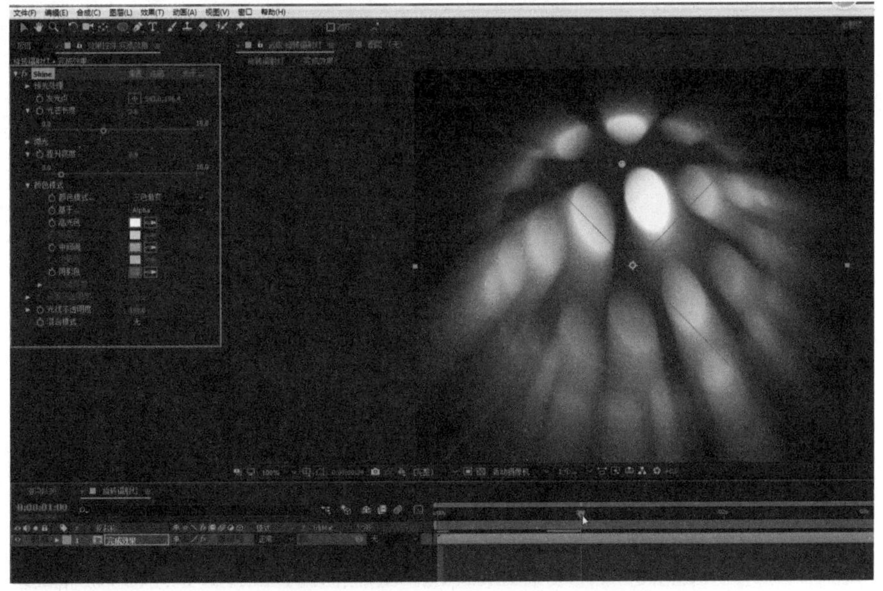

现在看到的球体类似一个“体积光”，其发光效果还是非常真实的。

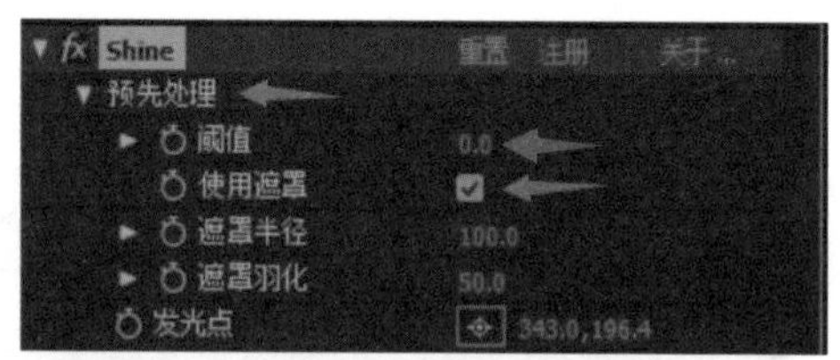

15 调整一下其他参数。将【预先处理】选项组展开，勾选【使用遮罩】复选框，现在发光的范围与这个球体的不透明区域有关。

【阈值】用于限定高于多少亮度才允许发光，或者是高于多少透明度才可以发光。将【阈值】设置为0"，表示只要有一点不透明区域就会发光。

打开【图层透明】选项，以便观察发光球体的颜色变化。可以看到，图层中的黑色也产生发光效果。

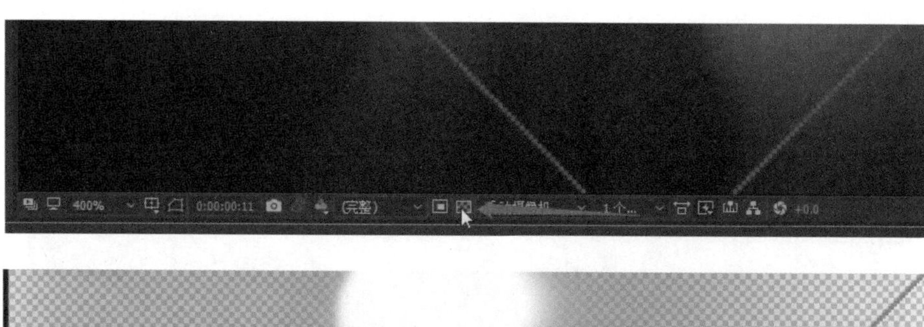

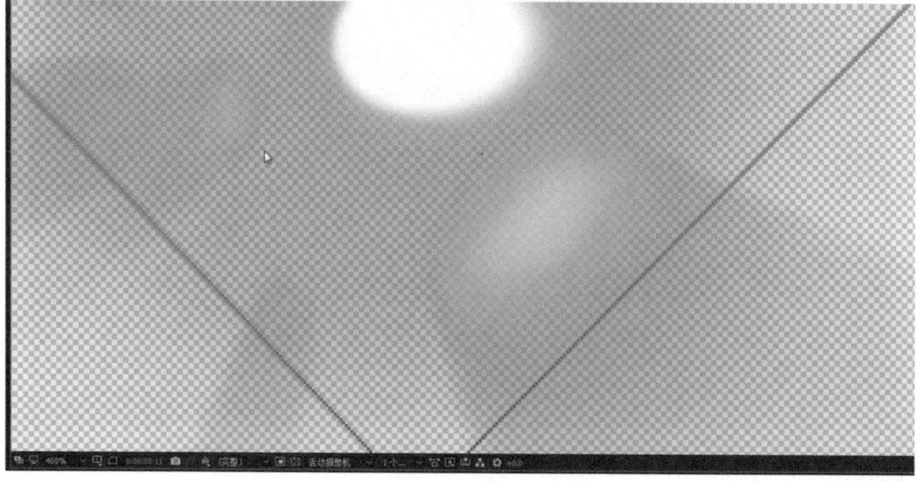

16 将【遮罩半径】设置为“374”,【遮罩羽化】设置为“103”，现在就得到了下方右图所示的发光球体。

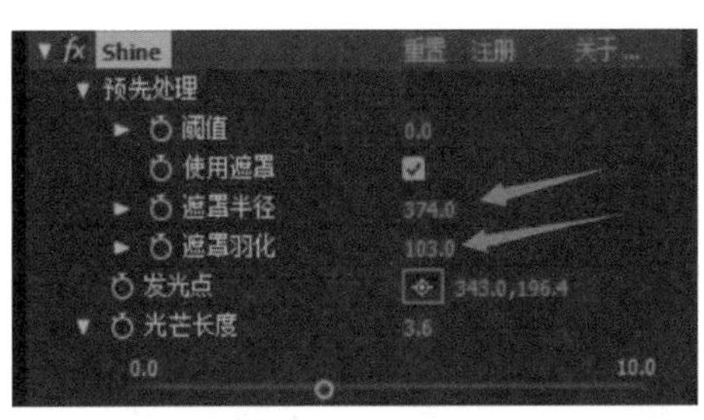

17 设置球体的色彩。将【颜色模式】设置为“三色渐变”。依次单击【颜色模式】、【高光色】、【中间调】、【阴影色】左侧的码表图标。将【颜色模式】设置为“火焰”,【基于】设置为“Alpha”。

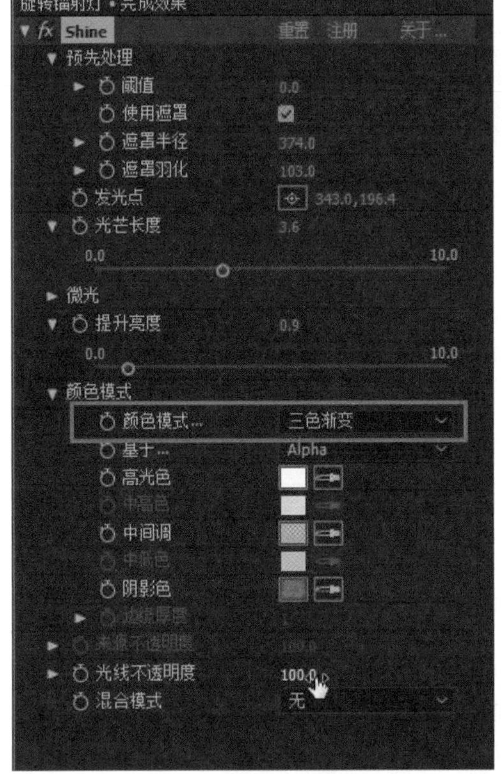

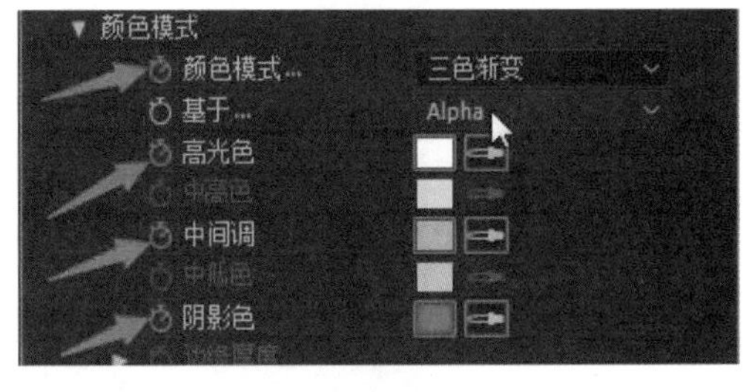

18 向右拖曳时间滑块，将【颜色模式】设置改成“幽灵”。

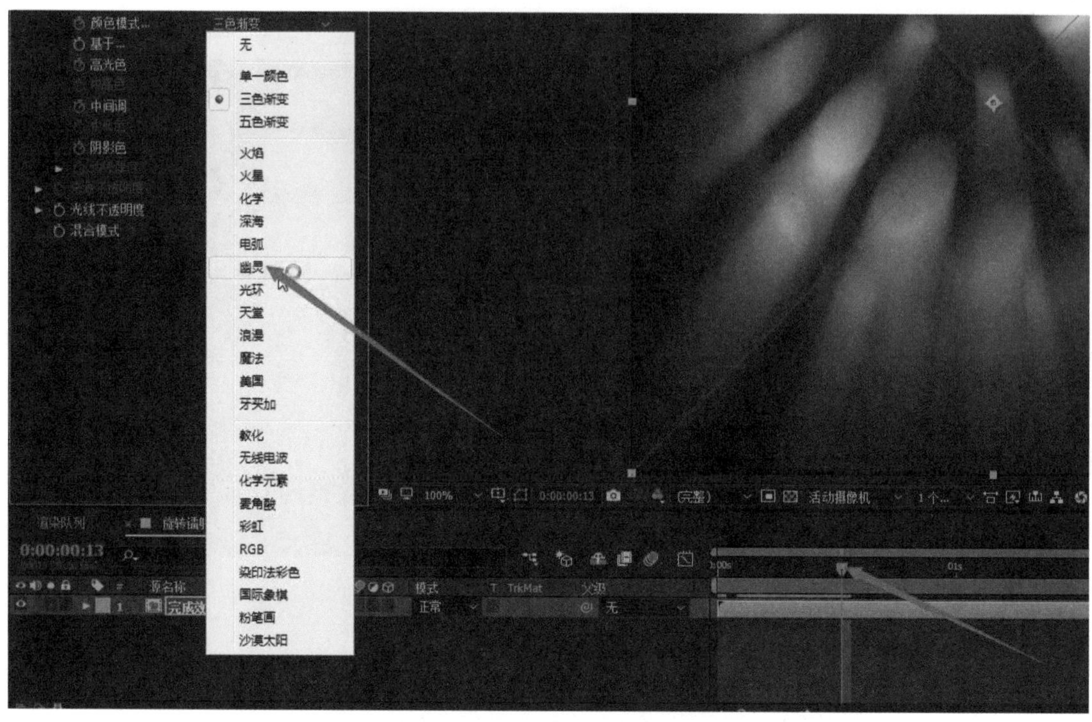

系统会自动生成从“火焰”颜色过渡到“幽灵”颜色的动画。

19 向右拖曳时间滑块，在【颜色模式】中选择其他颜色效果。这样，球体发出的光线就会产生色彩的变化。

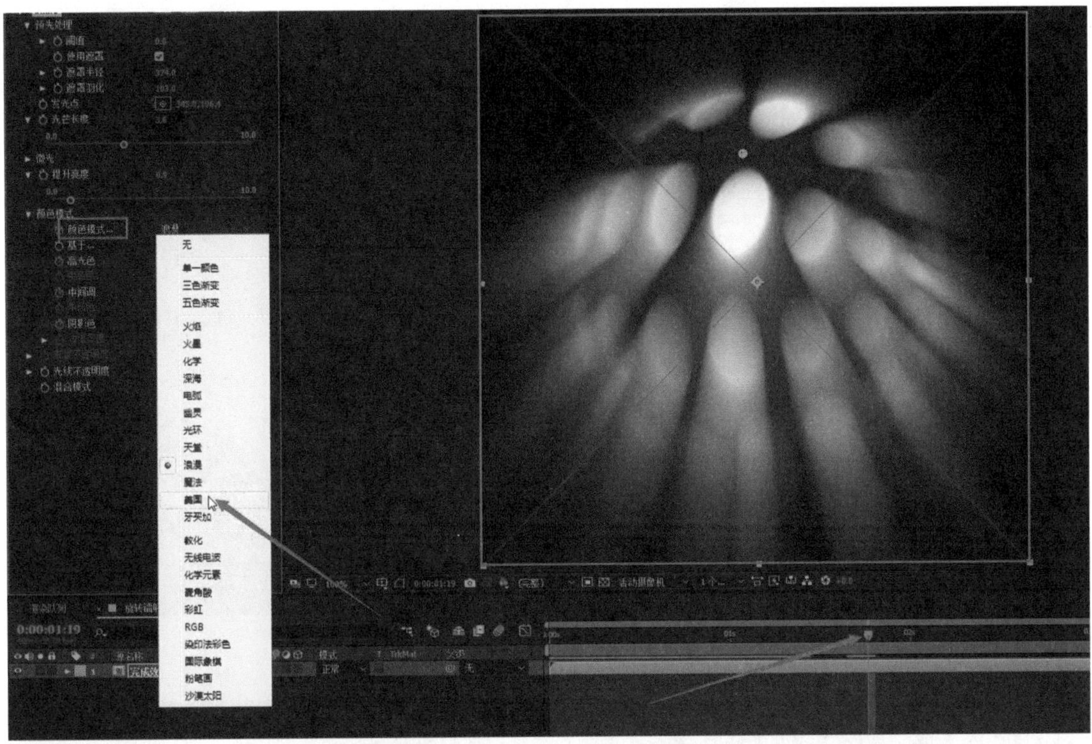

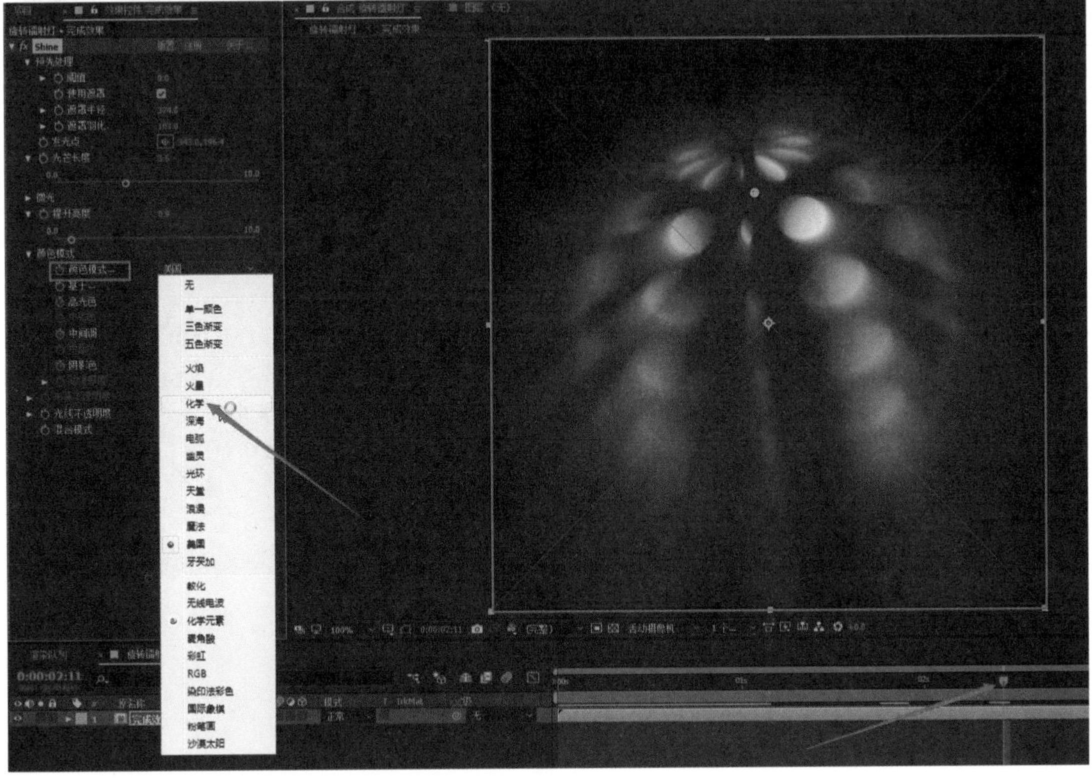

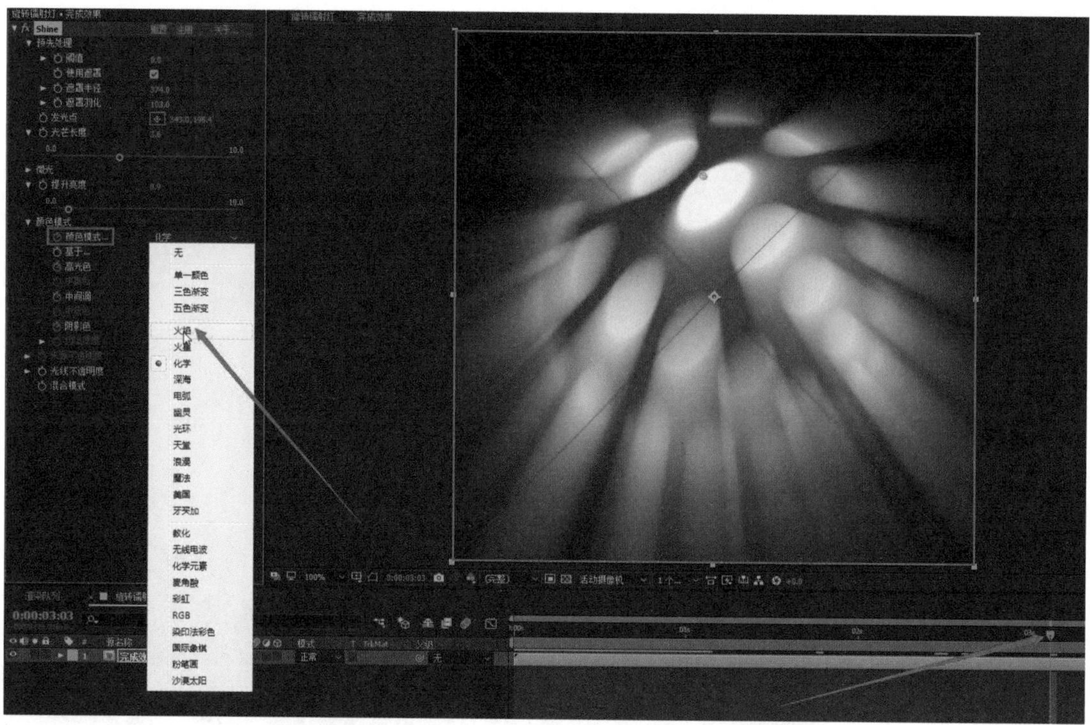

20 按空格键观看动画效果。

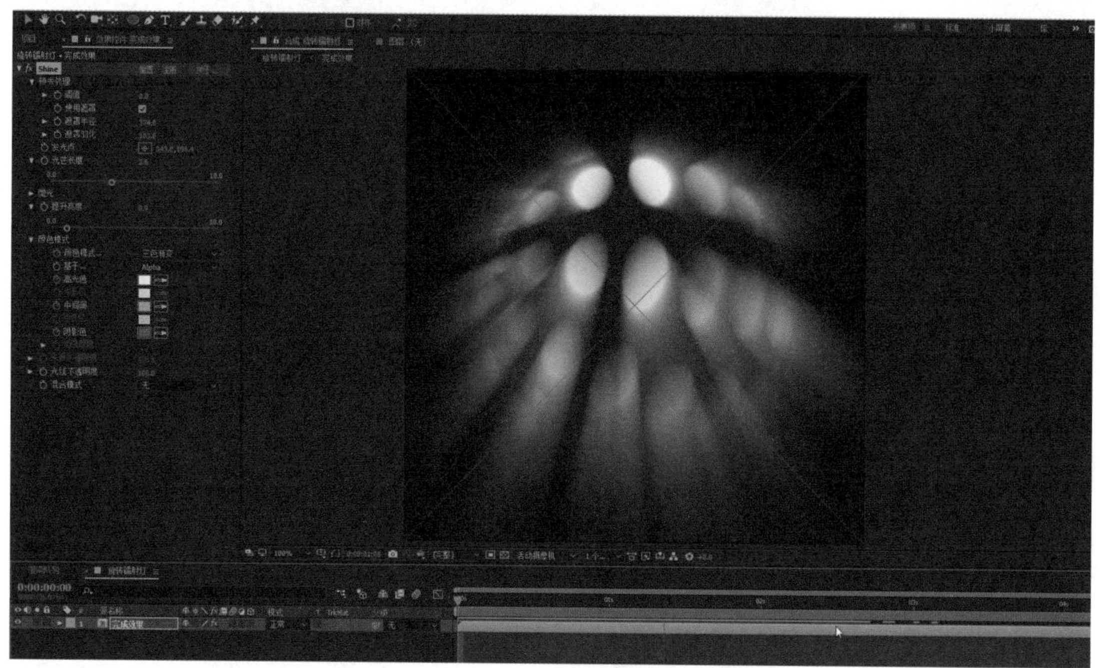

至此，“旋转的镭射灯”短视频动画特效就制作完成了。

第 11 课

制作“老电影”特效

01 单击菜单栏中的【合成】→【新建合成】，新建一个合成。将合成的名称设置为“老电影”，【宽度】设置为“1280”像素，【高度】设置为“720”像素，【帧速率】设置为“25”帧/秒，【持续时间】设置为“5”秒，【背景颜色】设置为“黑色”，单击【确定】。

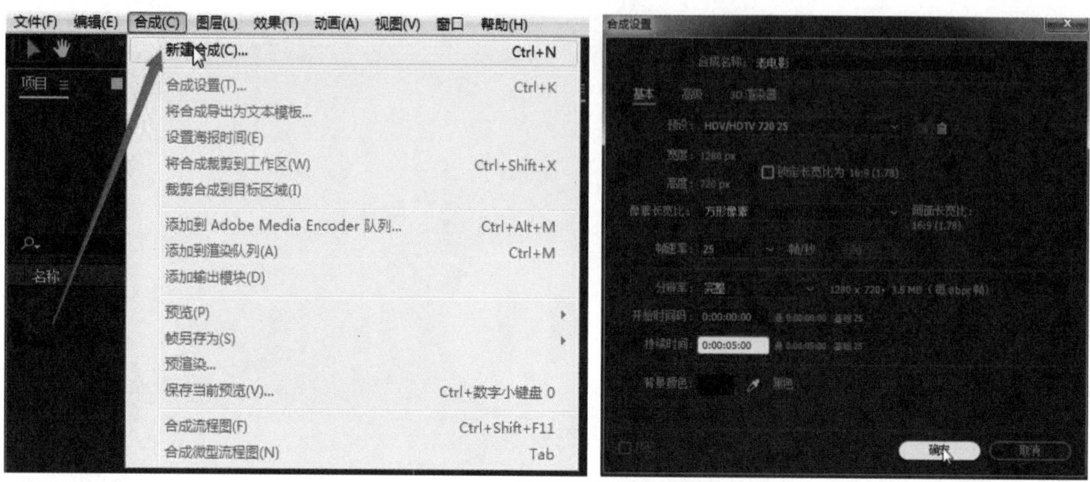

02 单击菜单栏中的【文件】→【导入】→【文件】，将配套资源中的“Old Film”素材文件导入。

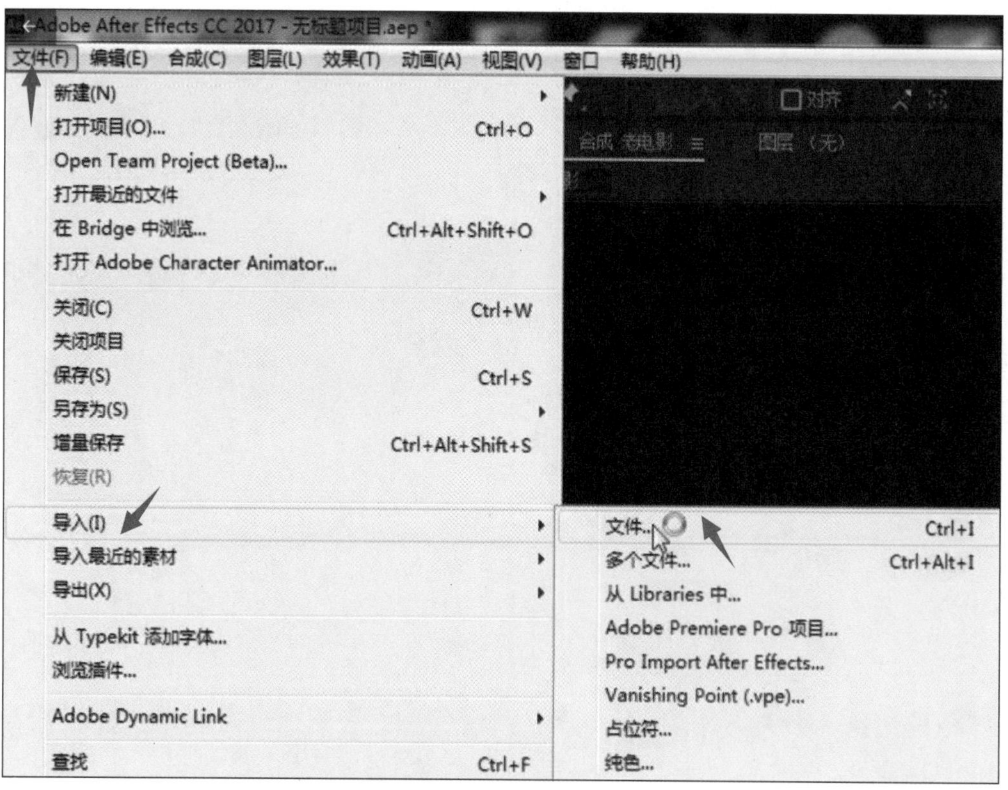

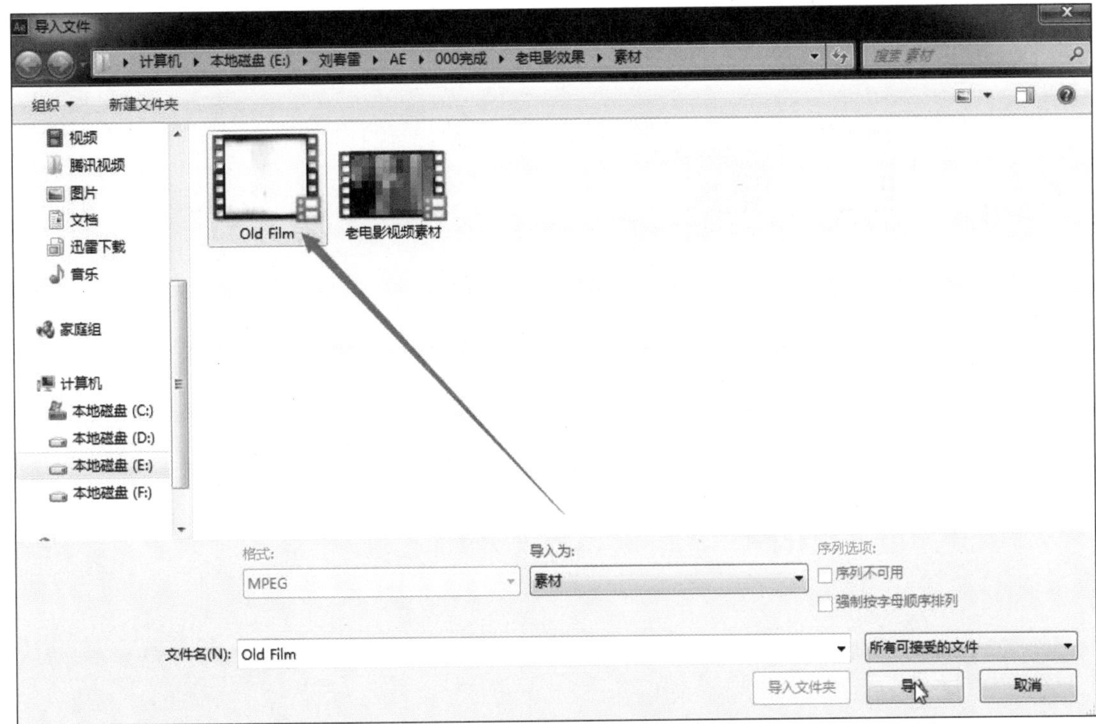

03 单击菜单栏中的【文件】→【导入】→【文件】，将配套资源中的“老电影视频素材”文件导入。读者也可以导入一个自己拍摄的视频素材。

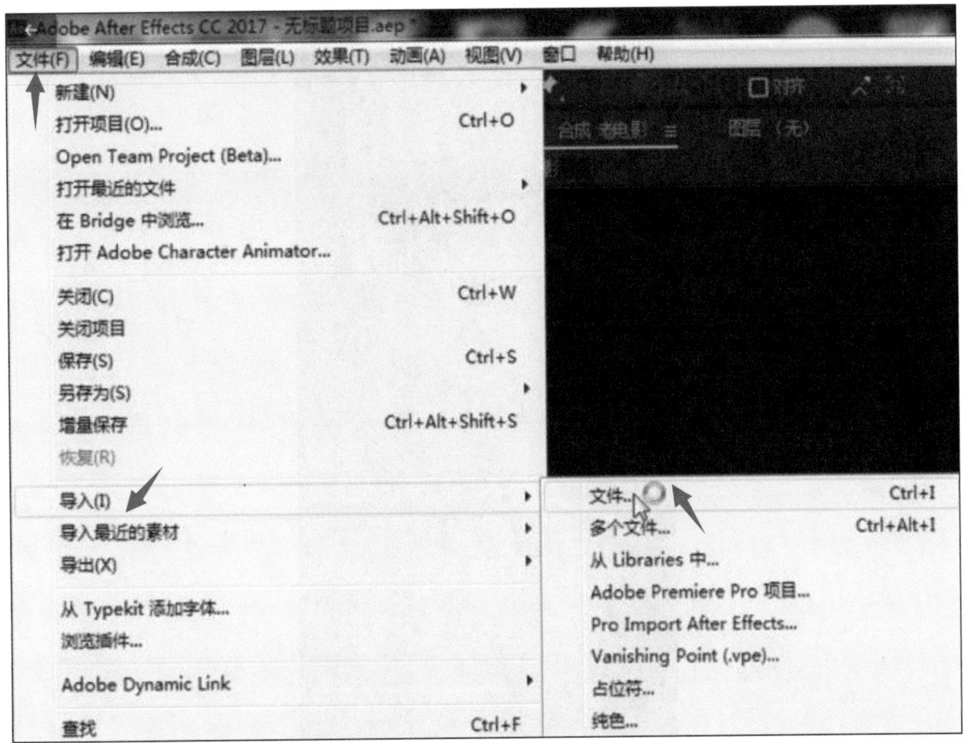

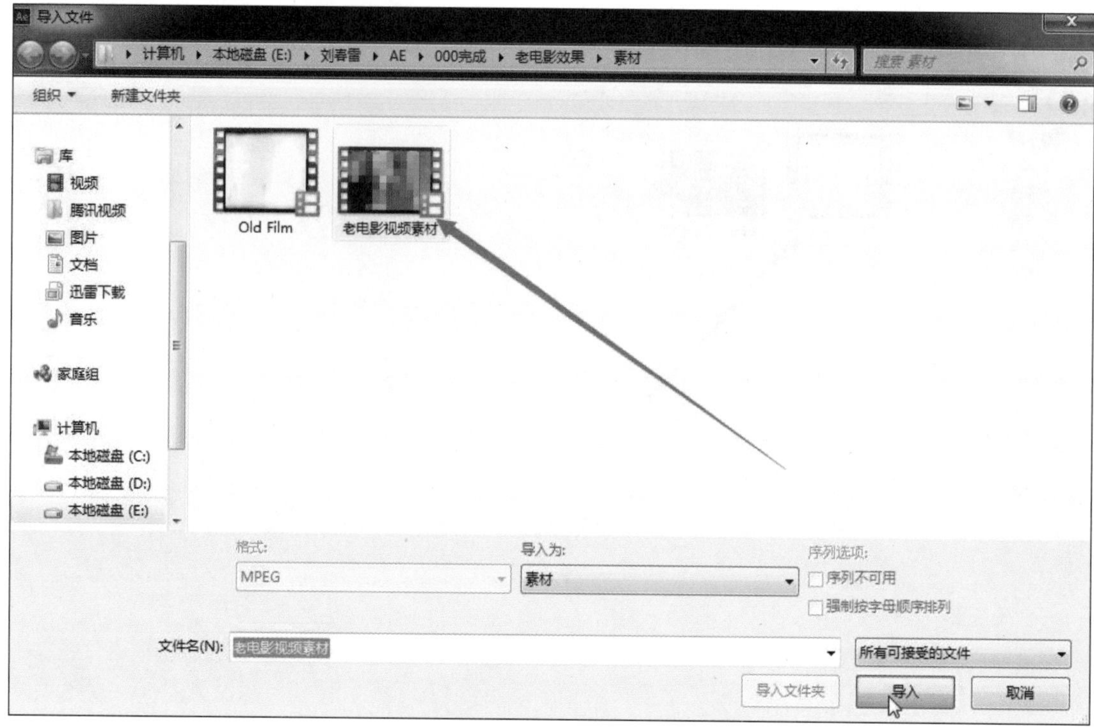

04 将【项目】面板中的“老电影视频素材.mp4”向下拖曳到时间轴面板中。

按【S】键将【缩放】选项打开，将【缩放】设置为“70”和“70%”。

05 选择“【老电影视频素材.mp4】”层，单击菜单栏中的【效果】→【颜色校正】→【曲线】。

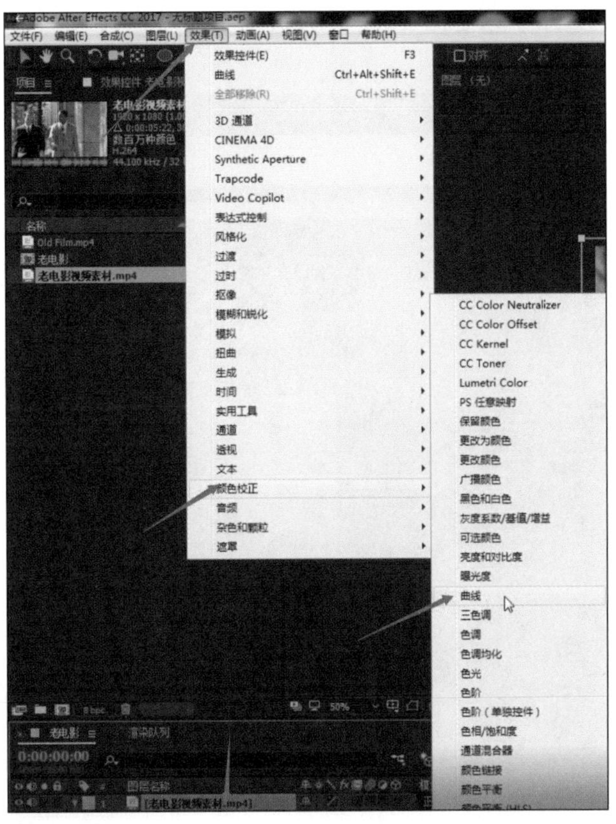

在【效果控件】面板中向上拖曳曲线，将预览窗口中的画面调亮。

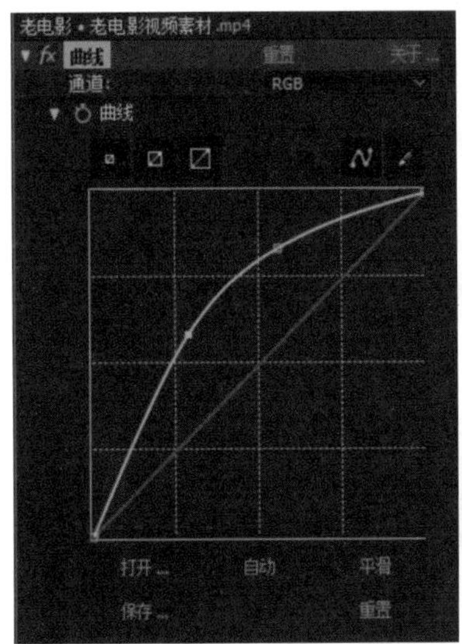

06 选择“【老电影视频素材.mp4】”层，按【Ctrl+D】组合键，将它复制一份，重命名为“素材蒙版”。

选择“素材蒙版”层，单击工具栏中的【椭圆工具】，在预览窗口中绘制一个椭圆蒙版。

07 在【蒙版】选项组中勾选【反转】复选框，将【蒙版扩展】设置为“20”像素，【蒙版羽化】设置为“50”和“50”像素。

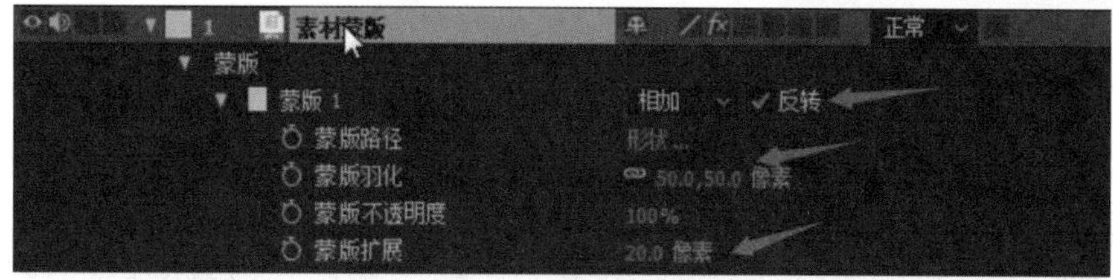

隐藏“【老电影视频素材.mp4】”层。

预览窗口中的效果如下图所示。

08 打开“【老电影视频素材.mp4】”层。选择“素材蒙版”层，在菜单栏中单击【效果】→【模糊和锐化】→【高斯模糊】。

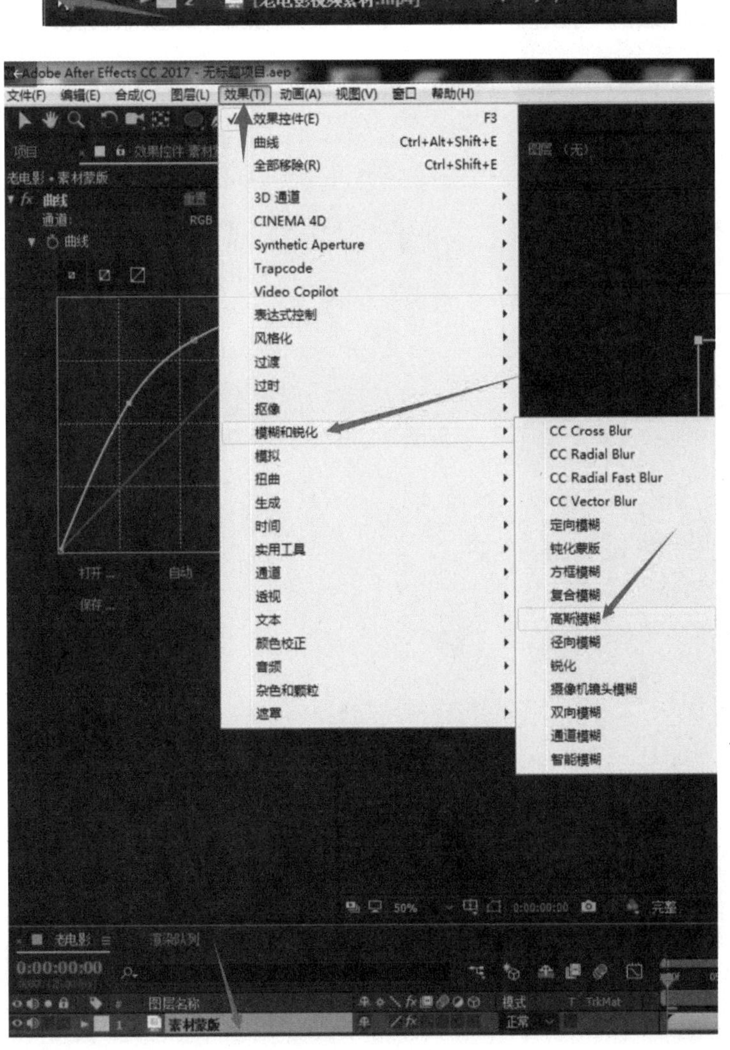

在【效果控件】面板中将【模糊度】设置为“50”，预览窗口中的效果如下方右图所示。

09 将【项目】面板中的“Old Film.mp4”素材文件向下拖曳到时间轴面板，并将其调整到所有图层的上方。

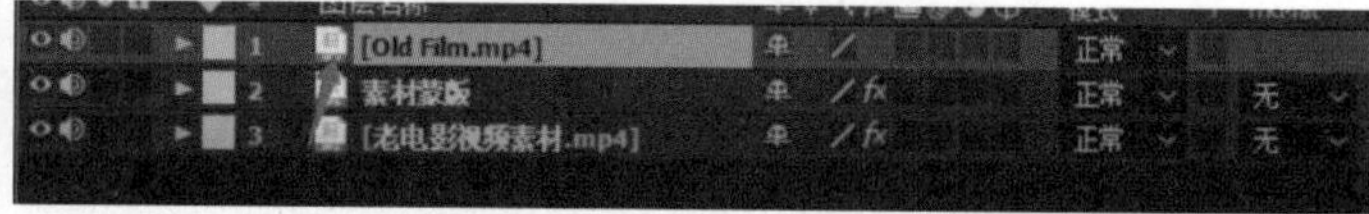

10 手动调整视频边框上的节点，让其与画面边缘重合。也可以按【S】键打开【缩放】选项，将其设置为“86.9”和“70%”。

将“【Old Film.mp4】”层的【模式】更改为【相乘】。预览窗口中出现了老电影的效果。

11 在菜单栏中单击【图层】→【新建】→【调整图层】。

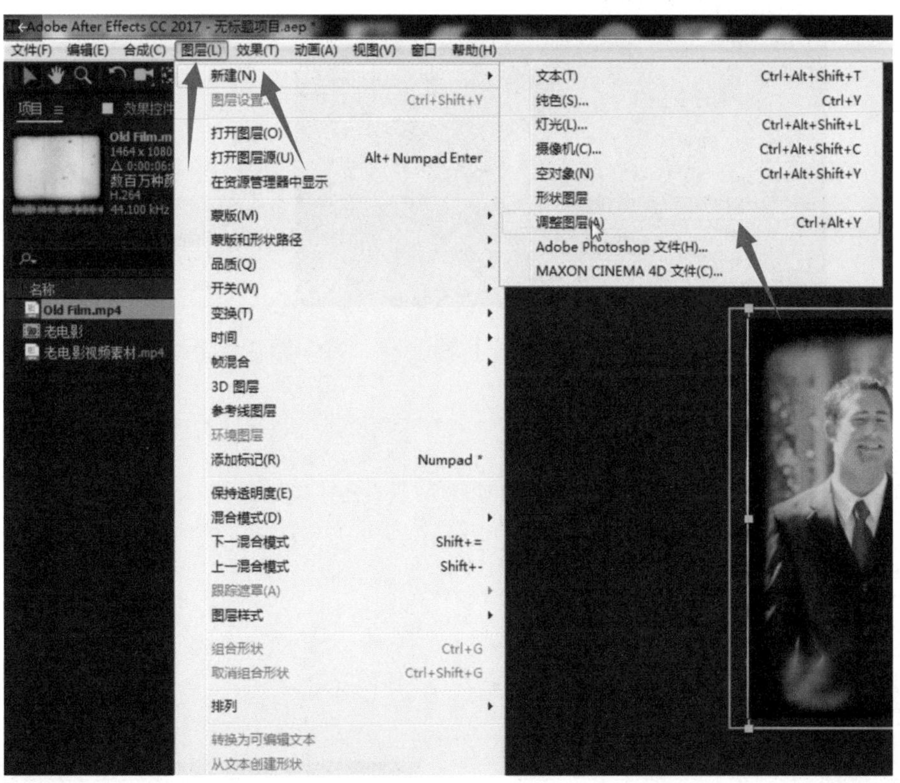

将新建的调整图层重命名为“调整”。

12 选中“调整”层，单击菜单栏中的【效果】→【颜色校正】→【色相/饱和度】。

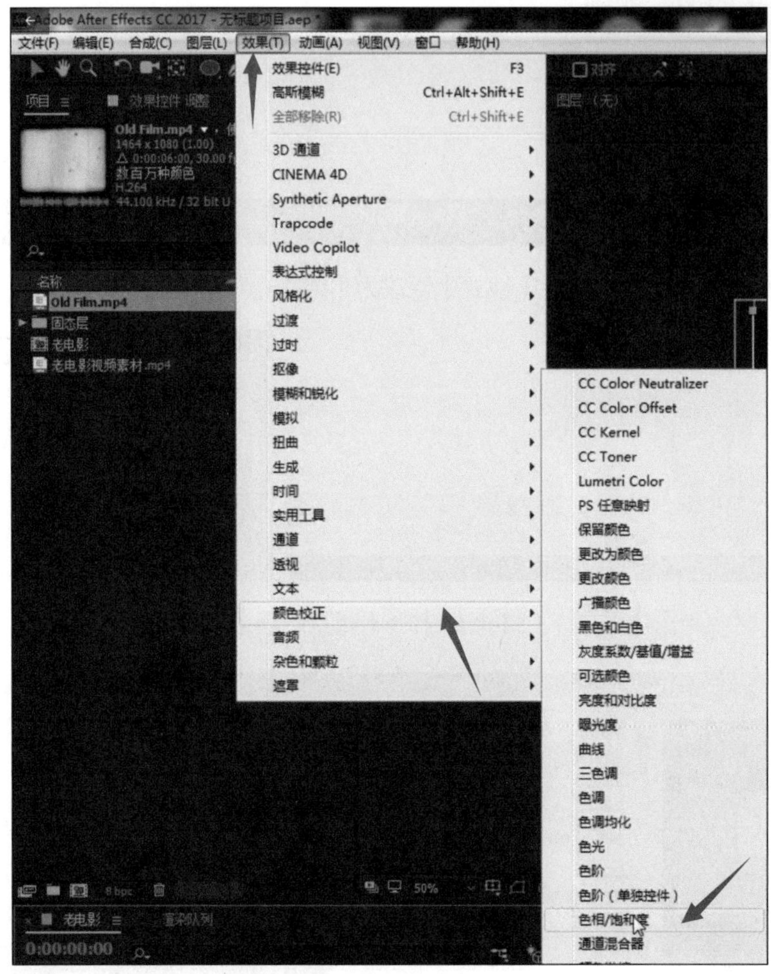

在【效果控件】面板中勾选【彩色化】复选框。将【着色色相】设置为“0x+25°”，【着色饱和度】设置为“20”。

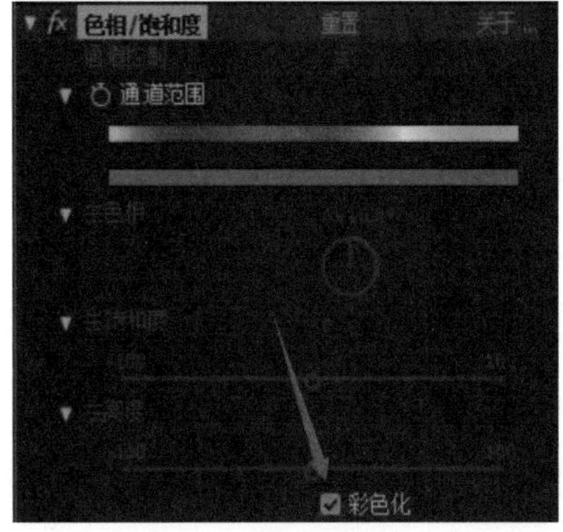

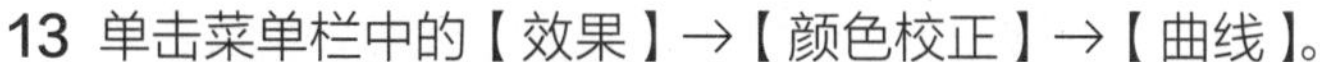

13 单击菜单栏中的【效果】→【颜色校正】→【曲线】。

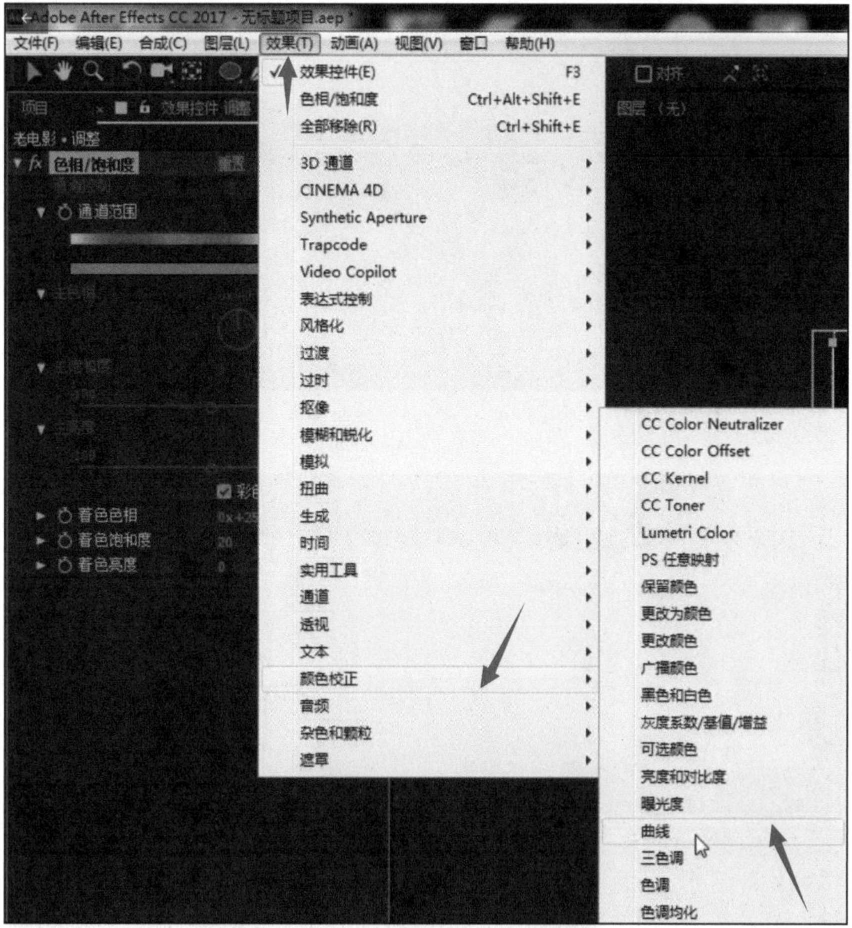

向上拖曳曲线，将画面调亮。

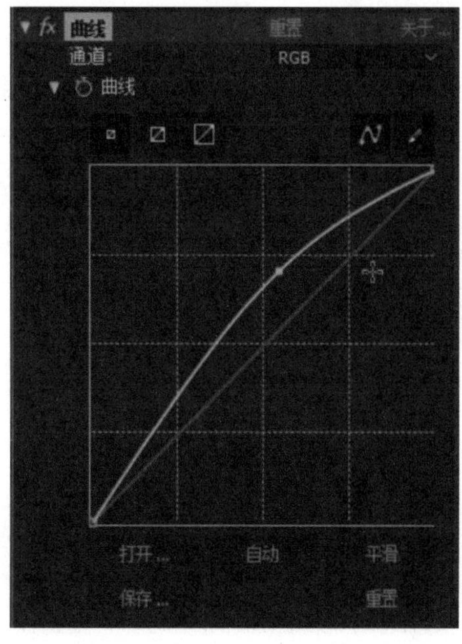

按空格键观看短视频的效果。

14 按【Ctrl+M】组合键，将渲染设置面板打开，设置文件的保存路径后单击【渲染】。

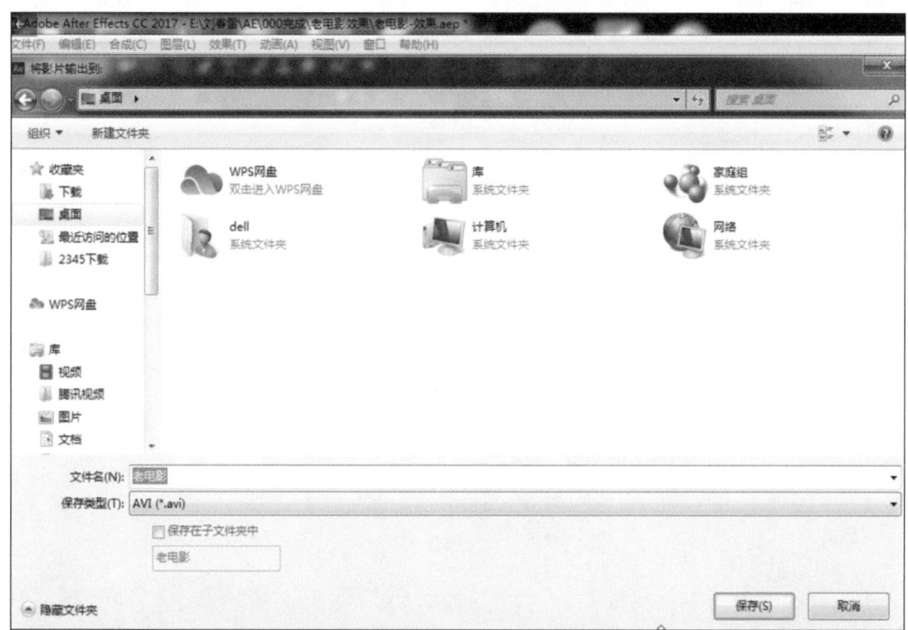

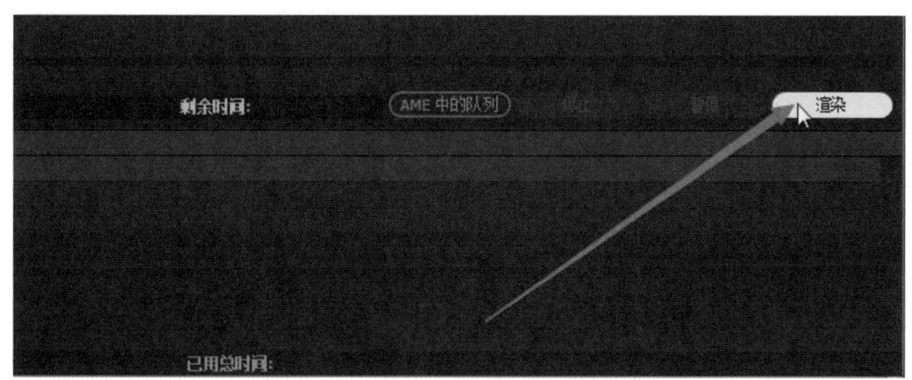

渲染完成后，在设置的保存路径下就可以找到制作完成的短视频了。

至此，“老电影”短视频动画特效就制作完成了。

第 12 课

制作“天空闪电”特效

01 单击菜单栏中的【文件】→【导入】→【文件】，把配套资源中的素材文件导入。

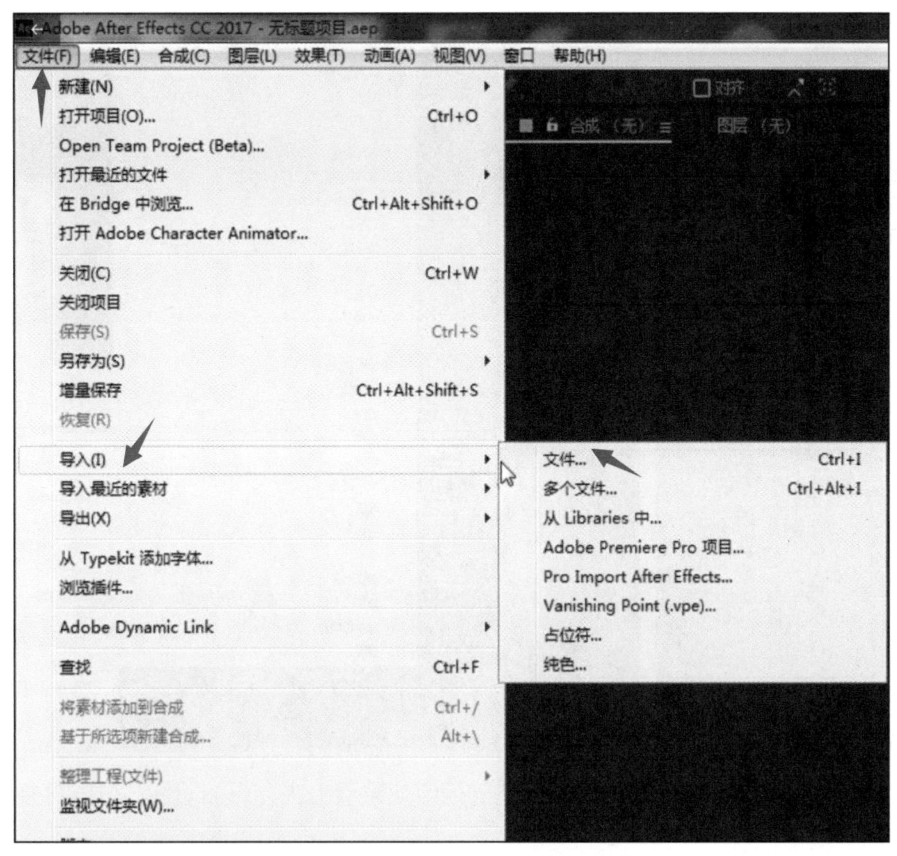

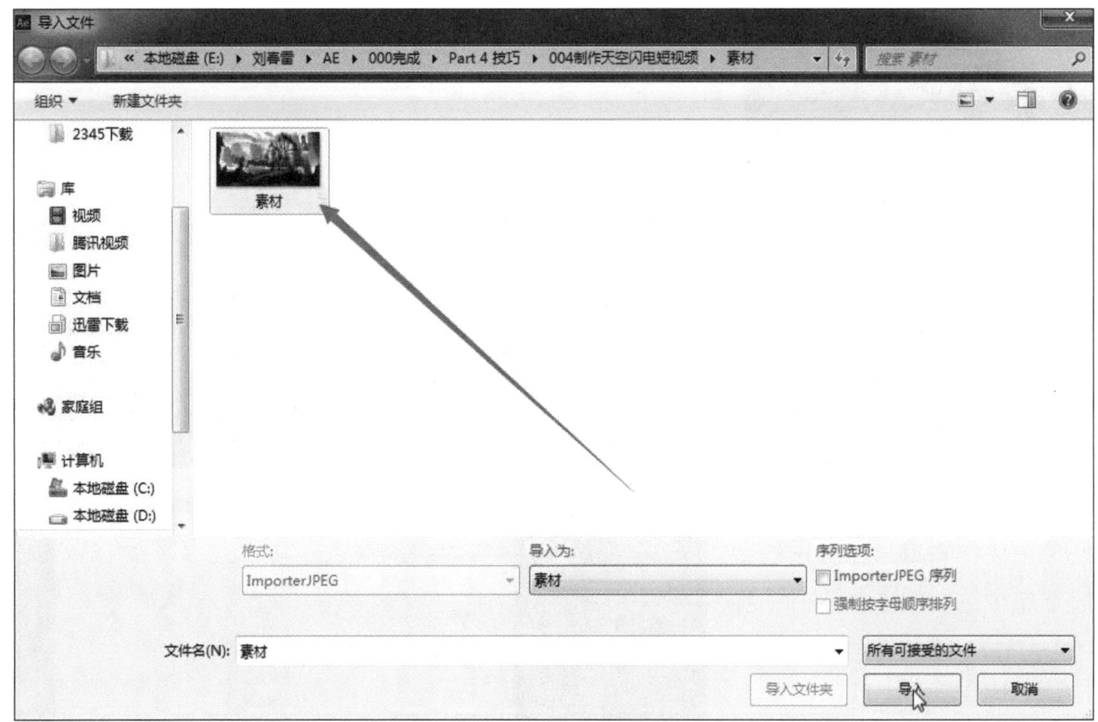

将素材文件向下拖曳到【新建合成】图标上，新建一个合成，在菜单栏中单击【效果】→

【颜色校正】→【曲线】。

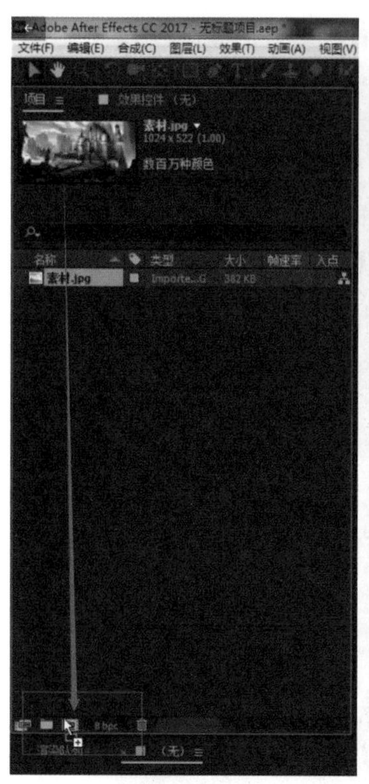

把这个素材的亮度调低一些，这样制作的闪电效果看上去会更加明显。可以直接向下拖曳曲线，直到满意预览窗口中的效果为止。

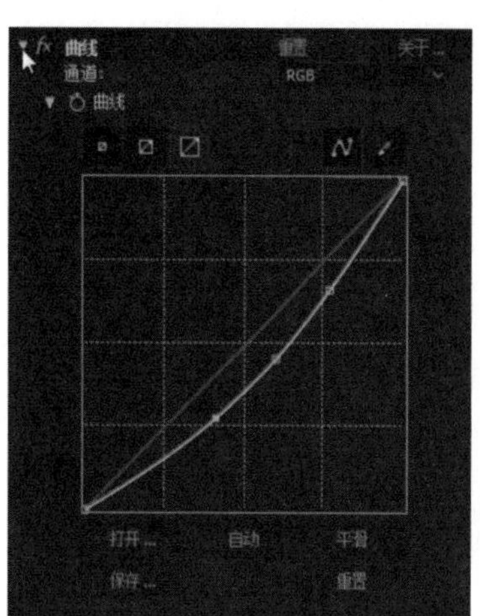

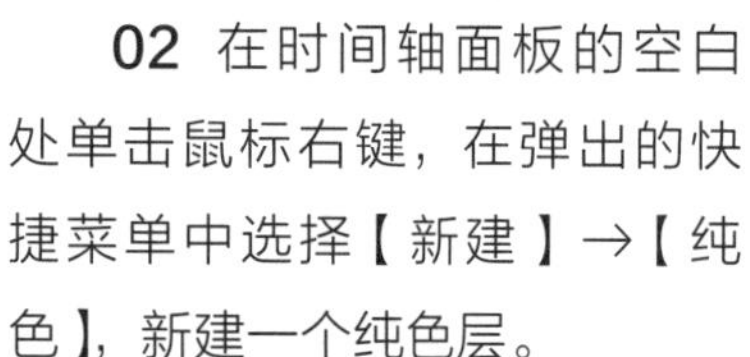

02 在时间轴面板的空白处单击鼠标右键，在弹出的快捷菜单中选择【新建】→【纯色】，新建一个纯色层。

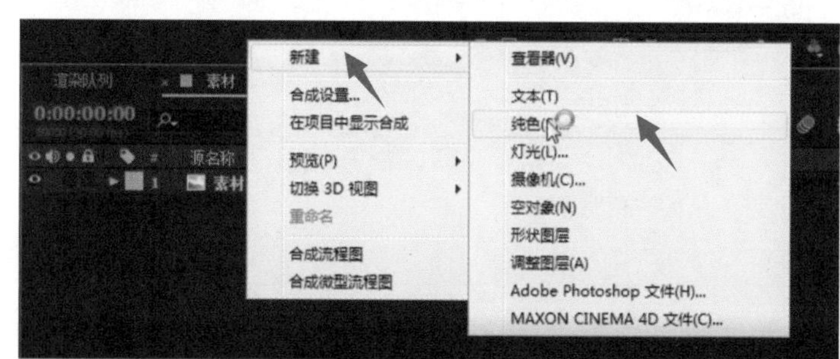

将新建的纯色层命名为“光柱1”，单击【确定】。

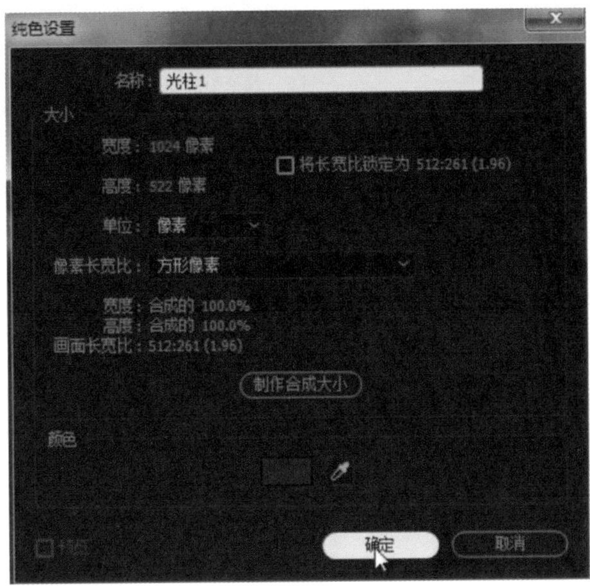

03 在菜单栏中单击【效果】→【生成】→【光束】，在预览窗口中就出现了一个光束效果。

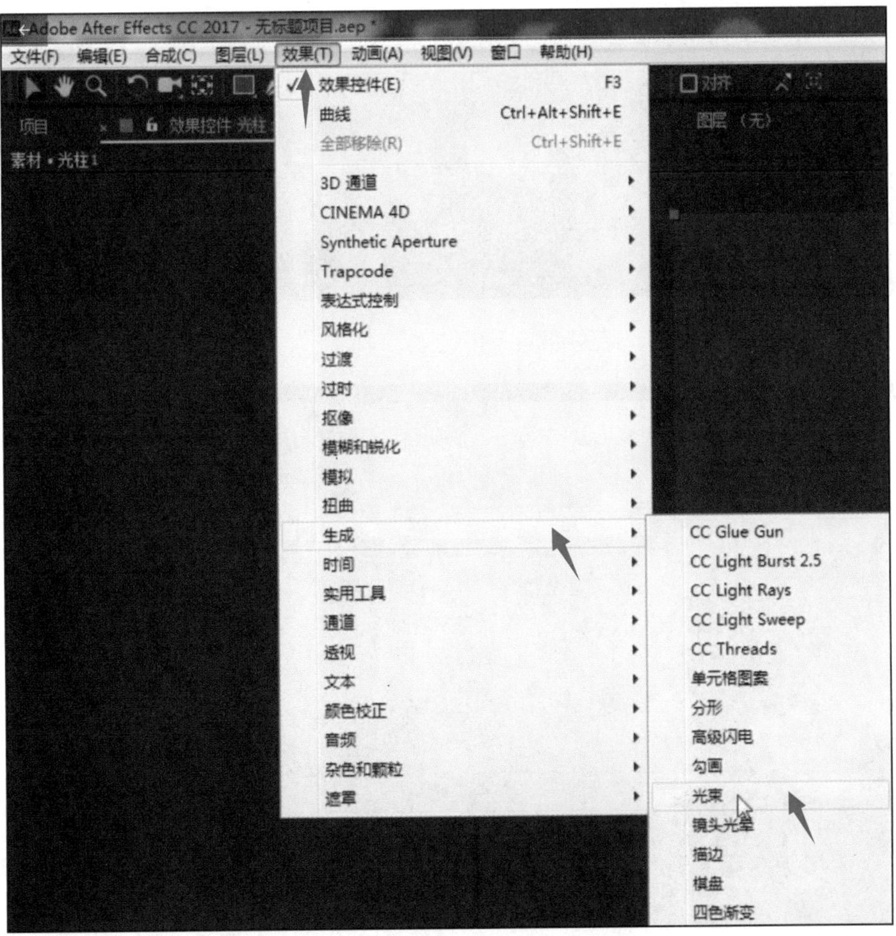

04 在【效果控件】面板中设置【长度】为“57.5%”，以增加光束的长度。

将光束的起始点向上移动，结束点向下移动。

05 继续调整光束的长度，以达到想要的效果。也可以对光束的【起始点】和【结束点】做进一步的微调，具体数值可以参考右图中的设置。

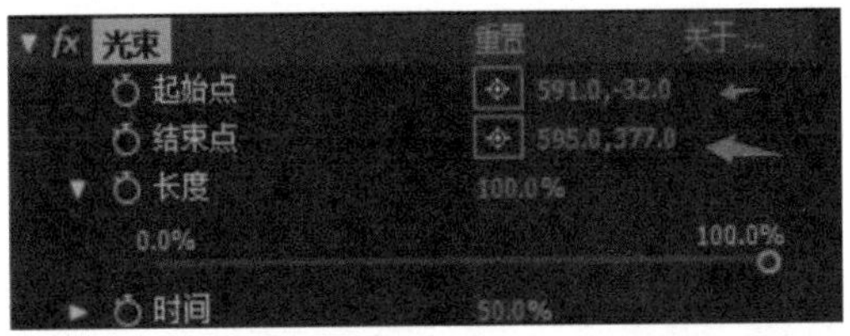

06 向右拖曳【起始厚度】下方的滑块，将其扩大；向左拖曳【结束厚度】下方的滑块，让其缩小。这样就得到了下方右图所示的光束效果。

起始厚度 49.81
0.00 50.00
结束厚度 6.51
0.00 50.00

07 调整光束的颜色。在【效果控件】面板中找到【内部颜色】，将光束的【内部颜色】设置为“淡蓝色”：将【R】设置为“170”，【G】设置为“200”，【B】设置为“250”，单击【确定】。

将【外部颜色】设置为“深蓝色”：将【R】设置为“80”，【G】设置为“25”，【B】设置为“250”，单击【确定】。

预览窗口中的效果如下图所示。

08 选择“【光柱1】”层，按【Ctrl+D】组合键将其复制一份，将复制得到的图层重命名为“光柱2”。

制作光柱内部的发光效果。把“光柱2”层的【内部颜色】更改为“粉紫色”：将【R】设置为“225”，【G】设置为“130”，【B】设置为“255”，单击【确定】。

将“光柱2”层的【外部颜色】设置为“深紫色”：将【R】设置为“175”，【G】设置为“30”，【B】设置为“220”，单击【确定】。

09 将“光柱2”层的【起始厚度】和【结束厚度】调小一些，具体数值可以参考下方左图。这样光柱的内部就产生了一个发光的效果。

起始厚度 19.92
0.00 50.00
结束厚度 2.30
0.00 50.00

10 将“光柱2”层的【不透明度】设置为“75%”，让它看起来更加自然。

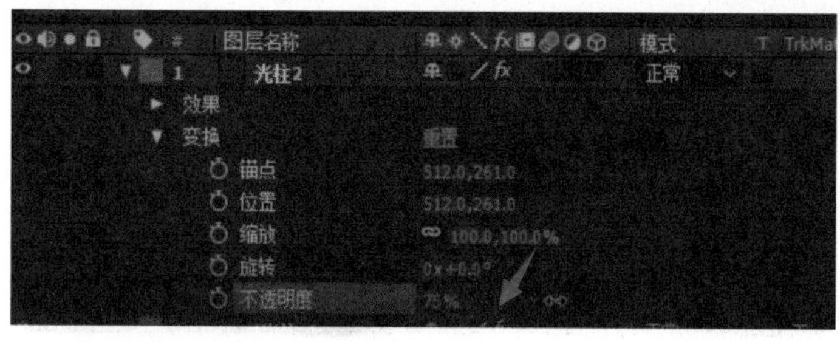

11 把“【光柱1】”层和“光柱2”层的【模式】更改为【相加】，这样光柱就会与背景更加融合，整体效果会更加自然。

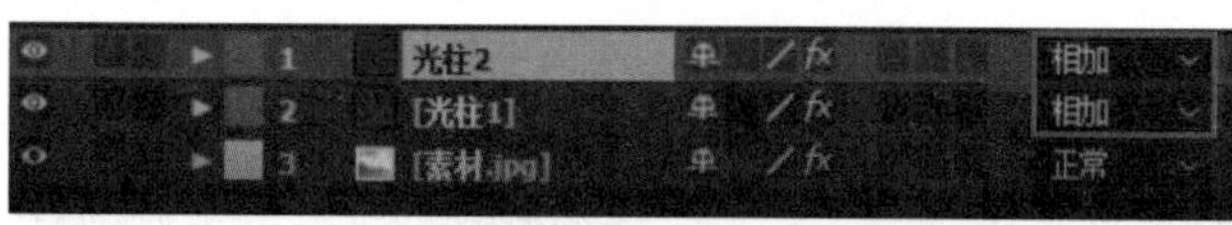

12 制作闪电。在时间轴面板的空白处单击鼠标右键，在弹出的快捷菜单中选择【新建】→【纯色】，新建一个纯色层。

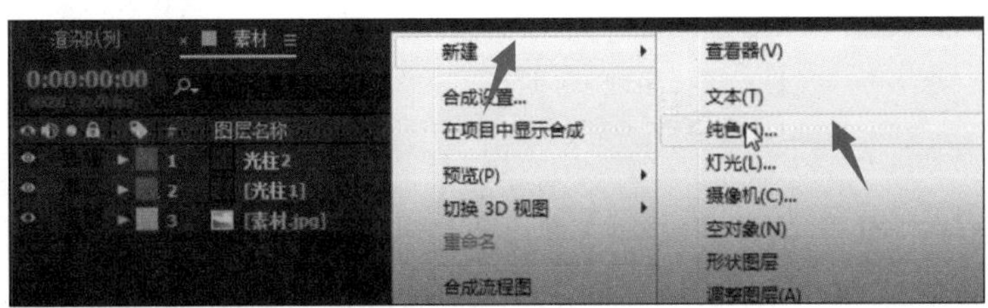

将新建的纯色层命名为“闪电”，单击【确定】。

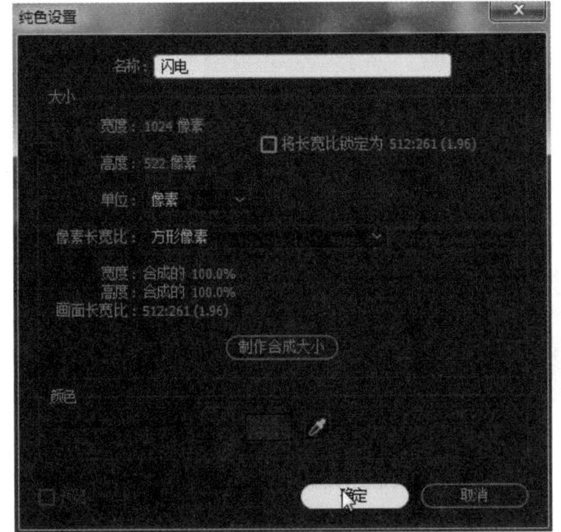

13 单击菜单栏中的【效果】→【生成】→【高级闪电】。预览窗口中出现了一个闪电效果。

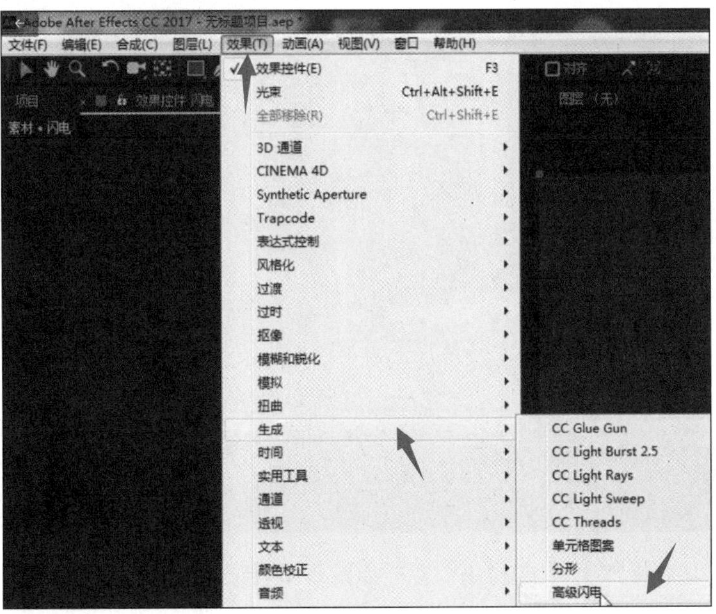

14 拖曳闪电的起始点和结束点，使其与光柱对齐。但是，我们发现现在这个闪电是超出了光柱的起始点和结束点的。

将【闪电类型】更改为【击打】，这时会发现闪电已经与光柱的起始点和结束点相匹配了。

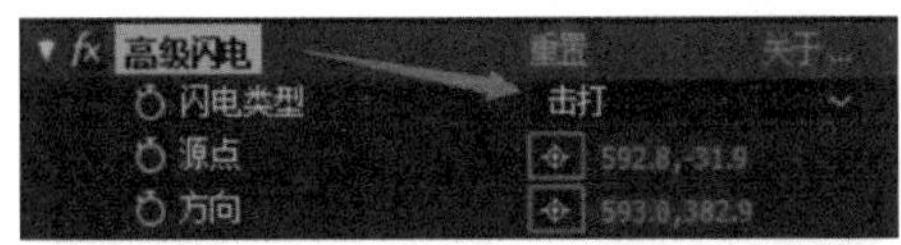

15 展开【发光设置】选项组，将闪电的颜色更改一下。把【发光颜色】调整为“淡紫色”：将【R】设置为“220”，【G】设置为“190”，【B】设置为“230”，单击【确定】。

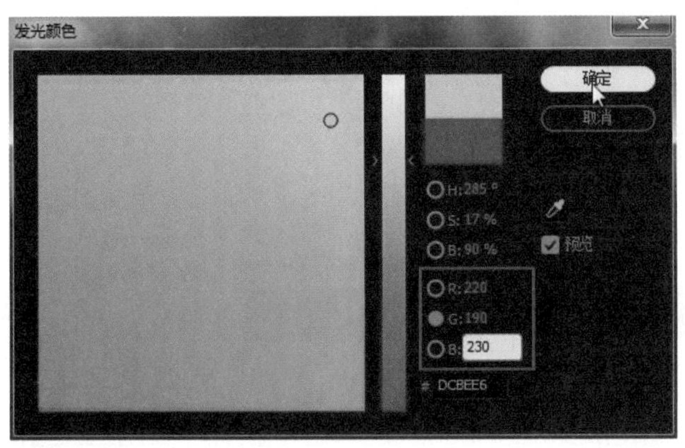

16 调整闪电的【发光半径】。将【发光半径】设置为“30”，这样闪电看起来比较自然。将【分叉】设置为“50”，这样闪电看起来会比较饱满。当然，这些数值也可以根据自己喜欢的样式进行调整。

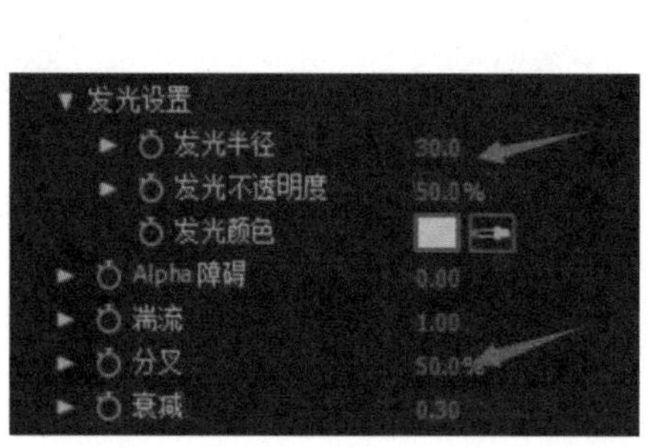

17 完成闪电效果的制作。在时间轴面板的空白处单击鼠标右键，在弹出的快捷菜单中选择【新建】→【调整图层】，新建一个调整图层。

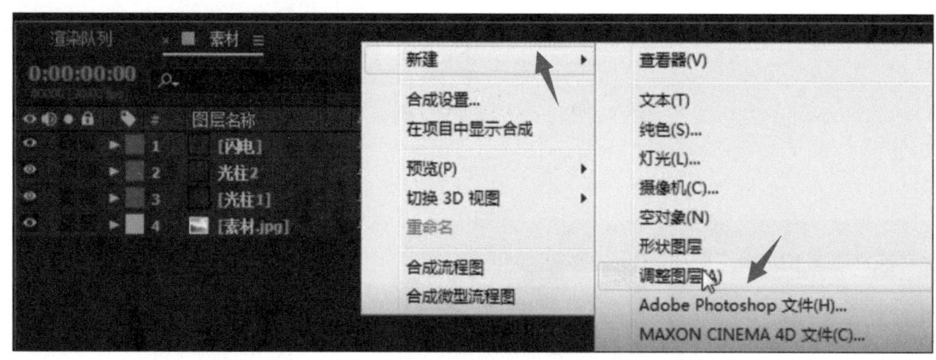

将新建的调整图层命名为“景深1”。

18 单击菜单栏中的【效果】→【模糊和锐化】→【摄像机镜头模糊】。

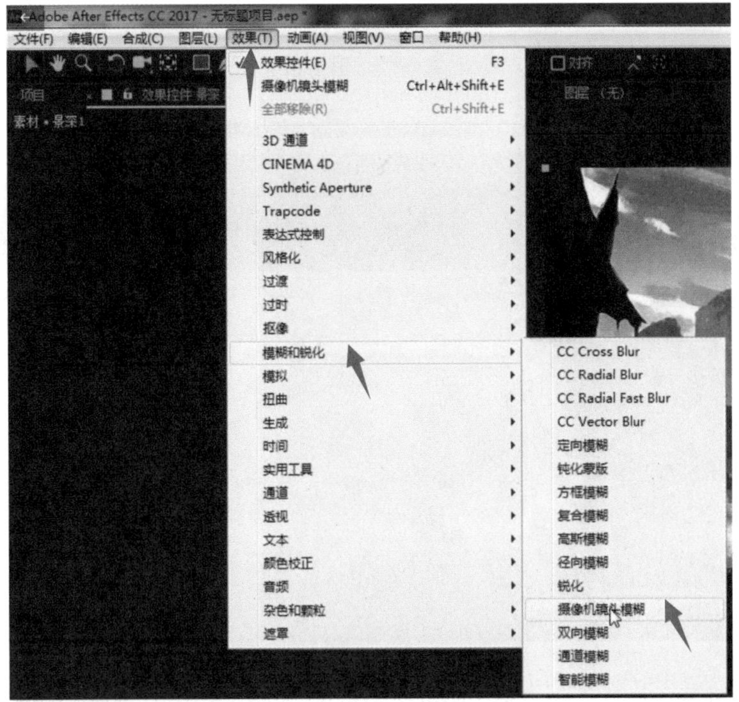

现在，整个画面变得模糊了。

将【模糊半径】设置为“1”，这样看起来整个模糊效果很合适。

19 选择工具栏中的【钢笔工具】，在预览窗口中画一个蒙版，目的是把城堡区域变模糊。选择“景深1”层，使用【钢笔工具】沿着城堡的边缘绘制出一个蒙版。

20 将【模糊半径】设置为“1.5”，现在城堡变得模糊了。

21 按照步骤17中的方法，新建一个调整图层，并将其命名为“景深2”。

1 景深2 正常
2 景深1 效果 - 关闭所有效果（如果有）

22 参考步骤19中的方法，选择【钢笔工具】，沿着绘制的蒙版区域画蒙版的轮廓。

23 选择“景深2”层，在菜单栏中单击【效果】→【模糊和锐化】→【摄像机镜头模糊】。

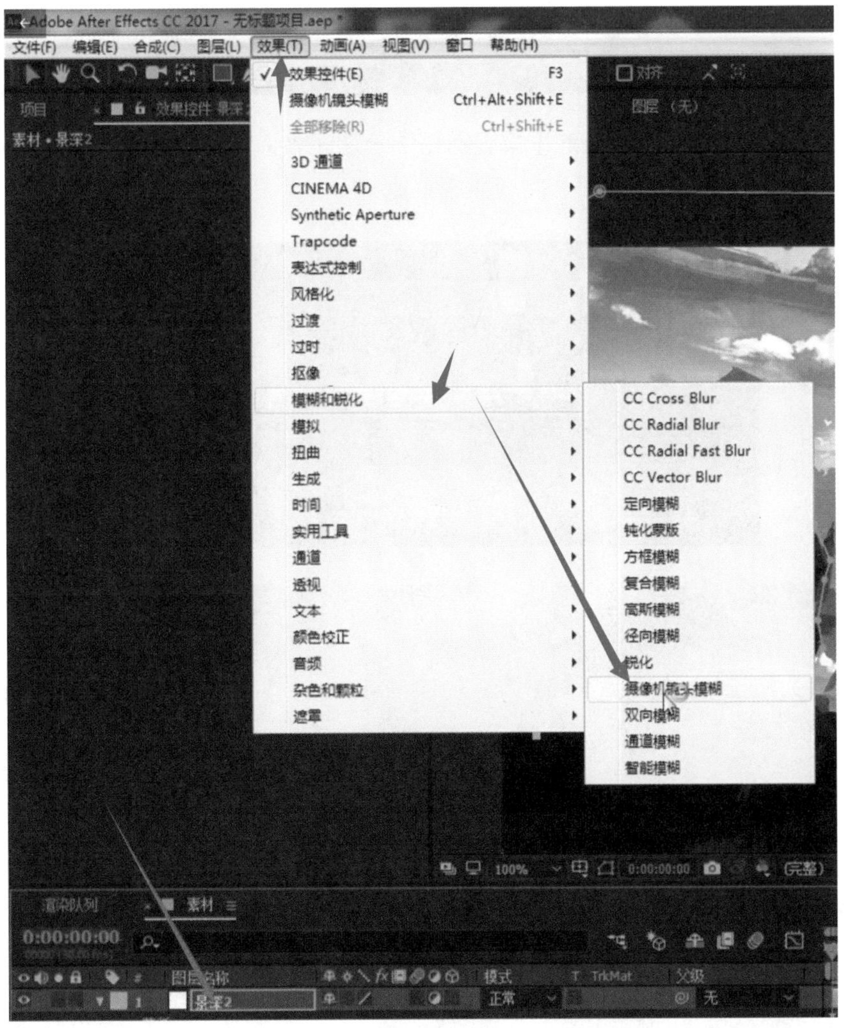

将【模糊半径】设置为“3”，现在整体的模糊效果比较合适。

由于制作了“景深1”和“景深2”这两个图层，因此现在画面整体看起来很有层次感，且非常立体。

把“景深2”和“景深1”层的【蒙版羽化】分别调大，目的是让模糊的边缘变得柔和一点，这样看起来会更加自然。

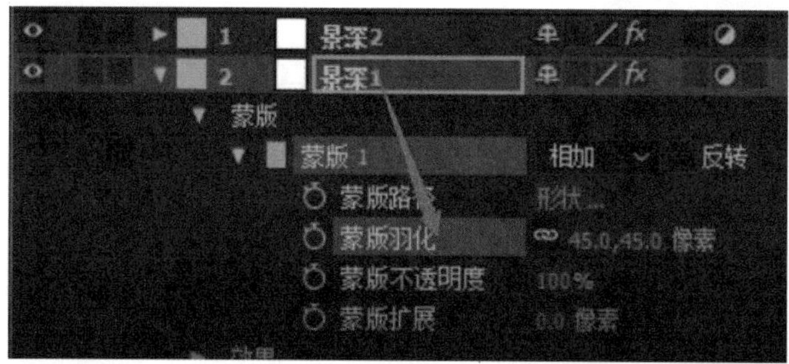

24 制作两个发光的区域。在时间轴面板的空白处单击鼠标右键，在弹出的快捷菜单中选择【新建】→【纯色】，新建一个纯色层。将新建的纯色层命名为“杂色”，单击【确定】。

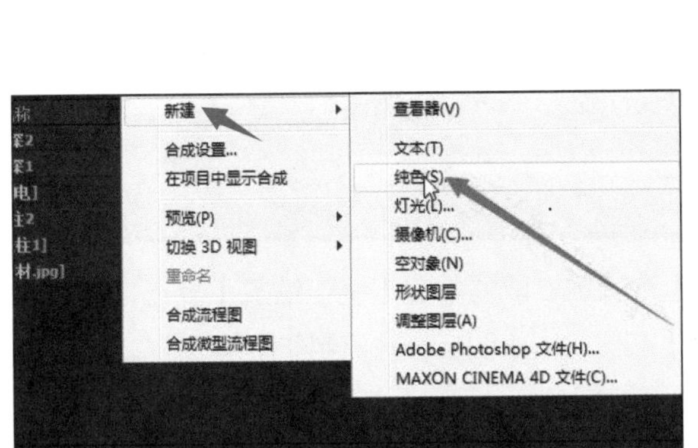

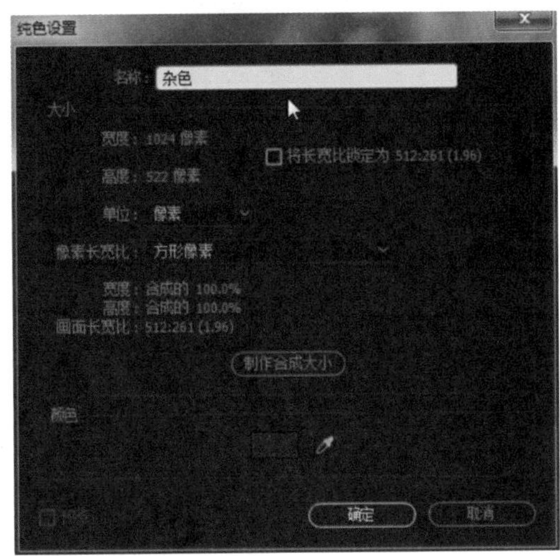

单击菜单栏中的【效果】→【杂色和颗粒】→【分形杂色】。

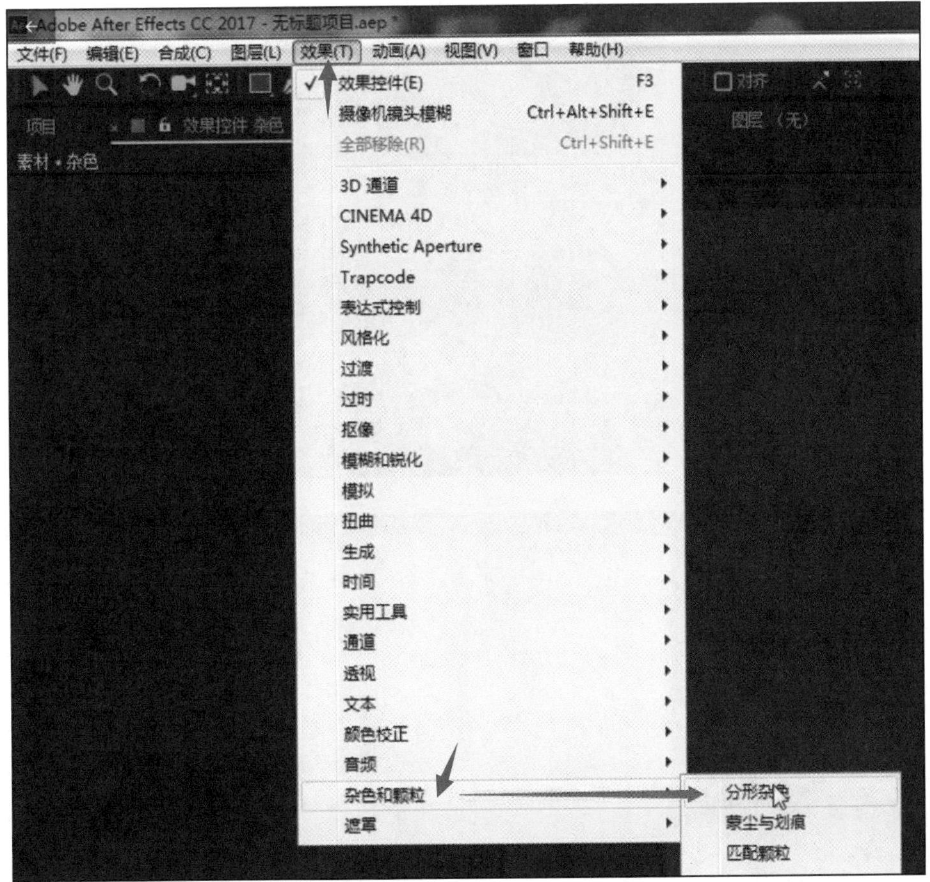

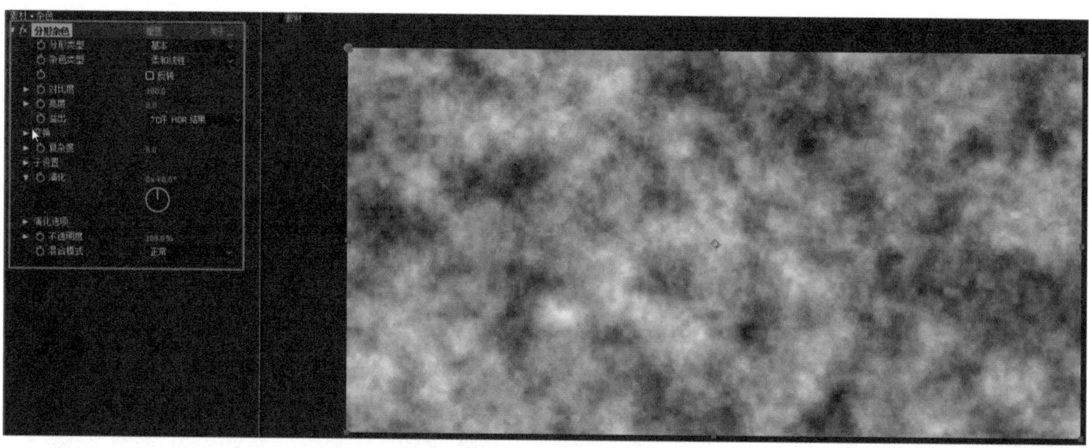

25 在【效果控件】面板中展开【变换】选项组，取消勾选【统一缩放】复选框，减小【缩放宽度】，增大【缩放高度】，单击【偏移】左侧的码表图标。开始制作动画。

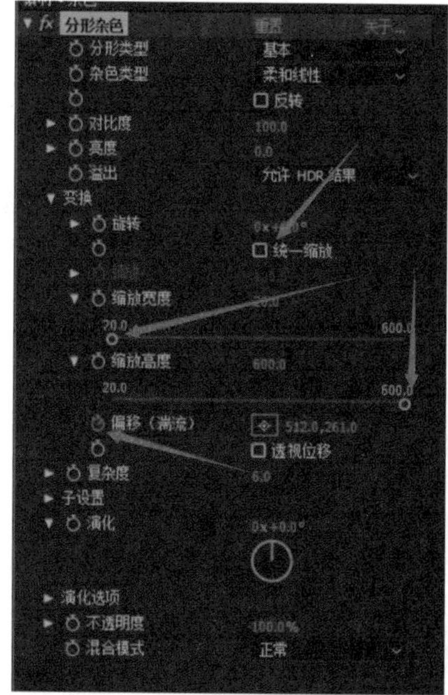

将时间滑块向右拖曳几秒。

对【偏移】的值进行调整，做一个向上偏移的动画。

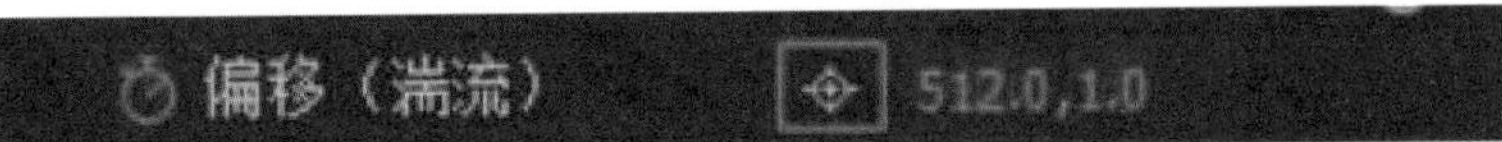

继续把时间滑块向右侧拖曳几秒。

对【偏移】的值进行调整，做一个向上偏移的动画。

再加入一个向上偏移的动画。

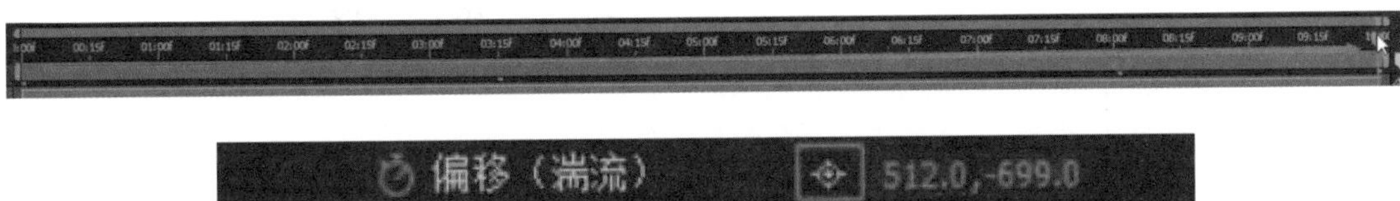

按空格键，查看动画的整体效果。

26 现在将时间滑块拖曳回“00s”（0秒）的位置，在【子设置】选项组中旋转【子旋转】的指针，可以看到预览窗口里面的图形发生横向运动。单击【子旋转】左侧的码表图标。将时间滑块向右拖曳几秒，将【子旋转】设置为“2x+3.0°”，代表旋转两周又3°。

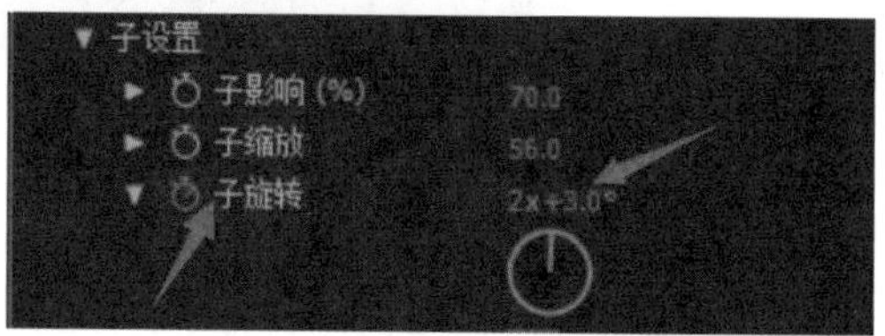

将时间滑块再向右拖曳几秒，设置【子旋转】的值。

现在拖曳时间滑块，查看动画的整体效果。

27 把“【杂色】”层的【模式】修改为“相加”。

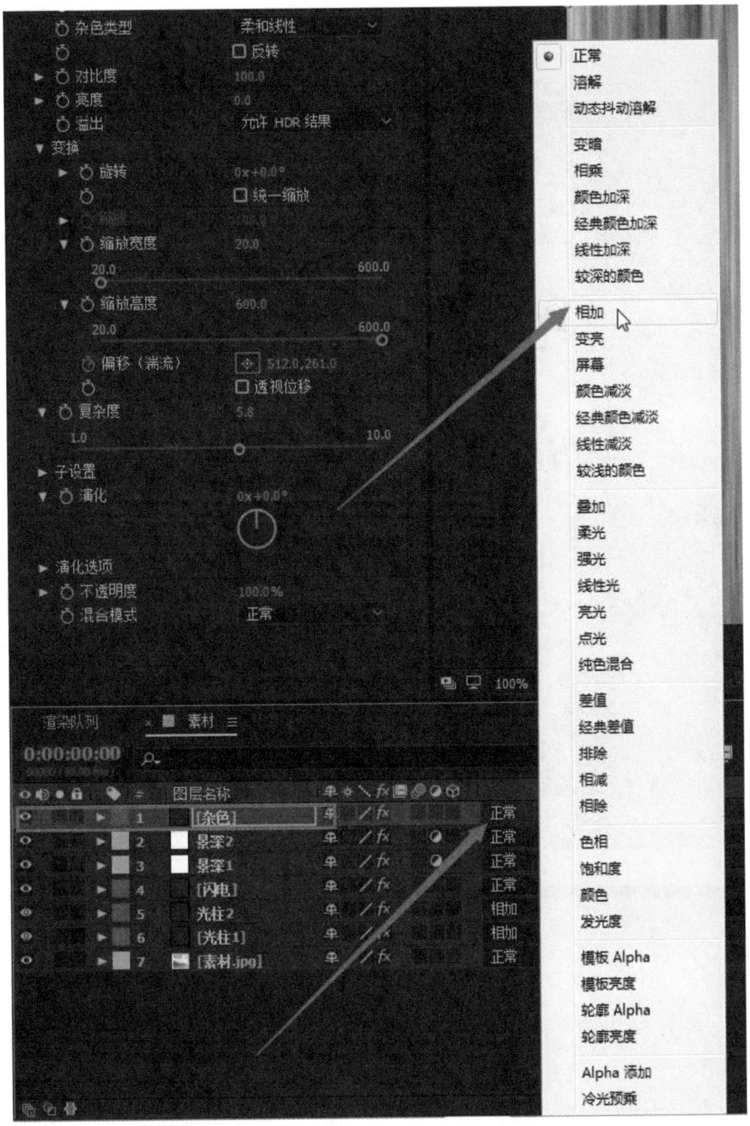

现在，“【杂色】”层中的动画效果已经与背景融合到了一起。

28 在两个地坑处绘制出相应的蒙版。使用【钢笔工具】，画出下图所示的图形，让这两个地方产生发光效果。该蒙版的绘制方法与步骤19和步骤22中绘制景深蒙版的方法是一样的。绘制完成后，把【蒙版羽化】的值调大一些。

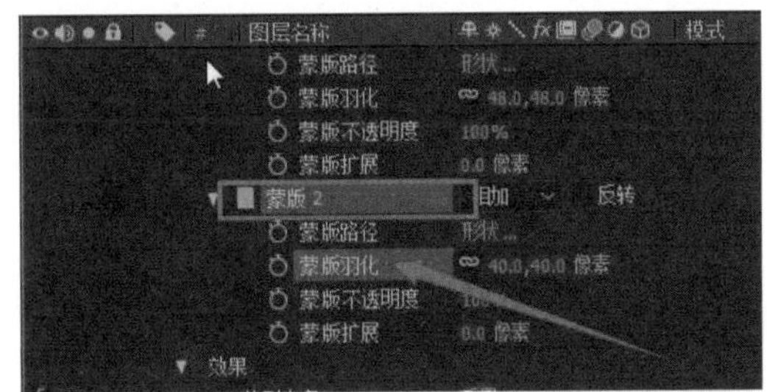

29 将所有选项组收起，把所有图层显示出来，预览一下动画效果。

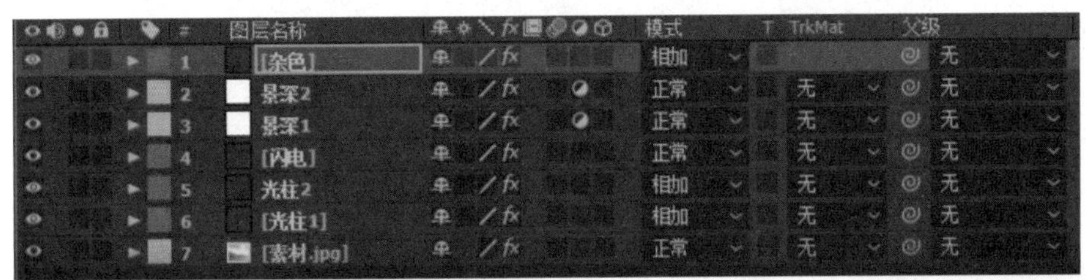

30 为闪电制作一个动画效果。先制作两个光柱的发光效果。框选“【光柱1】”层和“光柱2”层。

按【T】键把这两个图层的【不透明度】选项打开。

31 选择“【光柱1】”层，按住【Alt】键并单击【不透明度】左侧的码表图标，给这个动画添加一个表达式。在时间轴面板右侧的表达式中输入“wiggle（6，60）”。这个表达式中的“6”代表的是每秒闪动6次、“60”代表的是不透明度值，这样就得到了循环闪动的动画效果。

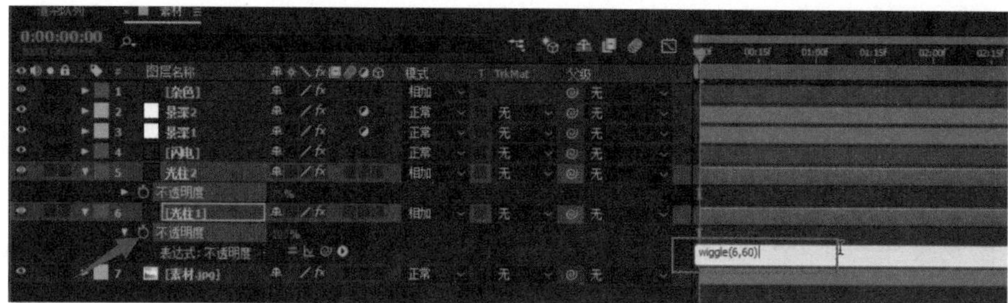

32 选择“光柱2”层，按照上述操作为其添加表达式，在时间轴面板右侧输入“wiggle（5，50）”。

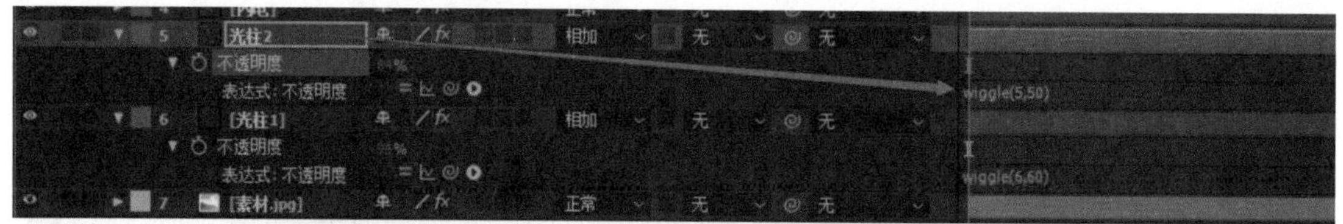

反复拖曳时间滑块来观看动画效果，然后调整相关数值，直到得到满意的效果。

33 制作闪电的动画效果。闪电的动画效果主要利用【传导率状态】选项组进行制作。单

击【传导率状态】左侧的码表图标。将时间滑块向右拖曳到下方右图所示的位置，可以看到闪电产生了动画效果。把【传导率状态】下的滑块向右拖曳到最大值“50”。把时间滑块再向右拖曳几秒，把【传导率状态】的值恢复为“0”。以此类推，就可以制作出闪电的动画效果。

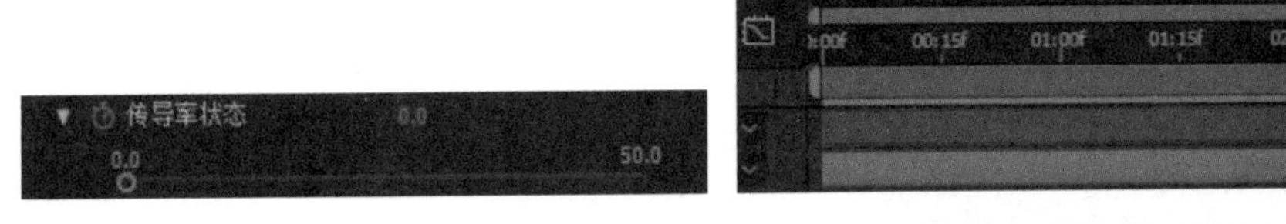

按空格键观看动画的整体效果。

现在，光柱中间会有一个若明若暗的闪动效果，光柱的周围有闪电的效果，闪电旁边的地坑有发光的动画效果。

至此，“天空闪电”短视频动画特效就制作完成了。

第 13 课

制作“香炉烟雾”特效

01 单击菜单栏中的【文件】→【导入】→【文件】，将配套资源中的“青铜香炉”素材文件导入After Effects。

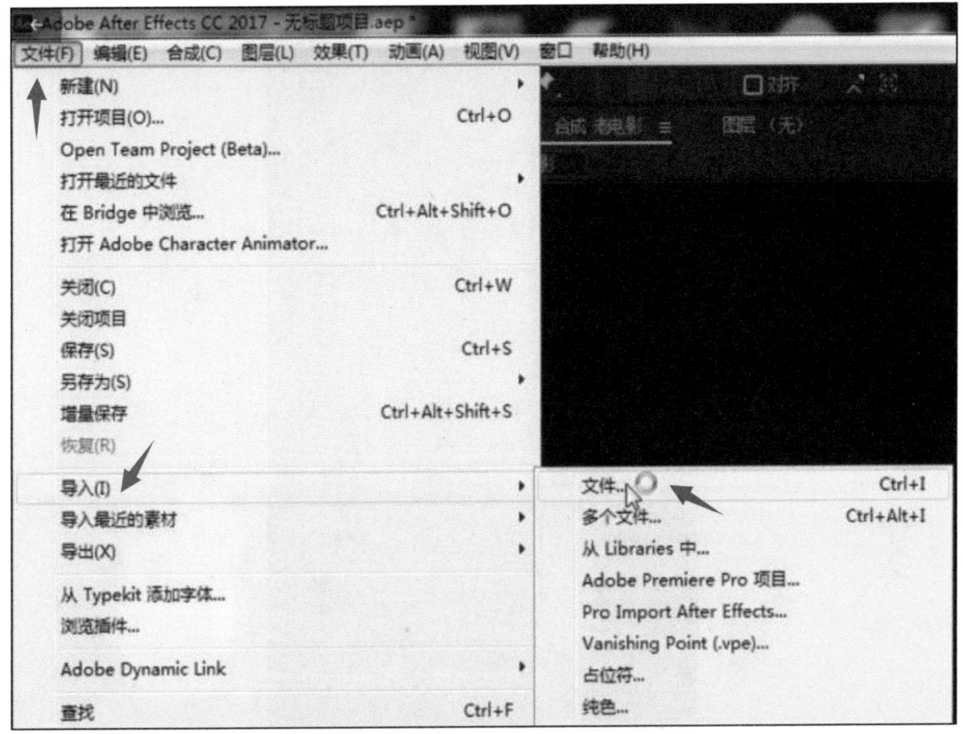

在【项目】面板中，向下拖曳“青铜香炉.jpg”素材到【新建合成】图标上。

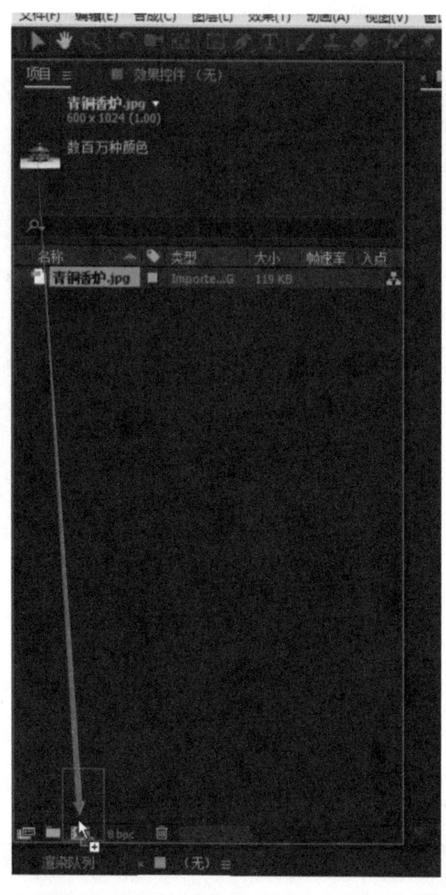

现在，在预览窗口中可以看到素材图片。

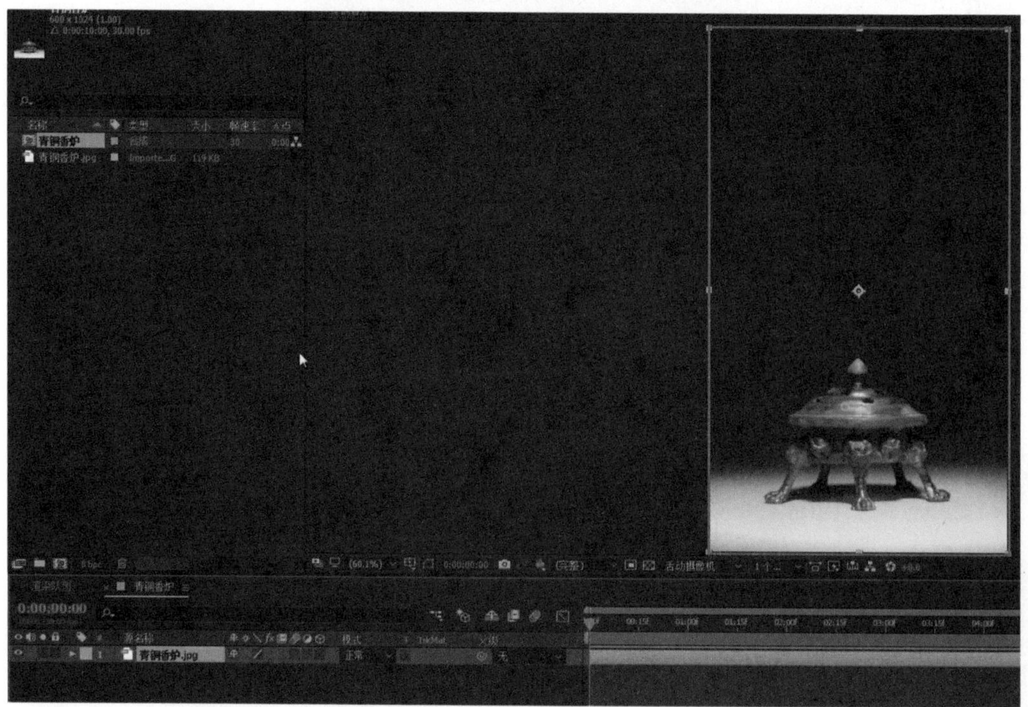

02 在时间轴面板的空白处单击鼠标右键，选择【新建】→【纯色】，新建一个纯色层，将这个纯色层命名为“烟雾”。

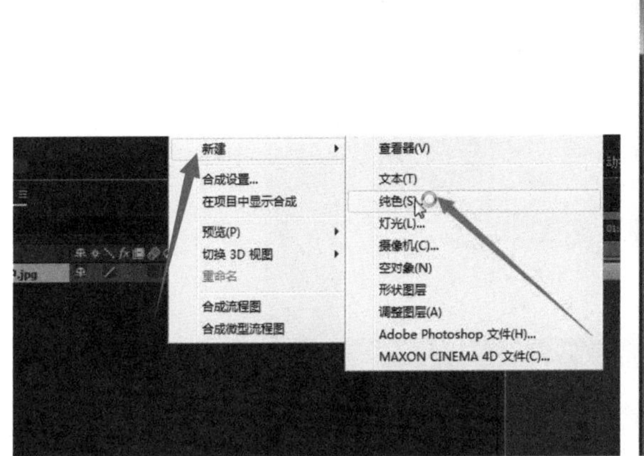

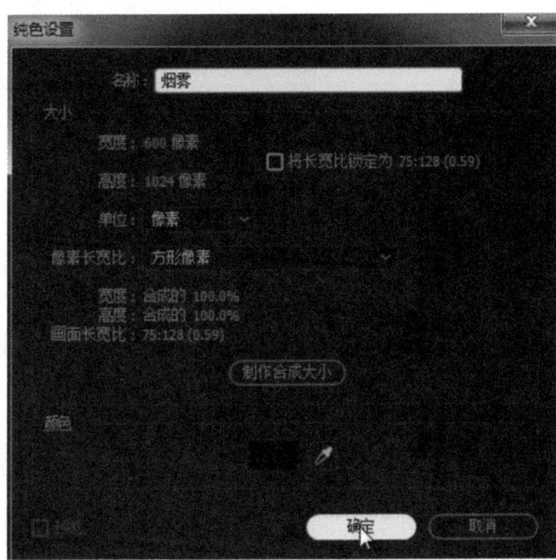

03 单击菜单栏中的【效果】→【模拟】→【粒子运动场】，添加粒子效果。

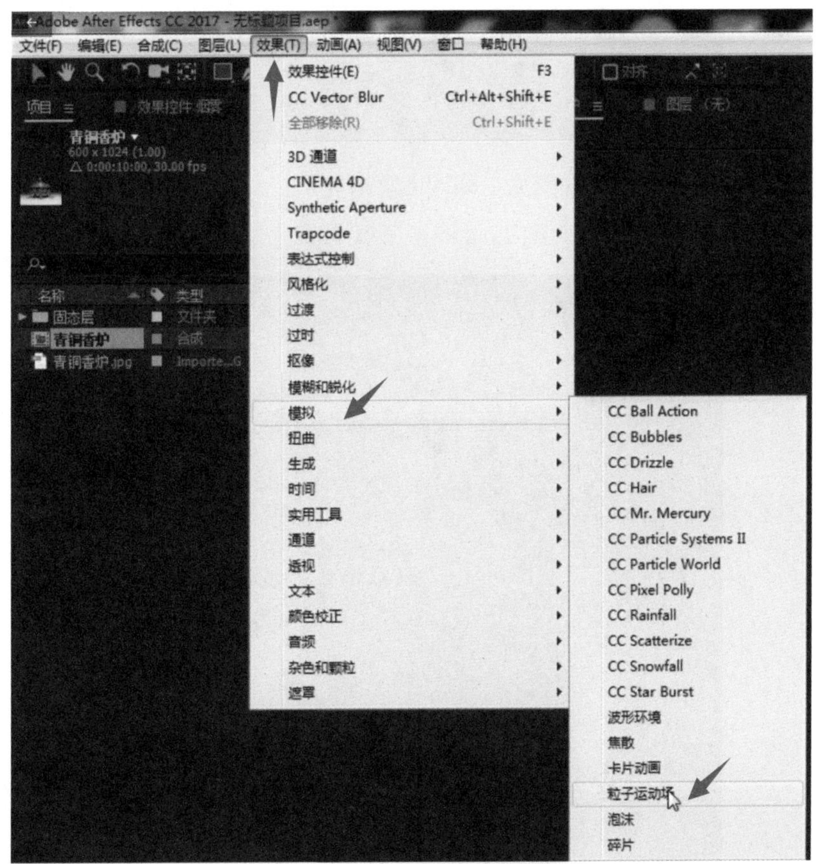

向右拖曳时间滑块，可以看到粒子的动画效果。现在，有一个“点”正在向外发射粒子，这个“点”就是“粒子发射器”。

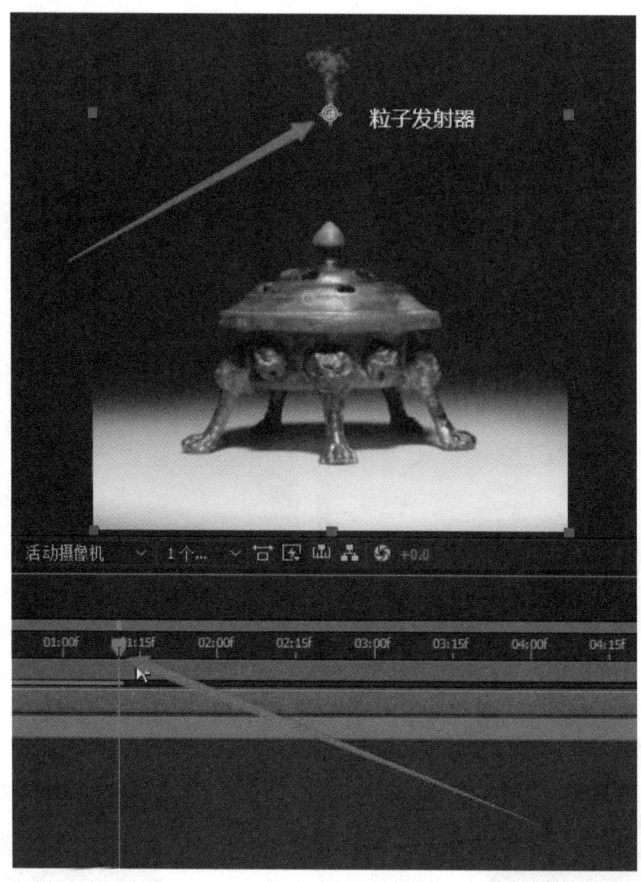

现在粒子发射器的发射方向是向上，即向上喷射粒子。此时粒子受到两种力的影响，一种力是向上喷射的力，另外一种力是重力。因此，预览窗口中就产生了粒子的喷射动画效果。

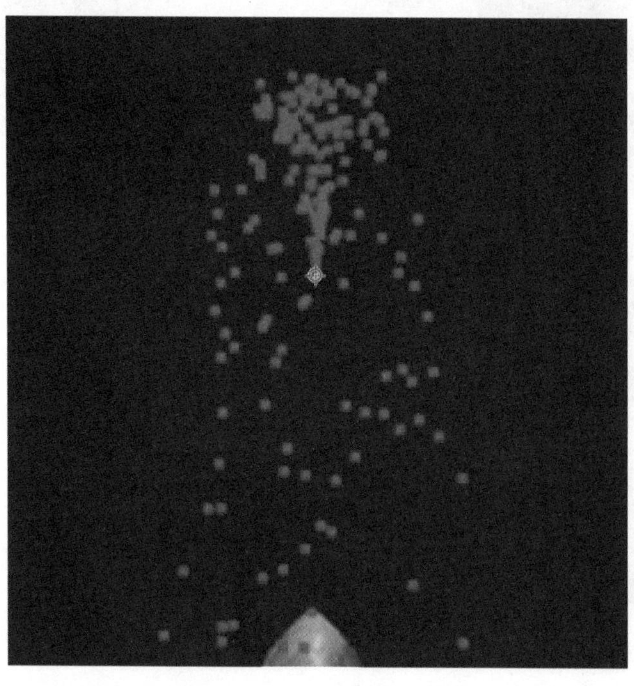

04 如果想模拟“烟雾”动画效果，则将粒子发射器移动到与素材图片相对应的位置。拖曳时间滑块查看一下动画效果。

但是，因为“烟雾”受到重力的影响是非常小的，而现在看上去它受到的重力作用太大，所以图中的点需要被替换成别的形态。

05 在【效果控件】面板中将【发射】选项组打开。将粒子的【颜色】由“红色”改为“白色”，单击【确定】。

改变【位置】参数可以改变发射器的位置，也可以直接在预览窗口中拖曳发射器到指定的位置。

【圆筒半径】的数值如果为“0”，那么粒子发射时就是一个“点”；如果不为“0”，那么粒子发射时就是一个“面”。这里设置为“0”。

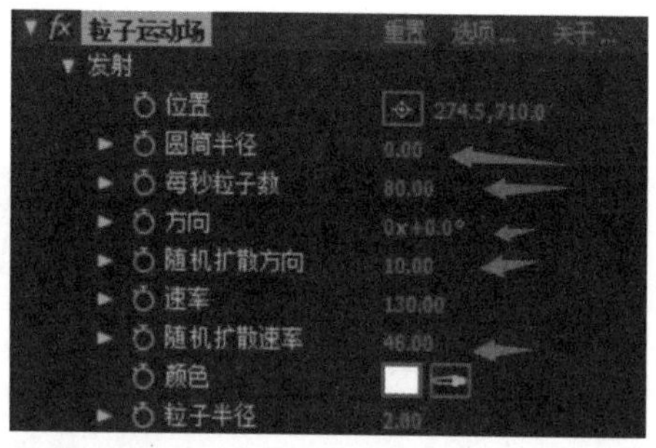

【每秒粒子数】用于设置每秒发射的粒子的数量，这里设置为“80”。

【方向】用于决定粒子发射的方向，可以通过改变参数来观察粒子发射方向的变化。这里设置为“0x+0°”。

如果将【随机扩散方向】设置为“0”，粒子将不会向外扩散，这里设置为“10”。

将【随机扩散速率】设置为“46”。

06 设置【重力】选项组下的参数。将【力】设置为“0”，这表示粒子完全不受向下的重力的影响。

拖曳时间滑块，现在可以看到粒子只受向上喷出的力，其效果比较接近烟雾的效果。

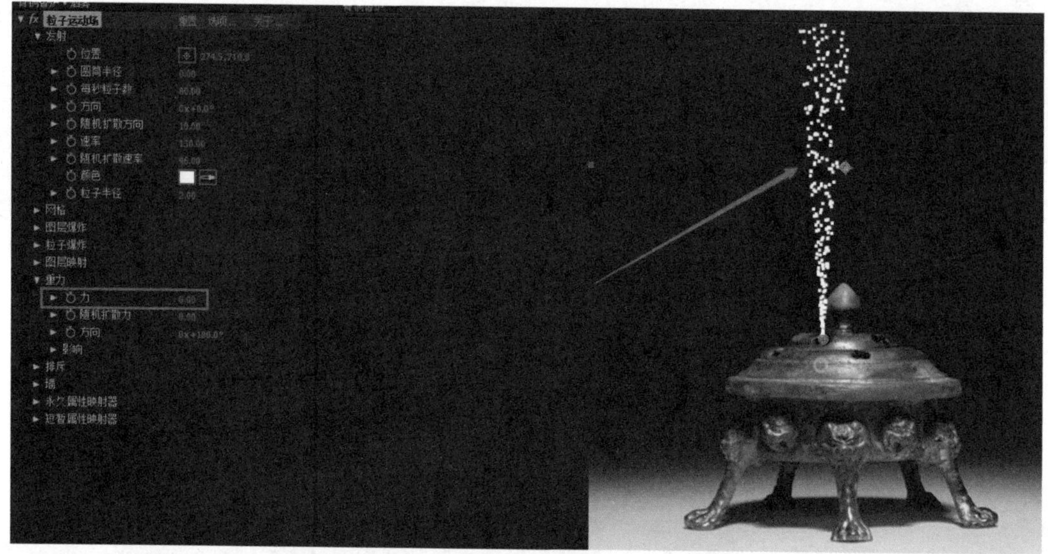

将【随机扩散力】设置为“0.25”，这时可以看到，粒子在向上喷射过程中会产生随机的左右扩散效果。

将【方向】设置为“0x+90° ”，查看动画效果，现在的粒子有点过于扩散。

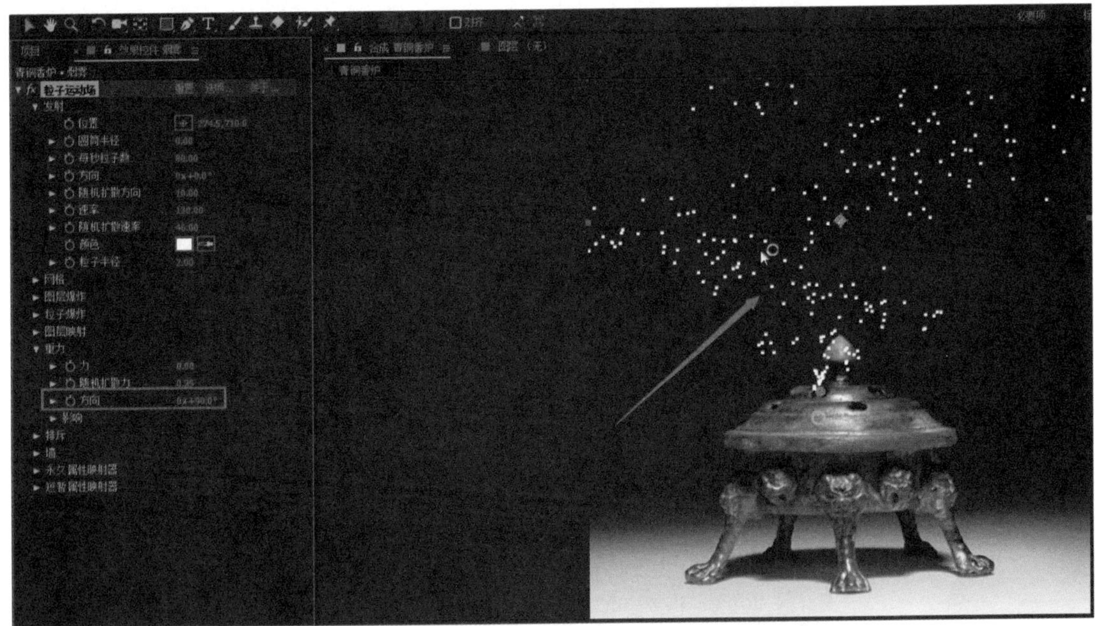

将【随机扩散力】调整为“0.05”，再看一下动画效果，现在的扩散效果还是不错的。

将【随机扩散方向】设置为“0”，查看动画效果，现在粒子发射的速率有点快。将【速率】设置为“80”,【随机扩散速率】设置为“10”,【随机扩散力】设置为“0.02”。

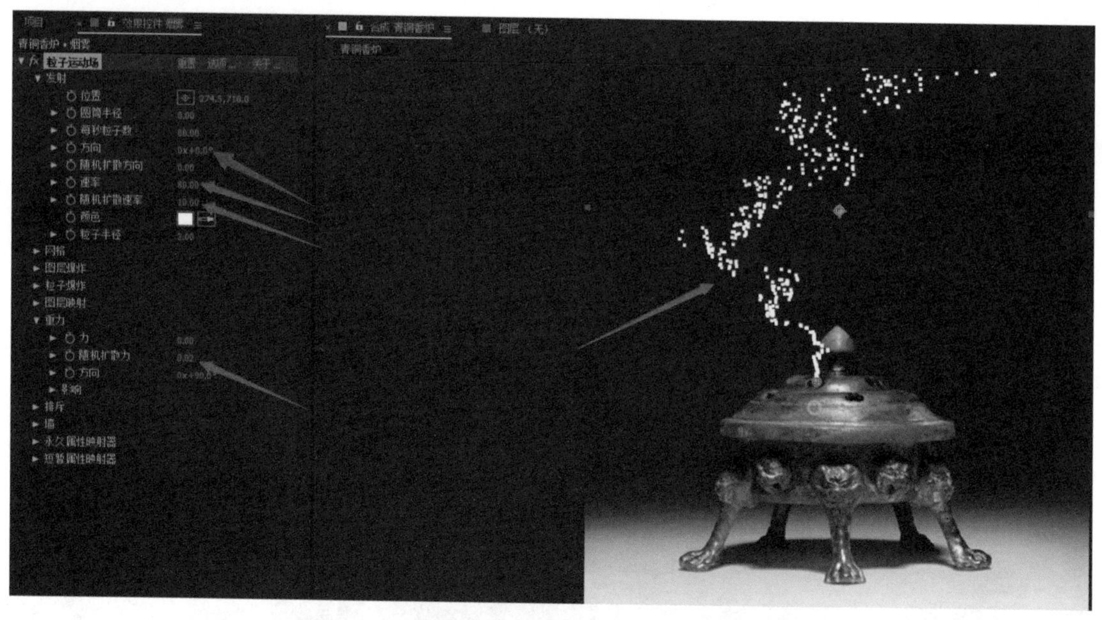

要得到满意的效果，通常需要对参数进行反复调整。

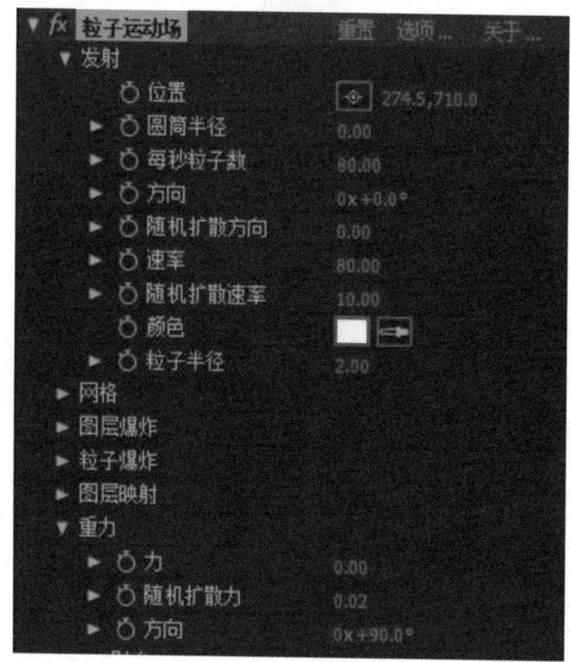

07 一缕烟雾向上升起的时候，应该先较直地缓慢升起，然后再慢慢向四周扩展。现在模拟这种动画效果。

展开【影响】选项组，将【更老/更年轻】设置为“0.4”，这表示在动画播放0.4秒之后，粒子再向外随机扩散。在动画播放到0.4秒之前，粒子是垂直向上移动的。

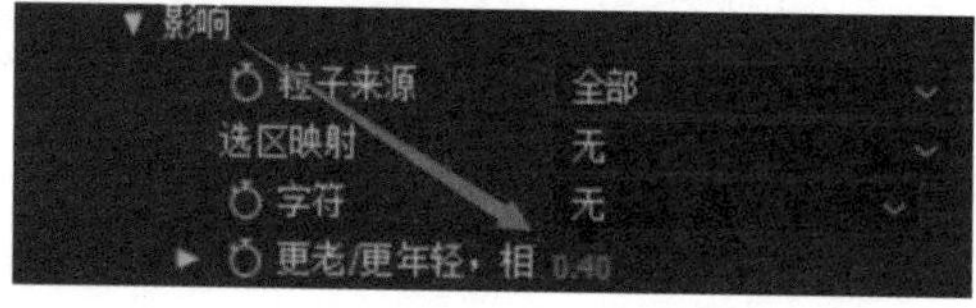

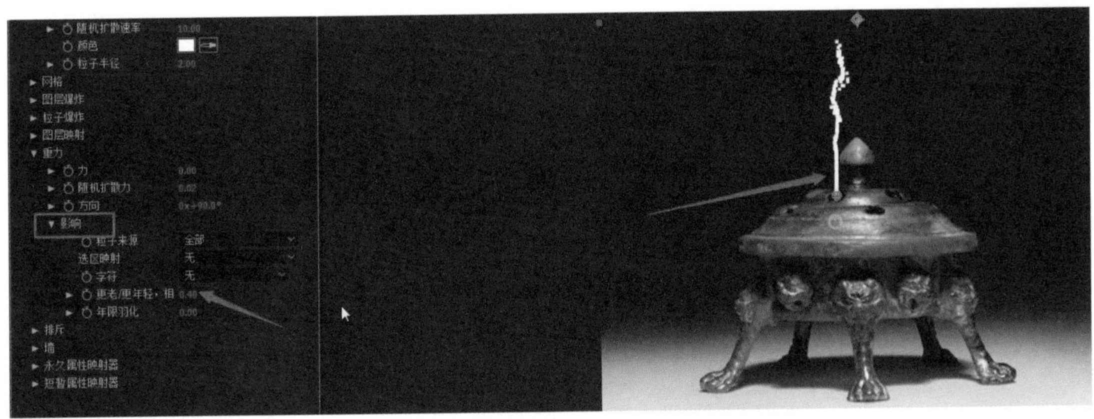

08 将【年限羽化】设置为“5”，反复拖曳时间滑块观看动画效果。

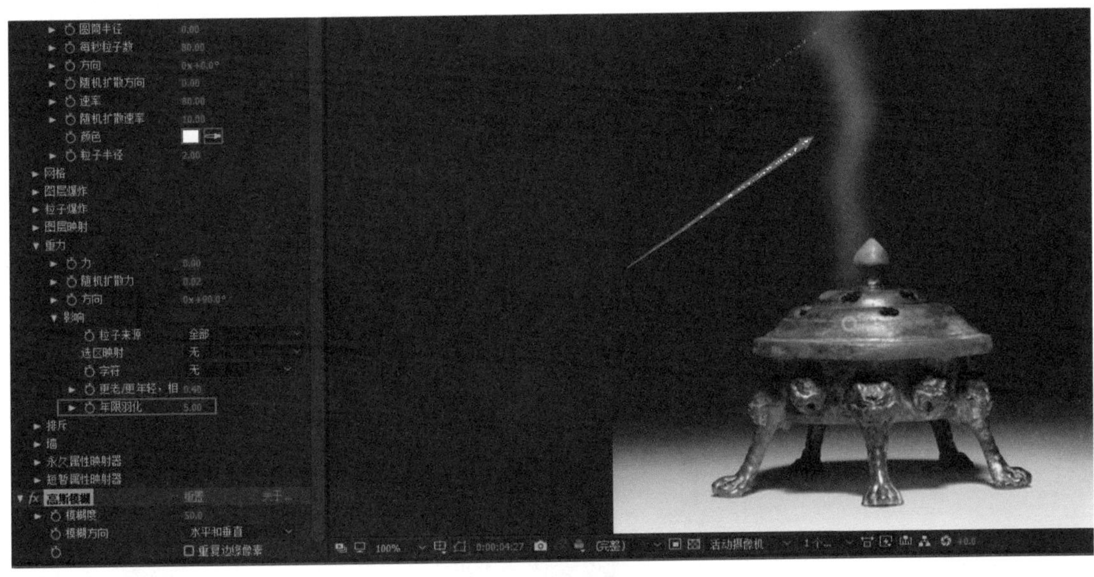

09 在菜单栏中单击【效果】→【模糊和锐化】→【高斯模糊】。

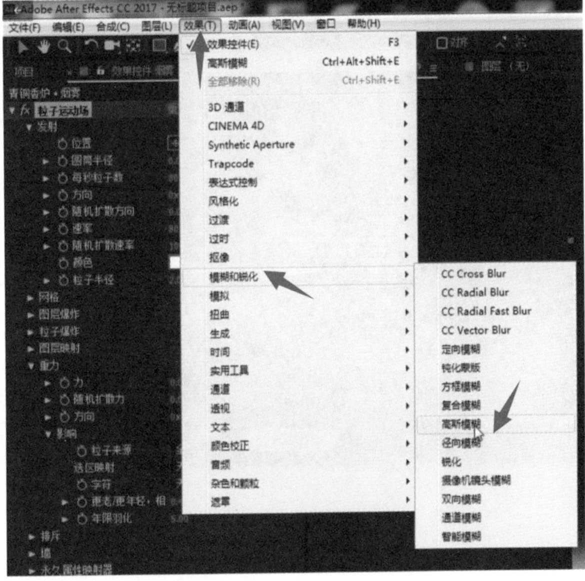

将【模糊度】设置为“50”，观看动画效果，烟雾的动态效果基本符合实际要求了。

10 进一步为烟雾添加效果，让它更加真实。在时间轴面板中单击鼠标右键，在弹出的快捷菜单中选择【新建】→【纯色】，新建一个纯色层，将其命名为“贴图”，单击【确定】。

11 在菜单栏中单击【效果】→【生成】→【梯度渐变】，这样就可以得到一个渐变效果。

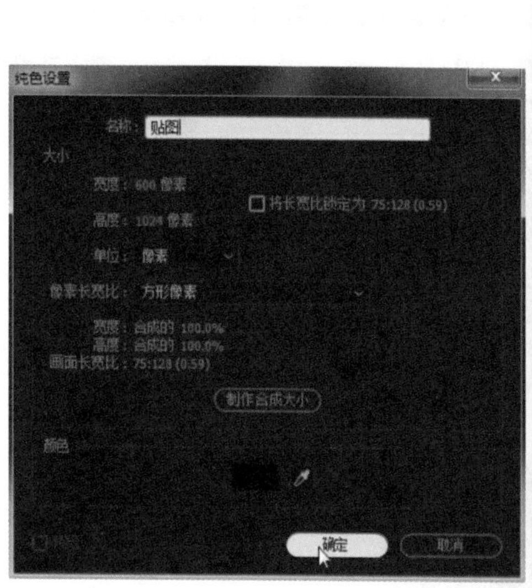

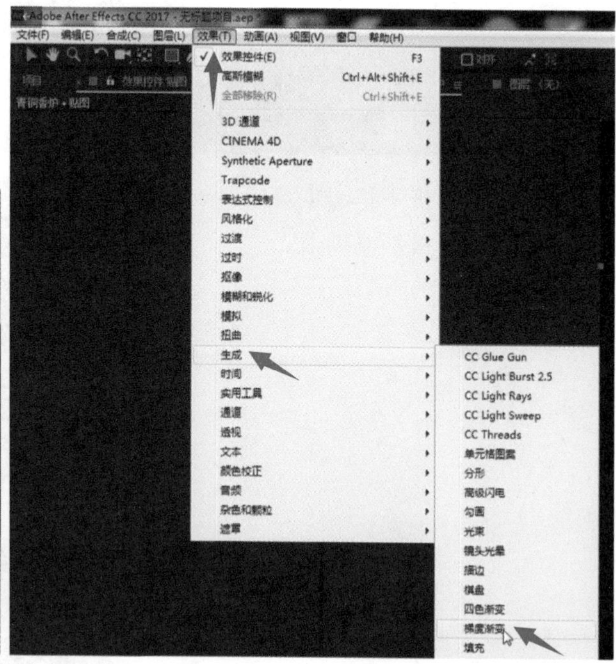

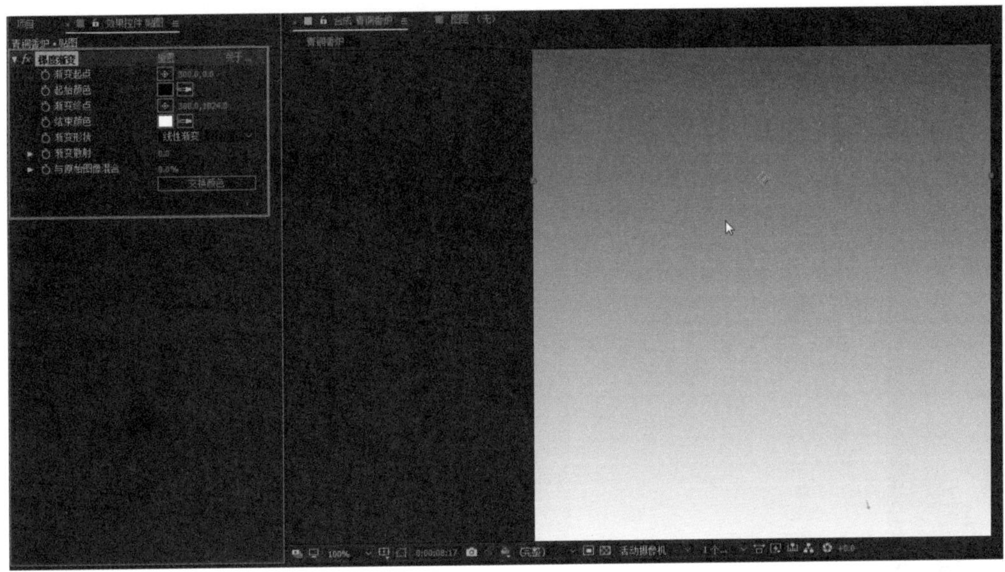

拖曳渐变的起始点和结束点，将“黑色”和“白色”的位置进行调换。

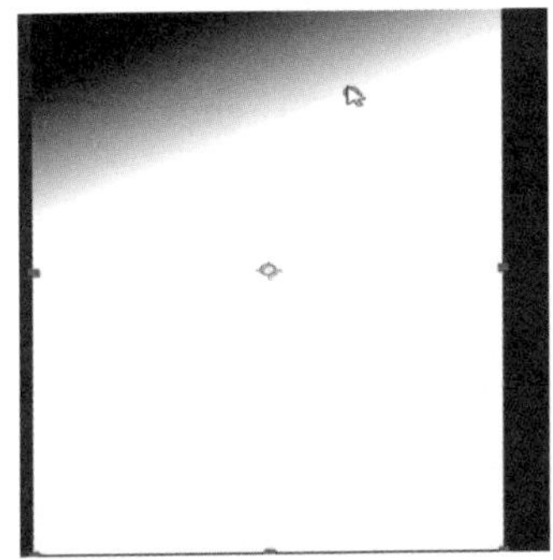

12 单击菜单栏中的【图层】→【预合成】，在弹出的对话框中单击【确定】，创建一个预合成。

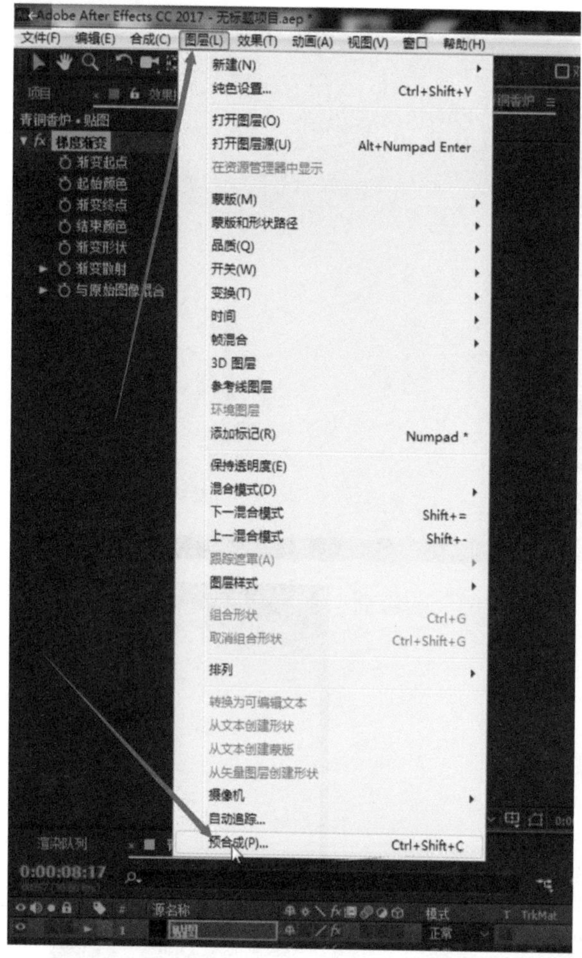

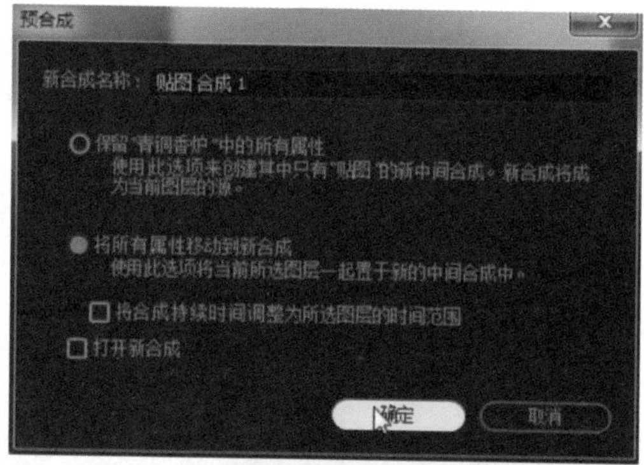

建立这个预合成的目的是让制作完成的烟雾产生深浅不一的虚实变化。将“贴图 合成1”合成隐藏。

选择“烟雾”合成，将不用的选项组折叠起来。

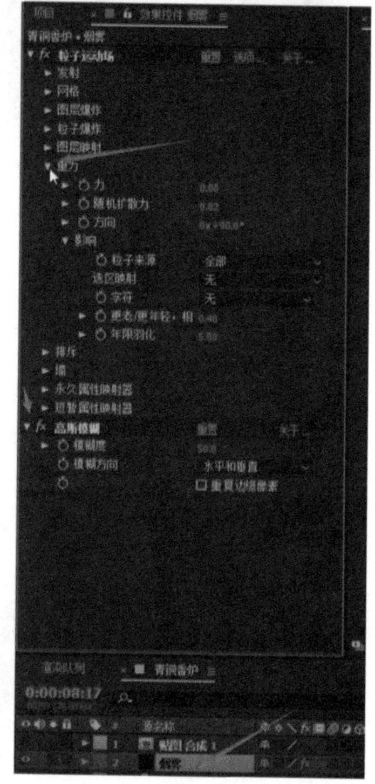

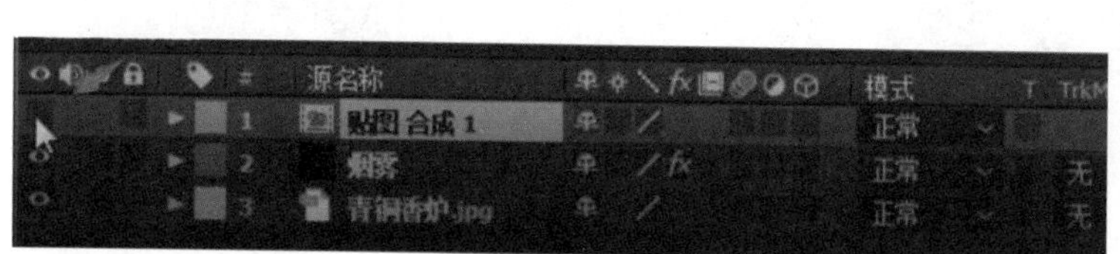

13 展开【永久属性映射器】选项组，在【使用图层作为映射】中选择“1.贴图 合成1”。把【将红色映射为】更改为“缩放”。

为了看到烟雾的变化，将【最小值】设置为“0.4”。

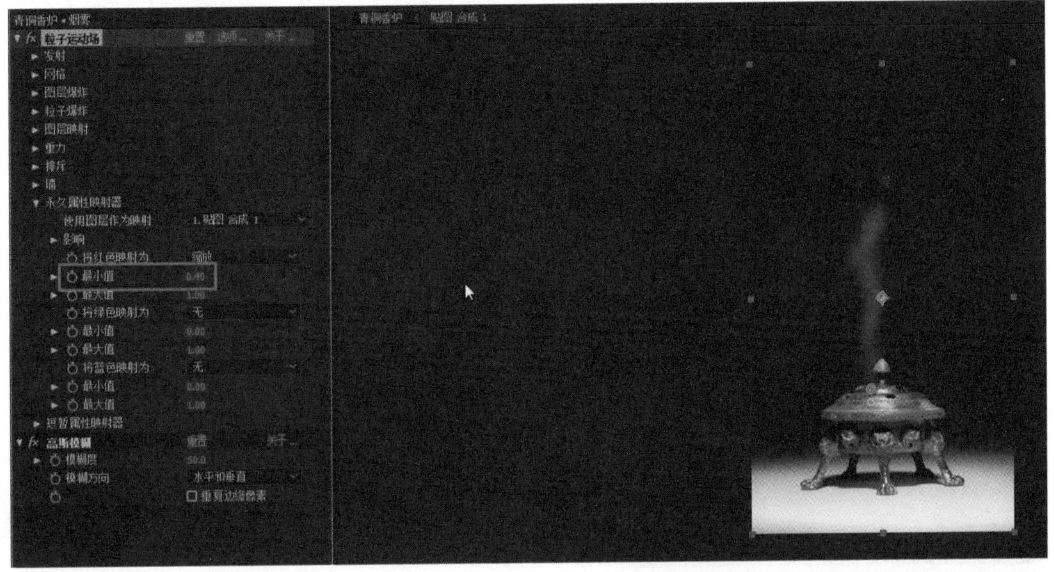

将【最大值】设置为“5”，现在可以看到烟雾向上升起时，越往上变得越大。

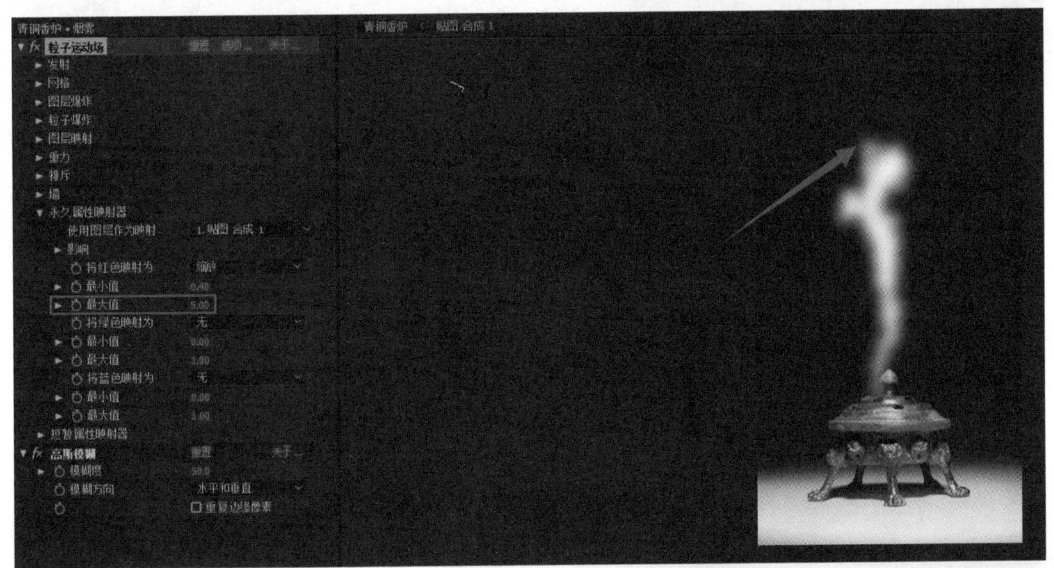

把【将绿色映射为】更改为“不透明度”，【最小值】设置为“1”，【最大值】设置为“0”。这表示烟雾越往上

升，将变得越透明。

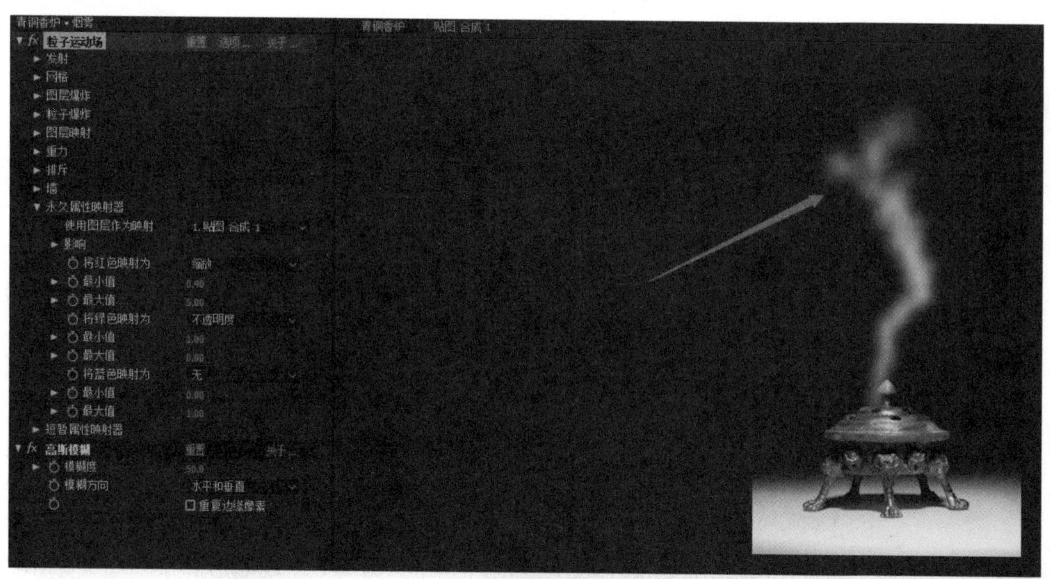

将“烟雾”合成的【不透明度】设置为“70%”，让烟雾更加自然。

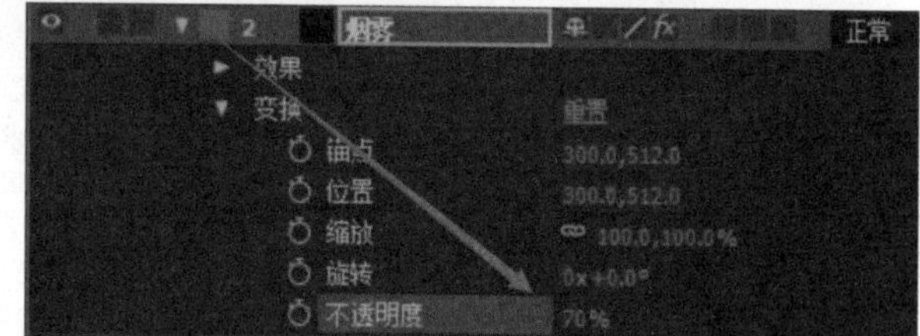

至此，“香炉烟雾”短视频动画特效就制作完成了。

第 14 课

制作“跳动的音乐”特效

01 打开After Effects，单击菜单栏中的【合成】→【新建合成】，打开【合成设置】对话框。将合成的名称设置为“跳动的音乐”，【宽度】设置为“1024”像素，【高度】设置为“520”像素，【像素长宽比】设置为“方形像素”，【帧速率】设置为“25”帧/秒，【持续时间】设置为“5”秒，【背景颜色】设置为“黑色”，单击【确定】。

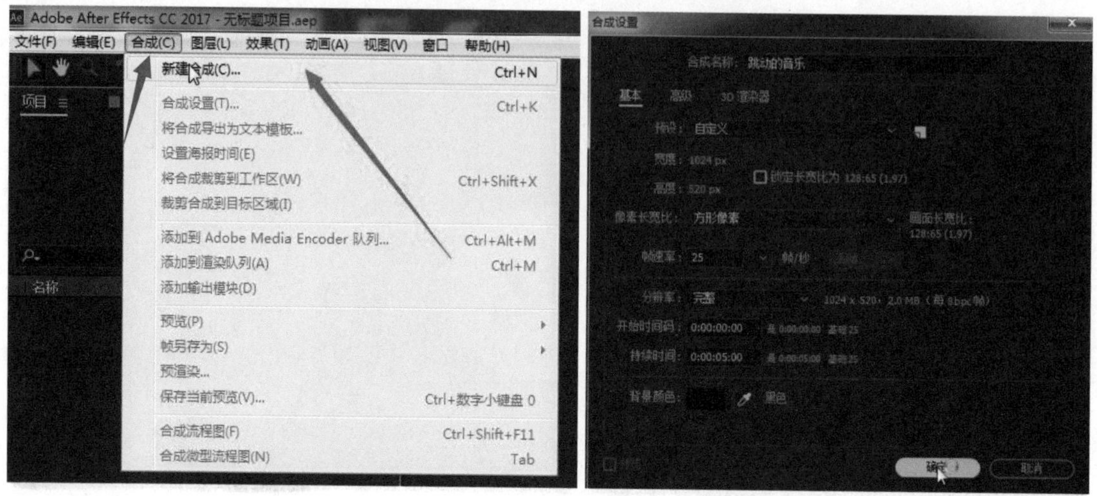

02 单击菜单栏中的【文件】→【导入】→【文件】，选择配套资源中的“音效”素材文件，将其导入After Effects。

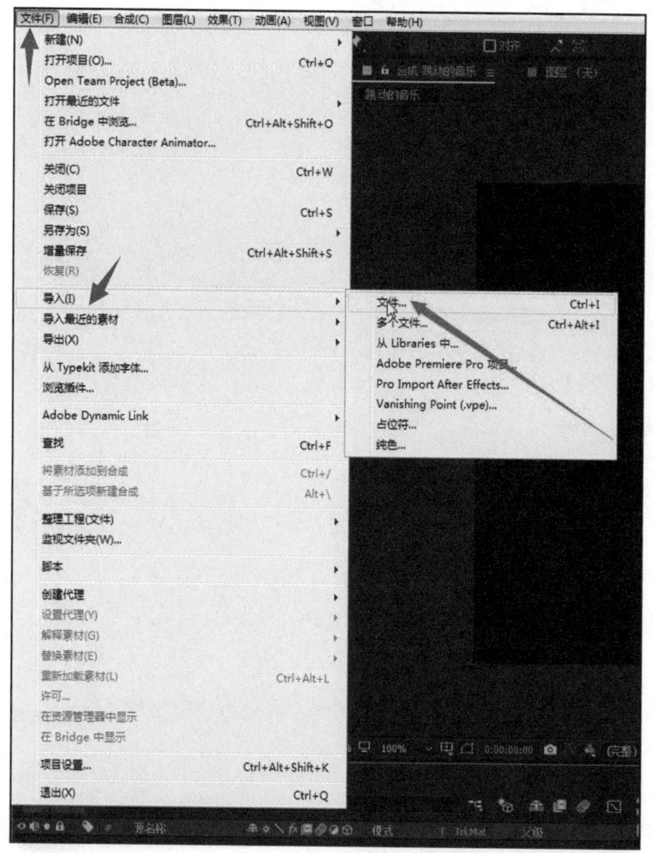

03 将“音效.mp3”素材拖曳到时间轴面板中。

在时间轴面板的空白处单击鼠标右键，在弹出的快捷菜单中选择【新建】→【纯色】，新建一个纯色层，将其命名为“振荡音波”，将【颜色】设置为“黑色”，单击【确定】。

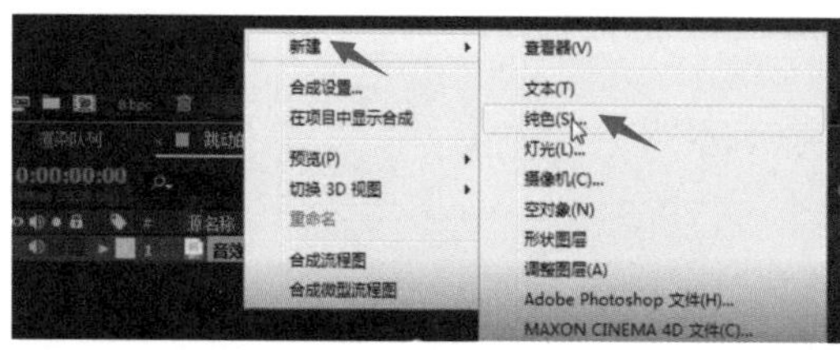

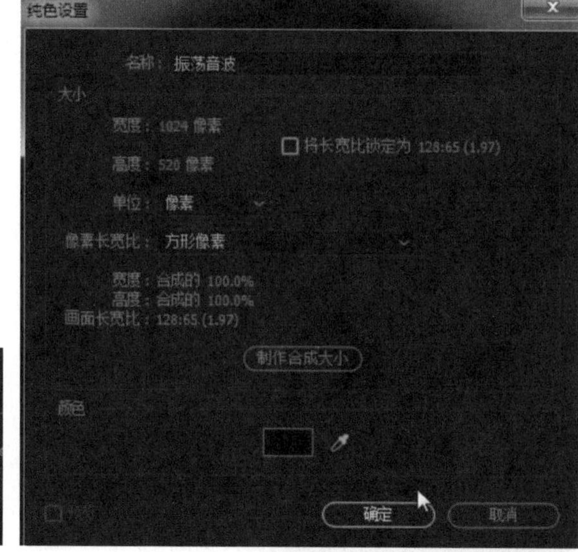

04 在【效果和预设】面板中找到【Trapcode】特效组，双击【Form】特效。

预览窗口中的效果如下图所示。

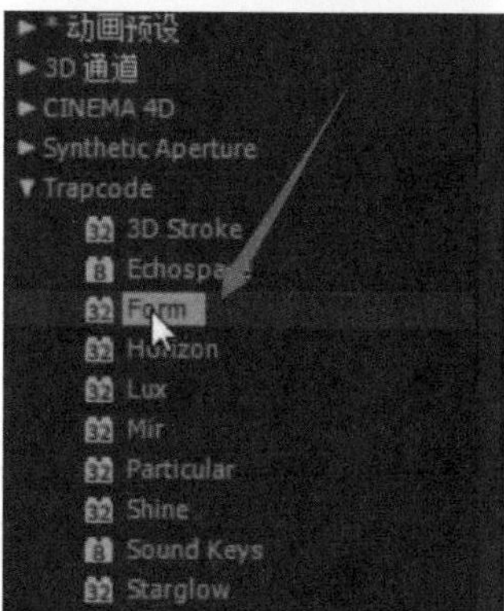

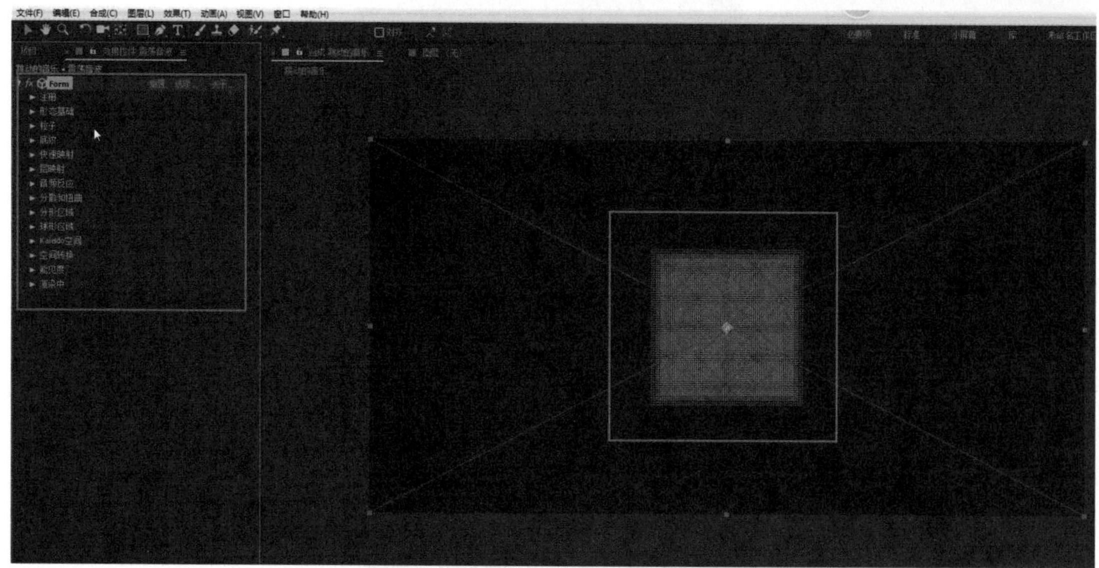

05 在【效果控件】面板中单击【音频反应】→【音频图层】，选择“2. 音效.mp3”。在【形态基础】中选择“分层球体”。

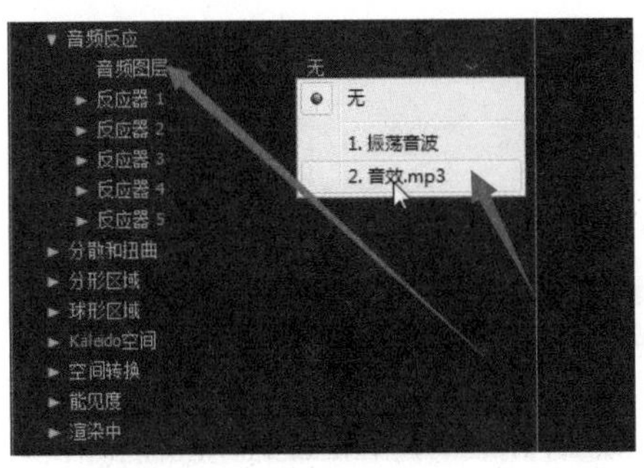

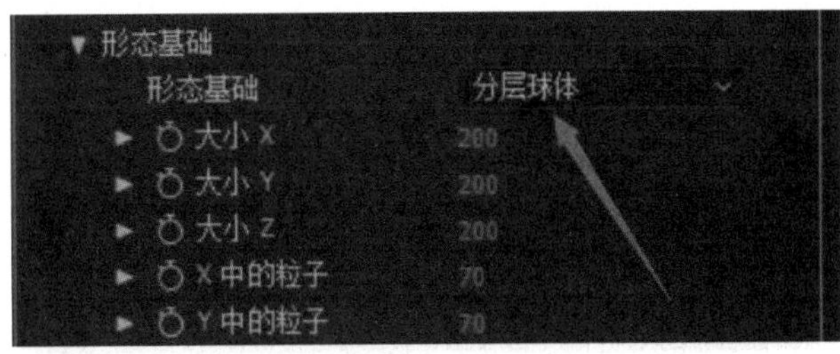

现在，预览窗口中出现了下图所示的球形。

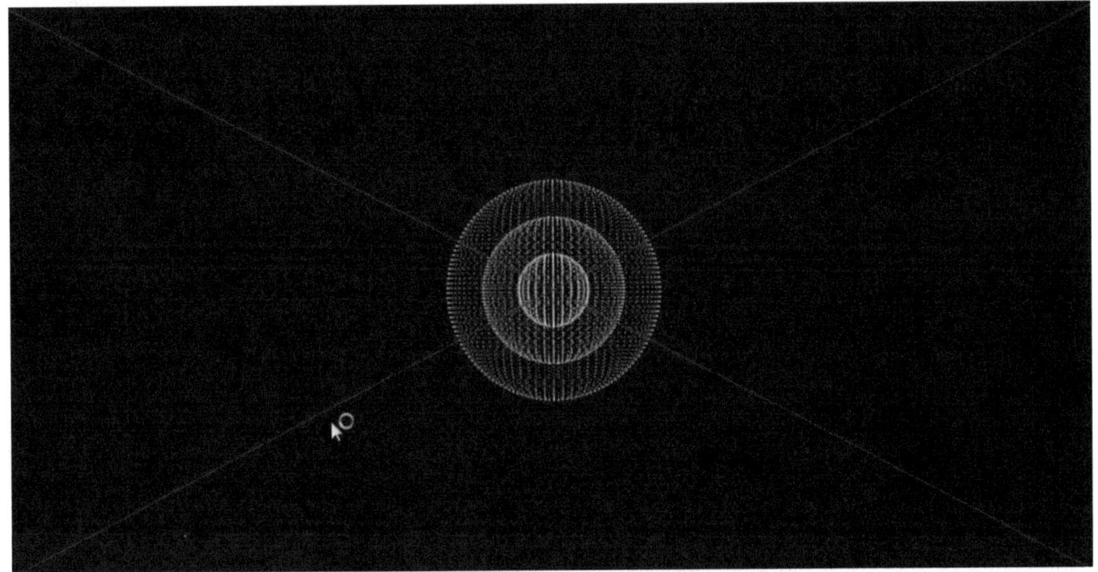

06 单击【反应器1】，在【映射到】中选择“粒子大小”。按空格键，可以看到随着音乐节奏的变化，预览窗口中的球形也在变化。

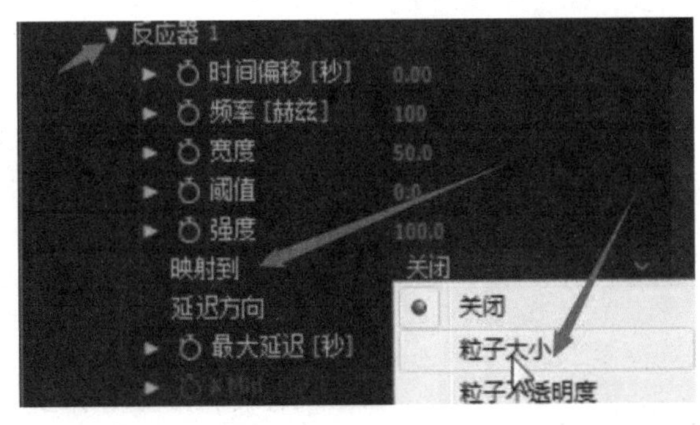

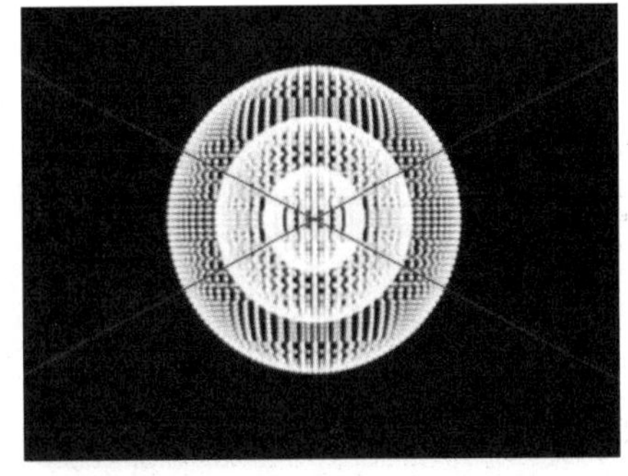

将“音效.mp3”层的声音关闭，使其暂时不发出声音。在【映射到】中选择“分散”。

07 在【分散和扭曲】选项组中，将【分散】设置为“50”。观看动画效果时会发现，球形随着音乐的节奏呈现出一种粒子发散的动画效果。

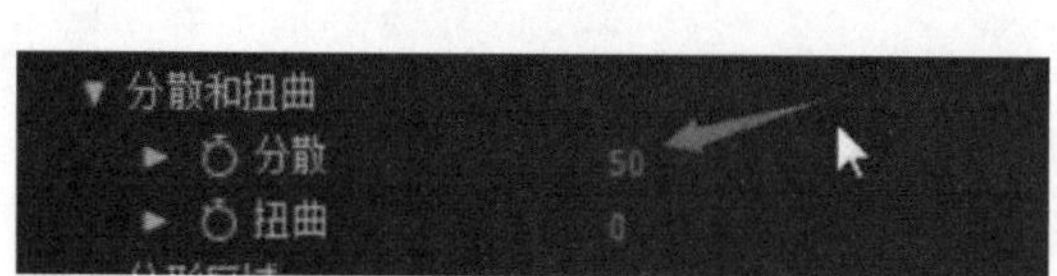

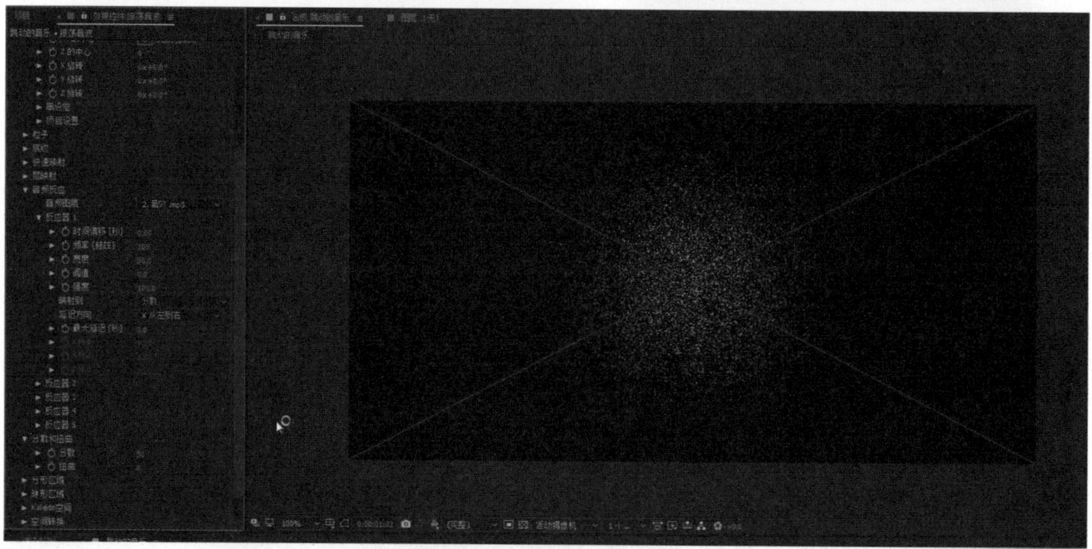

08 将【尺寸】更改为“2”，观看动画效果。

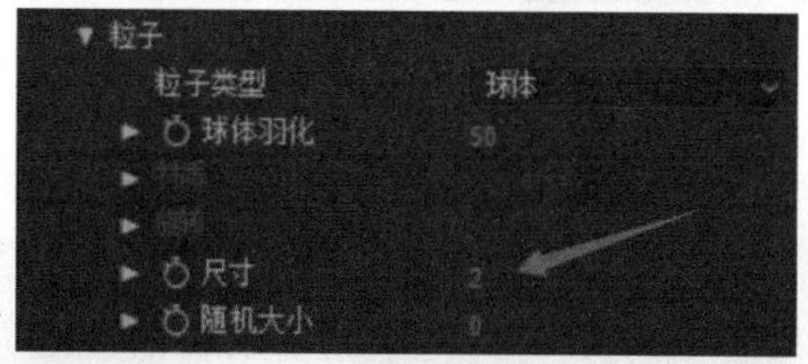

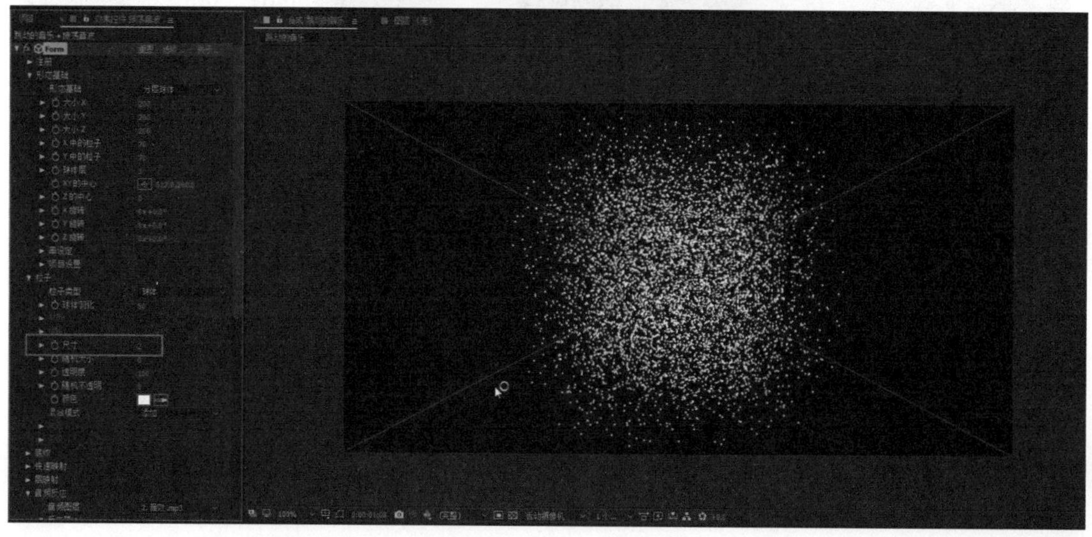

09 打开【反应器2】选项组，将【映射到】设置为“分形”。在【分形区域】中，将【影响尺寸】调整为“10”，将【影响不透明度】设置为“20”。

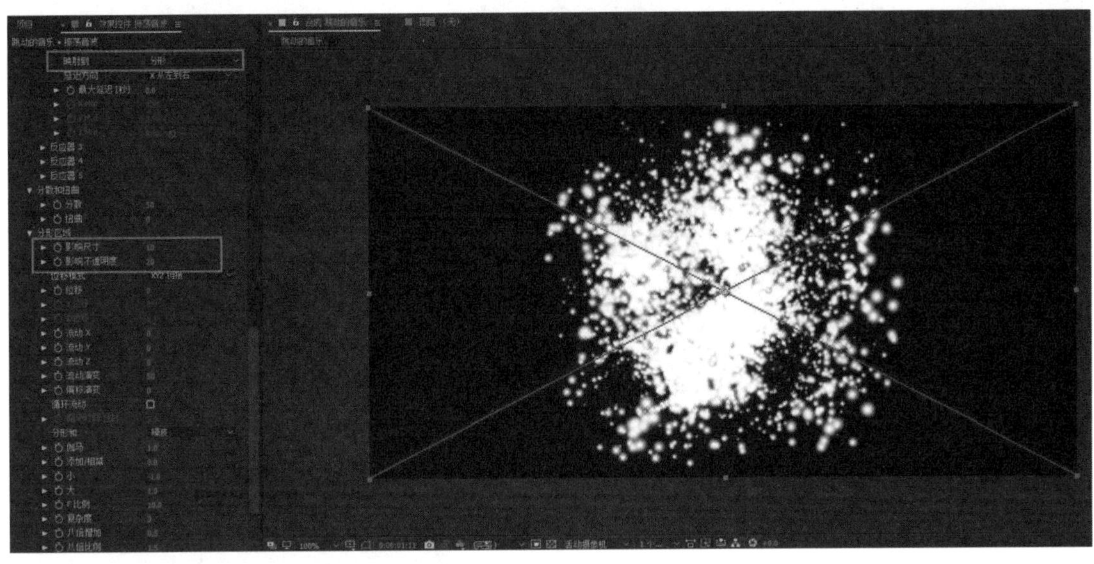

反复拖曳时间滑块，观看动画效果，将【位移模式】设置为“放射”。

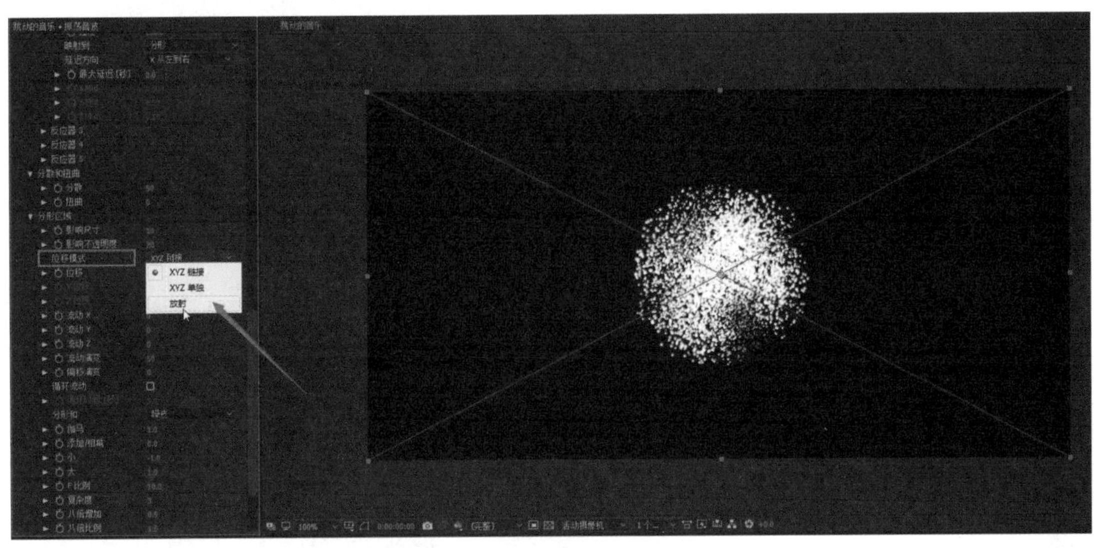

打开“音效.mp3”层的声音，播放动画，观察一下有声音时的动画效果。

10 再次关闭“音效.mp3”层的声音，在【粒子类型】中选择“发光球体（无DOF）”。

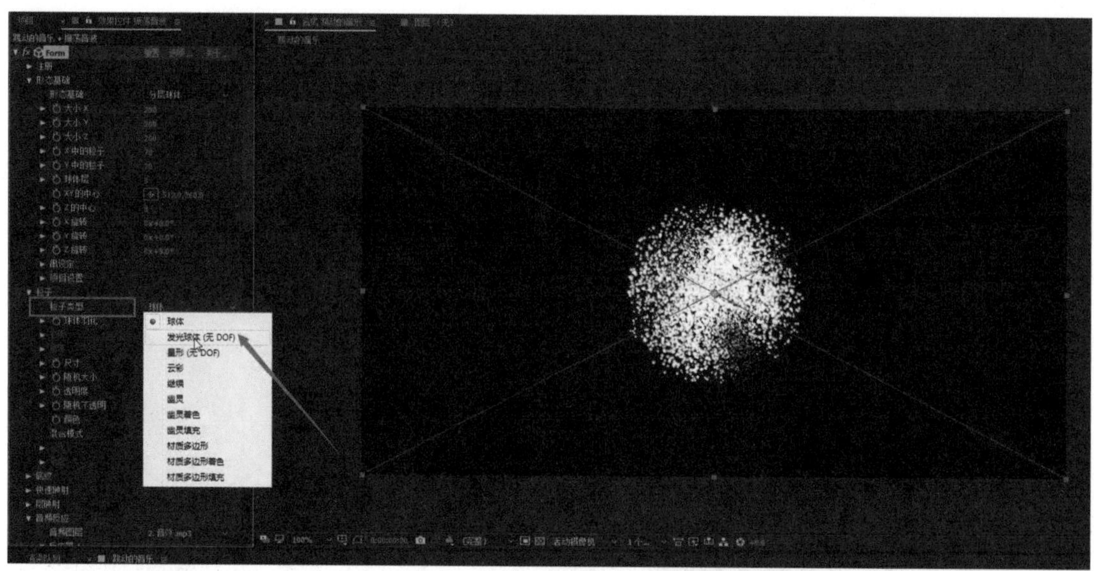

将【球体羽化】设置为“100”,【随机大小】设置为“50”，观看动画效果会发现粒子具有发光效果。

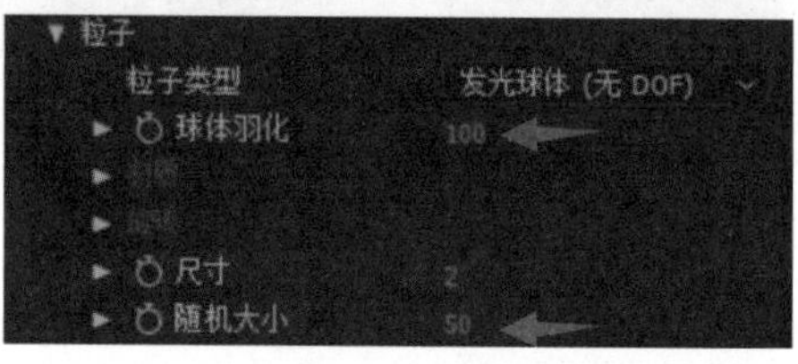

11 将时间滑块向左拖曳到“00s”(0秒)处，单击【颜色】左侧的码表图标。

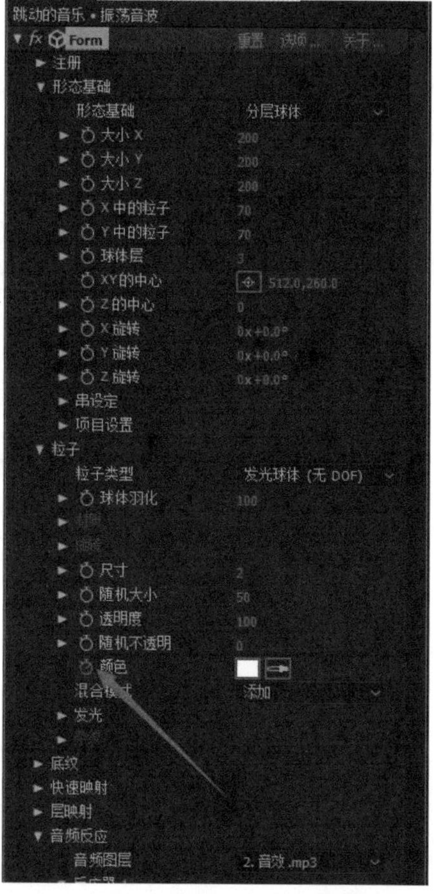

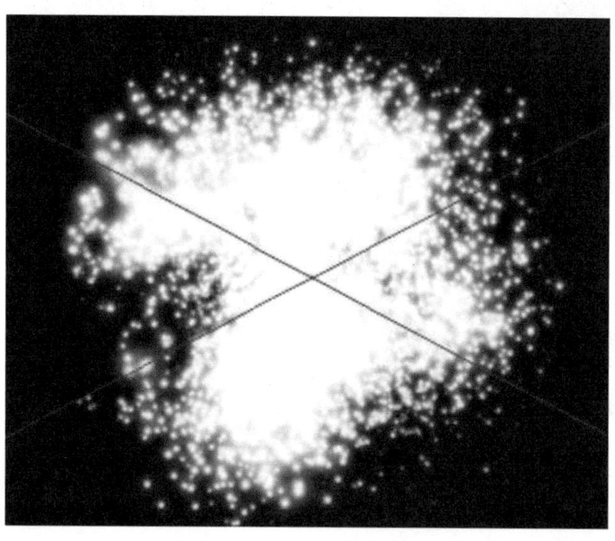

将【颜色】更改为“红色”。

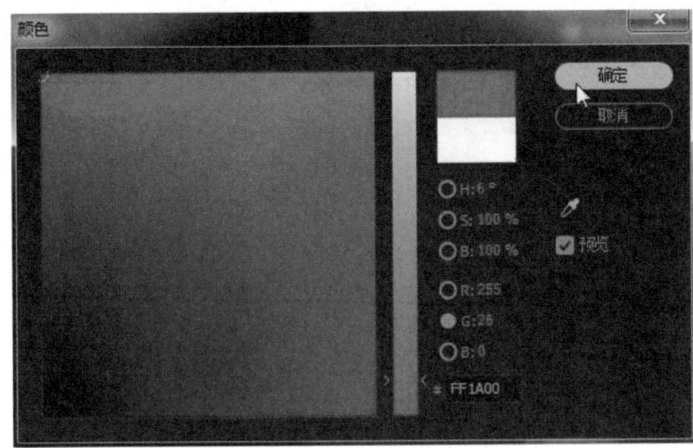

将时间滑块向右拖曳到“01s”（1秒）处，将【颜色】更改为“橙色”。

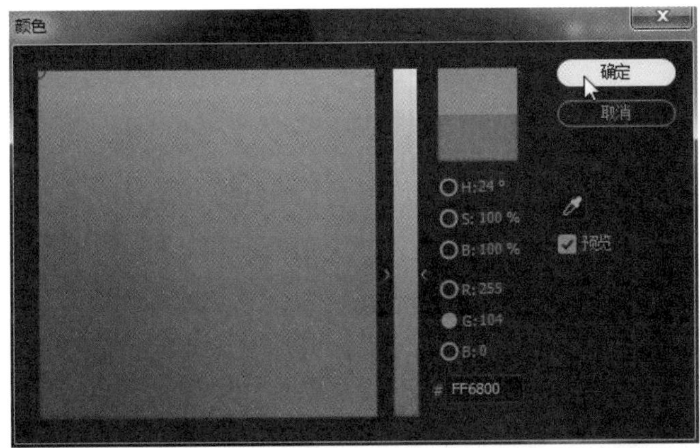

将时间滑块向右拖曳到“02s”（2秒）处，将【颜色】更改为“绿色”。

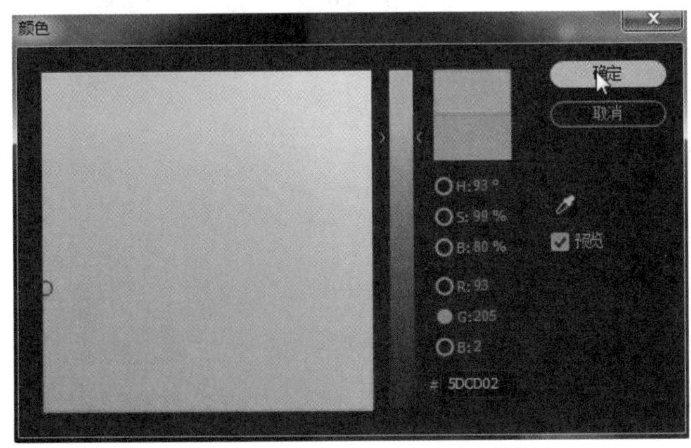

将时间滑块向右拖曳到“03s”（3秒）处，将【颜色】更改为“蓝色”。

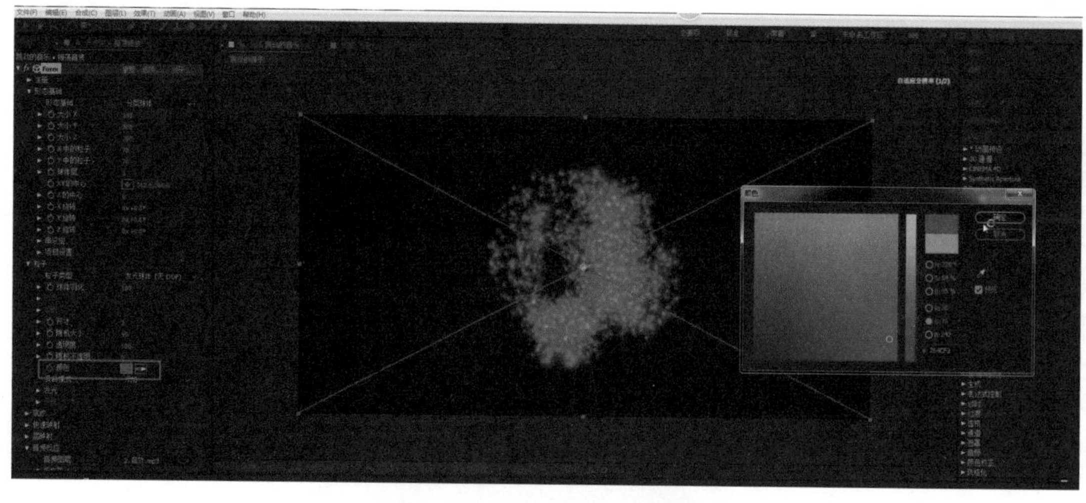

将时间滑块向右拖曳到“04s”（4秒）处，将【颜色】更改为“紫色”。将时间滑块向右拖曳到“05s”（5秒）处，将【颜色】更改回“红色”。

读者也可以根据自己的喜好调整颜色。打开“音效.mp3”层的声音，观看动画效果。

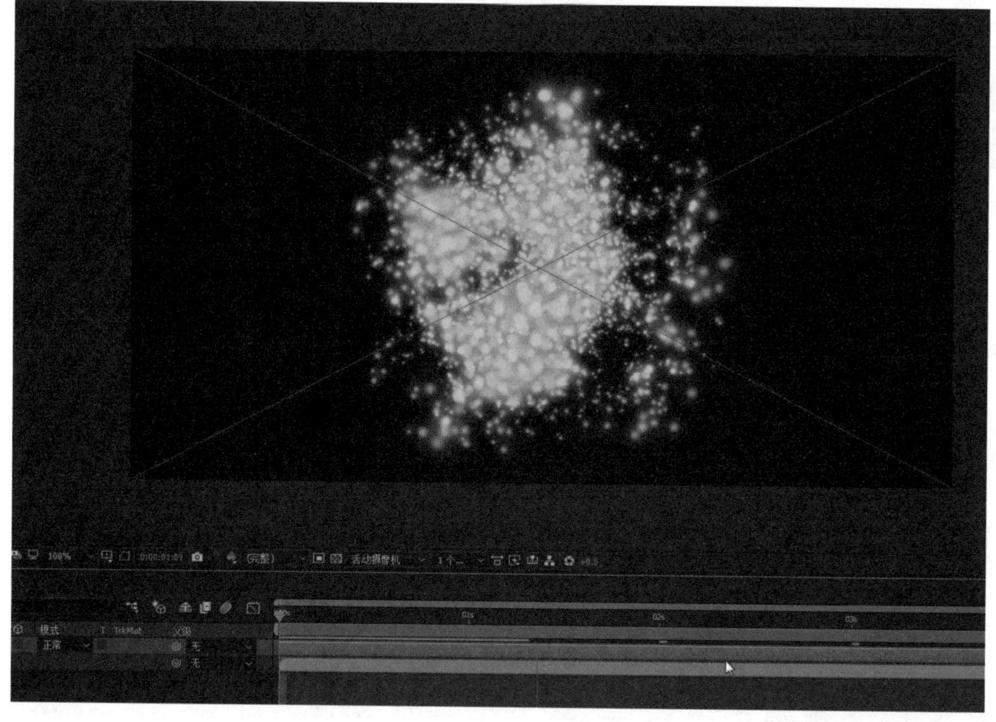

12 将时间滑块向左拖回到“00s”（0秒）的位置。单击菜单栏中的【文件】→【导入】→【文件】，选择配套资源中的“音乐图片”素材。

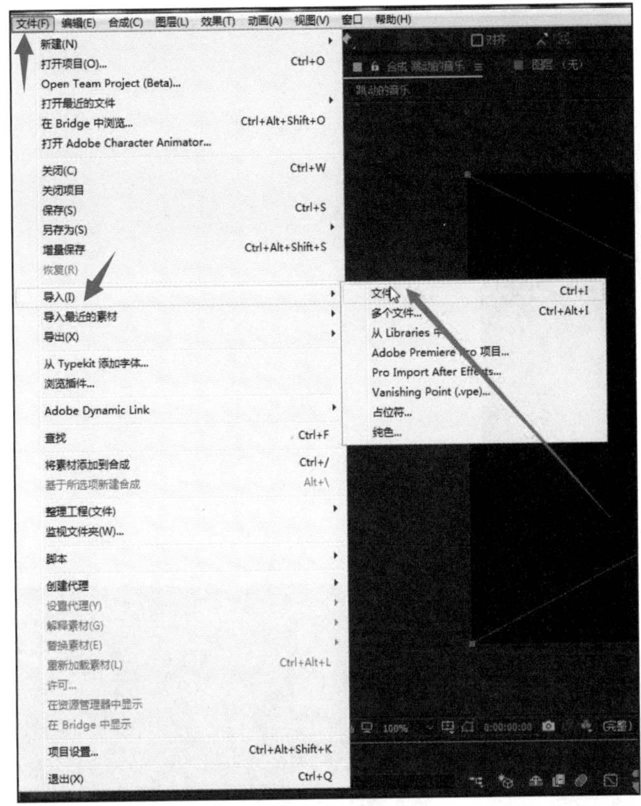

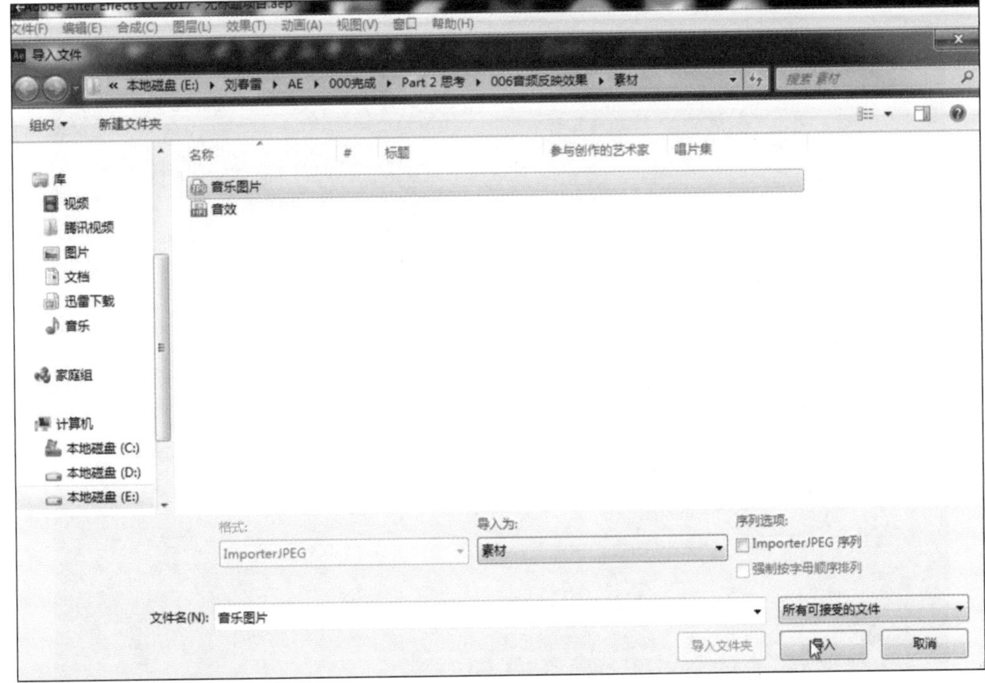

将“音乐图片.jpg”素材向下拖曳到时间轴面板中，并将其拖曳到其他图层的上方。按【T】键打开图层的【变换】选项，将【不透明度】设置为“30%”。

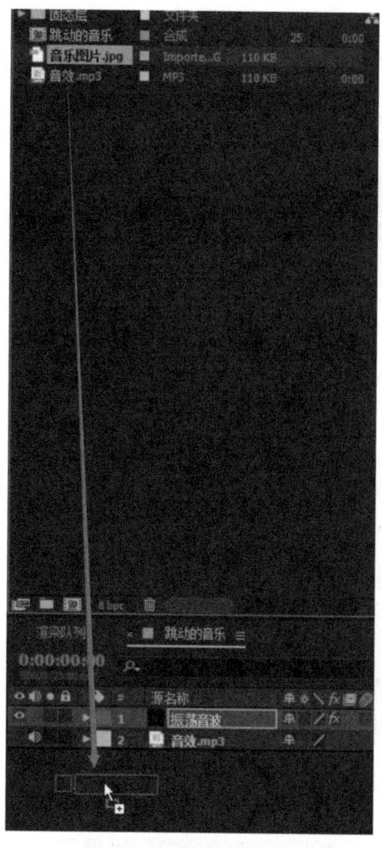

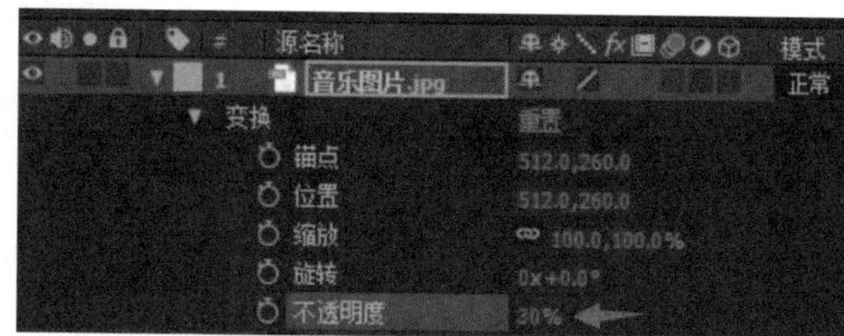

按空格键观看动画效果。

13 在时间轴面板的空白处单击鼠标右键，在弹出的快捷菜单中选择【新建】→【纯色】，新建一个纯色层，将其命名为“背景”，将【颜色】设置为“白色”。

将“背景”层拖曳到其他图层的下方。

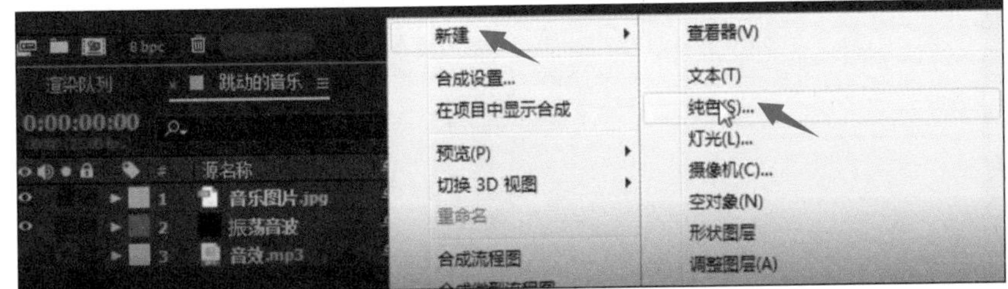

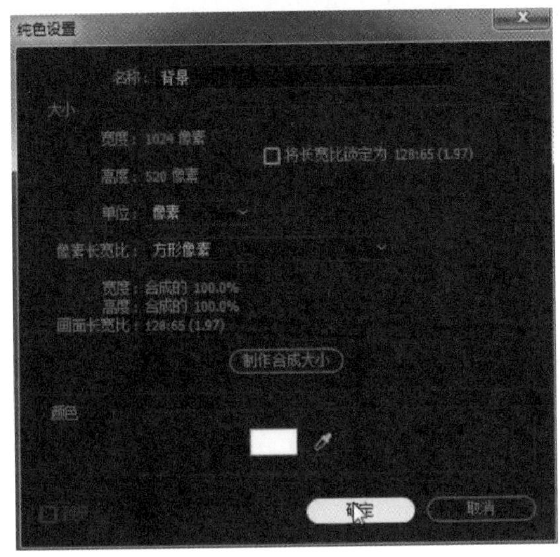

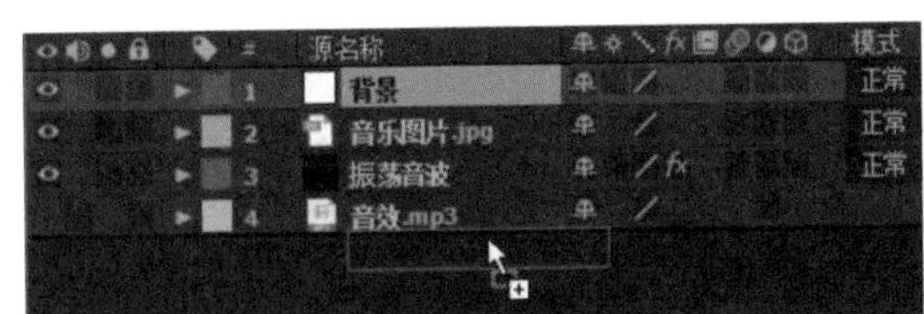

将“音效.mp3”层的声音打开，按空格键，观看动画效果。将“音乐图片.jpg”层的【不透明度】调整为“35%”，再次播放动画。

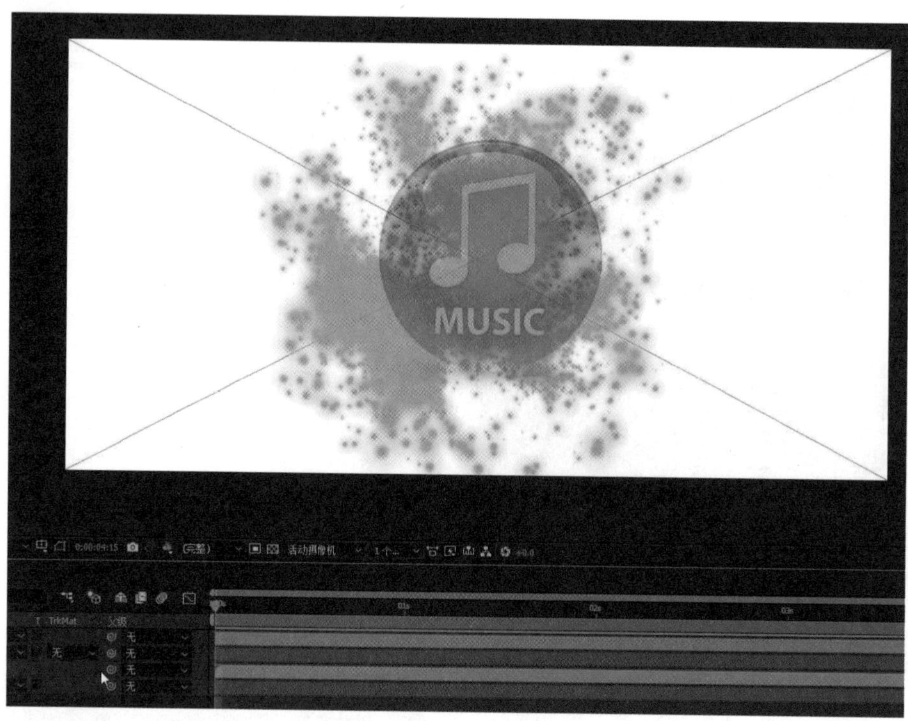

至此，“跳动的音乐”短视频动画特效就制作完成了。

第 15 课

制作“星光漫步”特效

01 打开After Effects，单击菜单栏中的【合成】→【新建合成】。在【合成设置】对话框中，将合成的名称设置为“星光漫步”，【预设】设置为“HDV/HDTV 720 25”，【宽度】设置为“1280”像素，【高度】设置为“720”像素，【像素长宽比】设置为“方形像素”，【帧速率】设置为“25”帧/秒，【持续时间】设置为“5”秒，【背景颜色】设置为“黑色”，单击【确定】。

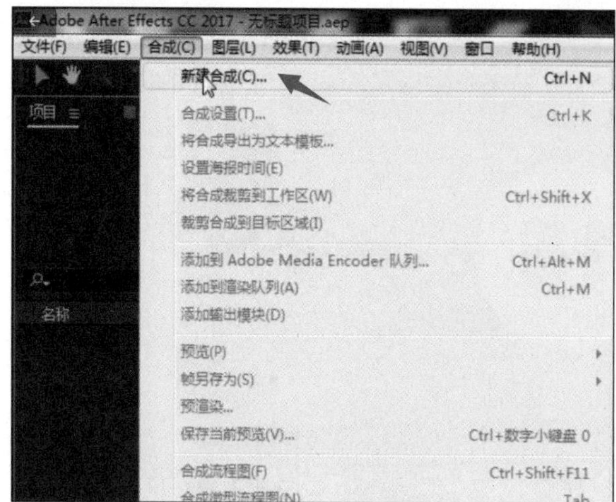

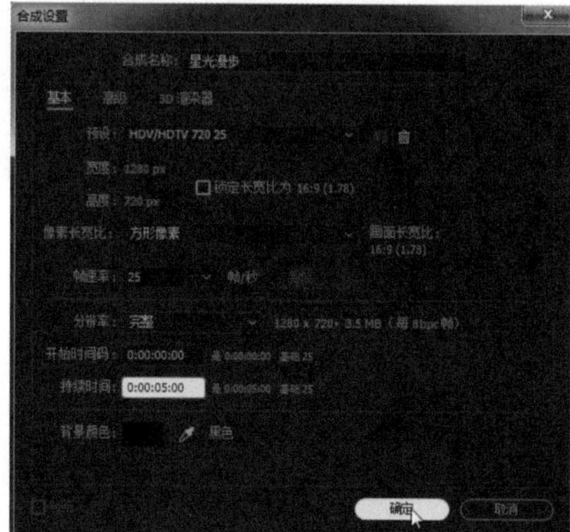

02 在时间轴面板的空白处单击鼠标右键，选择【新建】→【纯色】，新建一个纯色层，将其命名为“灯光”，单击【确定】。

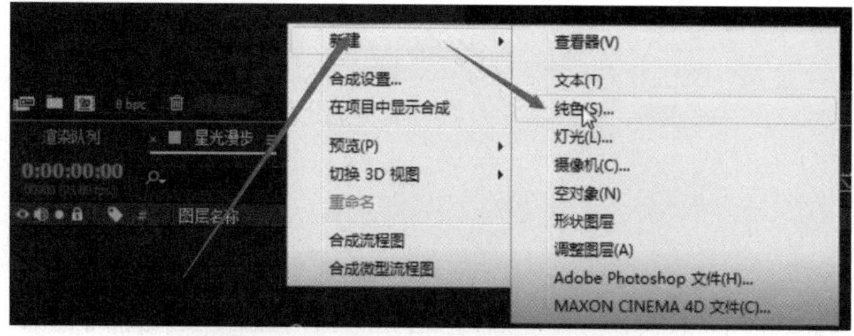

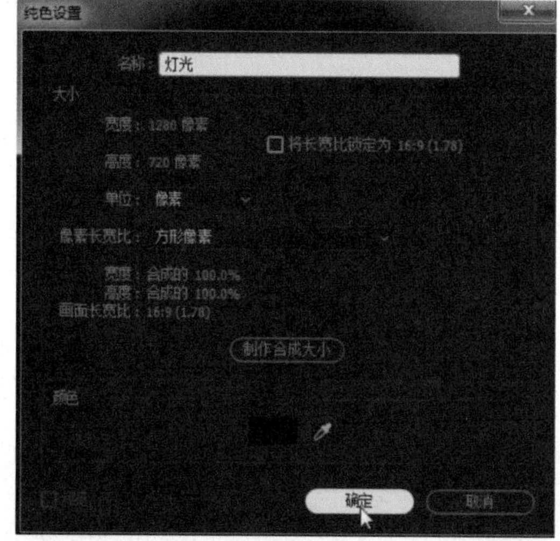

03 在【效果和预设】面板中找到【Video Copilot】特效组，双击【Optical Flares】特效。现在，预览窗口中出现了灯光效果。

拖曳光线的起始点和结束点，将灯光调整到下图所示的位置。

在时间轴面板的空白处单击鼠标右键，选择【新建】→【纯色】，新建一个纯色层，将其命名为“粒子”。

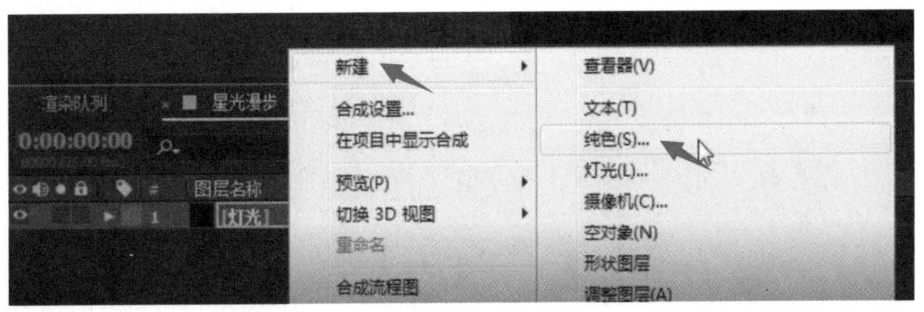

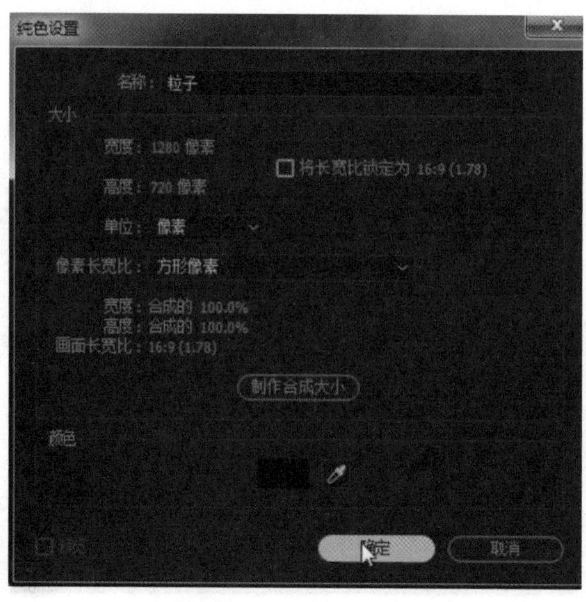

04 在【效果和预设】面板中找到【Trapcode】特效组，双击【Particular】特效，预览窗口中出现粒子效果。左右拖曳时间滑块，查看粒子效果。

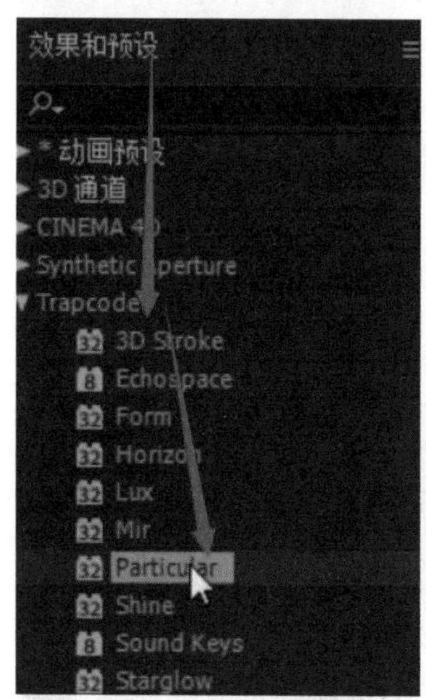

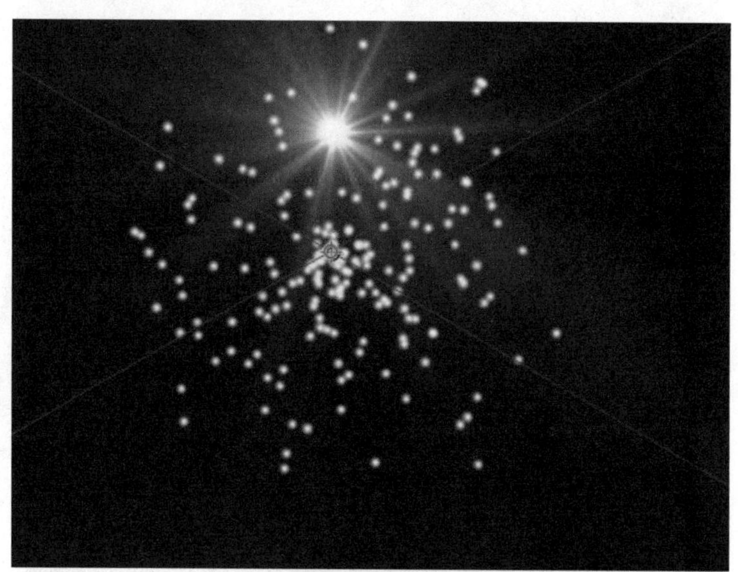

05 在【效果控件】面板中，将【Particular】下的【发射器】选项组展开，将【发射器类型】设置为“盒子”。

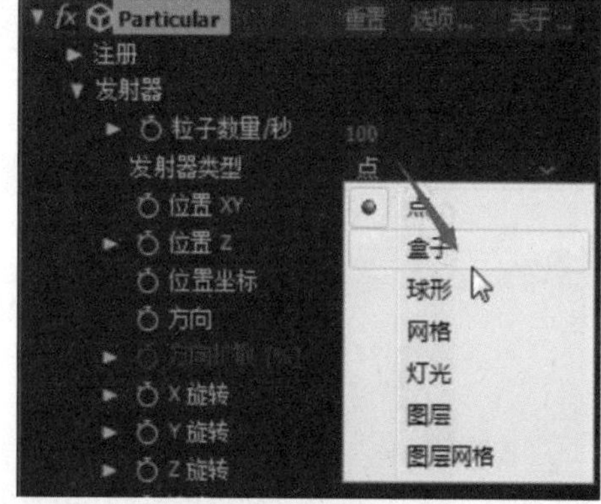

左右拖曳时间滑块，查看粒子动画的变化。

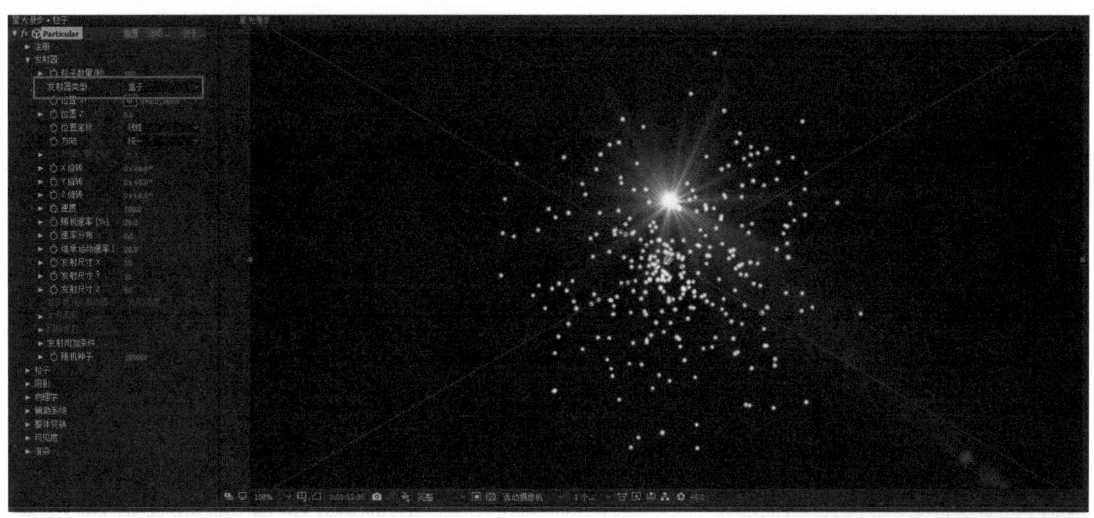

06 将【发射尺寸X】设置为“1200”，让粒子横向分布；将【粒子数量/秒】设置为“500”。

按空格键观看动画效果。

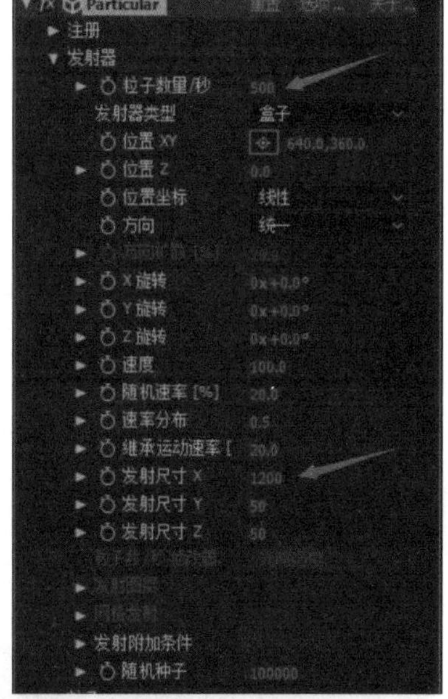

07 选择“粒子”层，单击菜单栏中的【图层】→【预合成】。在弹出的【预合成】对话框中进行相应的设置，单击【确定】。

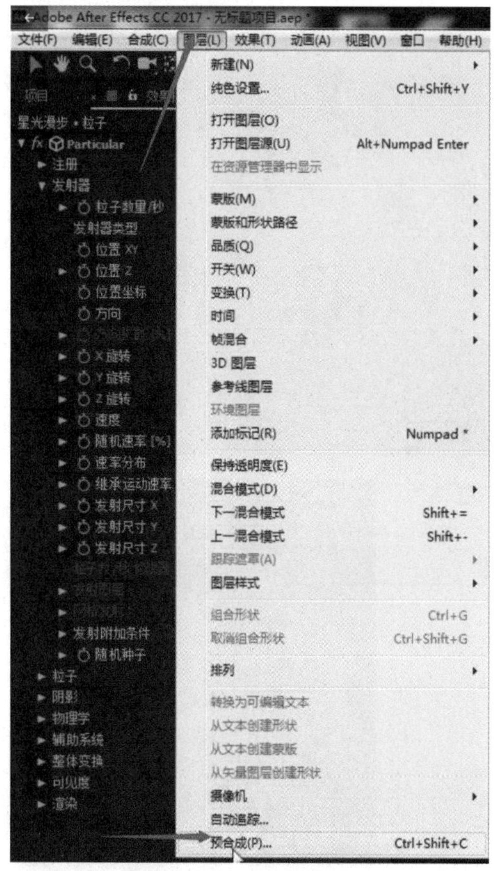

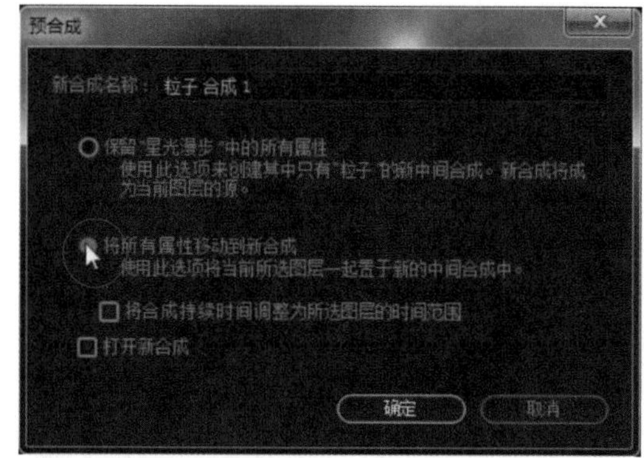

08 选择“灯光”层，找到【效果控件】面板中的【Optical Flares】特效，将【Source Type】设置为“Luminance”。

在【Source Layer】中选择“1.粒子 合成1”。

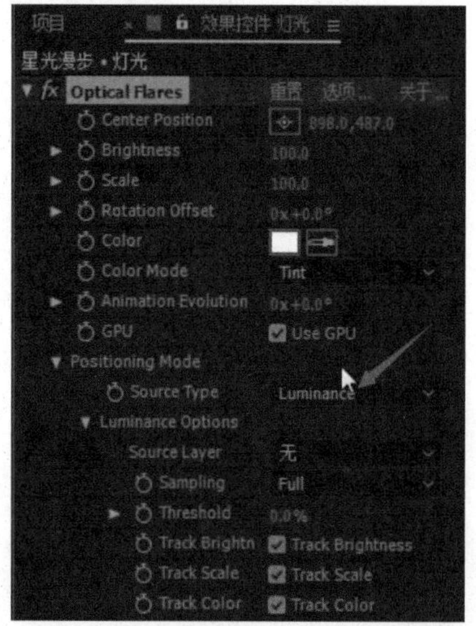

现在，在预览窗口中可以看到粒子的发光效果。

09 将时间滑块向左拖曳到“00s”（0秒）的位置，按空格键播放动画，观看效果时会发现光线过亮。

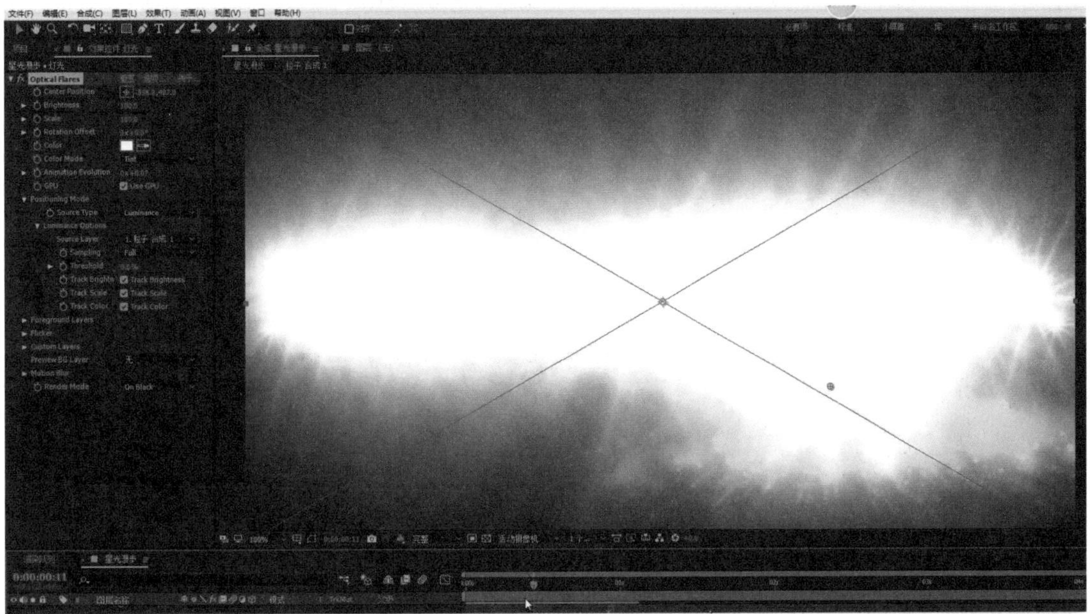

将【Brightness】调整为“50”。

Brightness 50.0

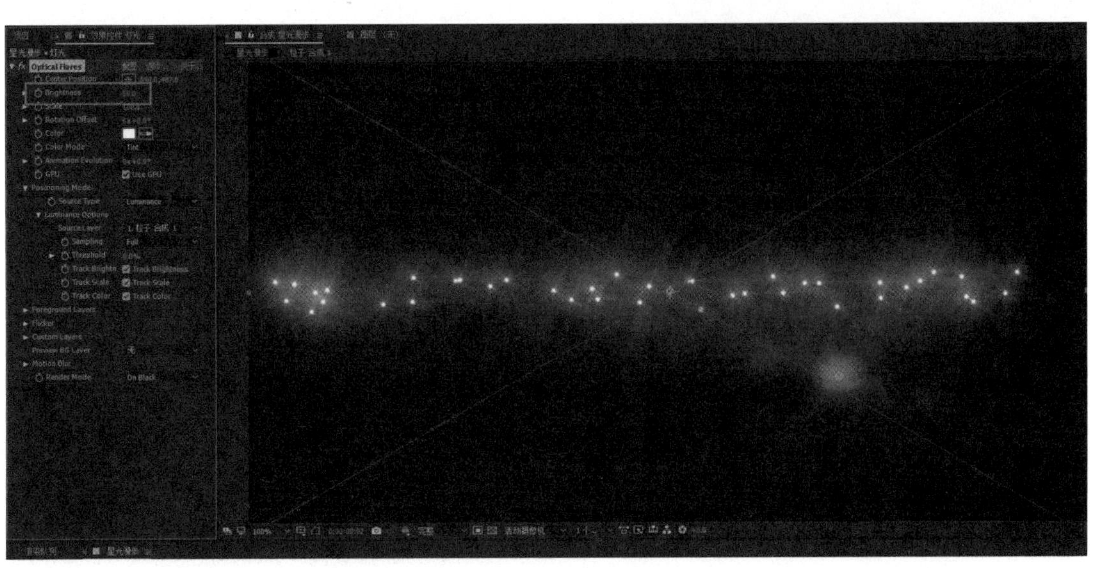

再次查看动画效果，将【Brightness】调整为“30”。

渲染动画，渲染的时间可能会比较长，这主要取决于计算机的配置。渲染完成后，左右拖曳时间滑块，查看一下所呈现的动画效果是否令人满意。这是一个反复查看并反复调整的过程。

10 在【效果控件】面板中单击【选项】，将【Optical Flares】下的选项打开。

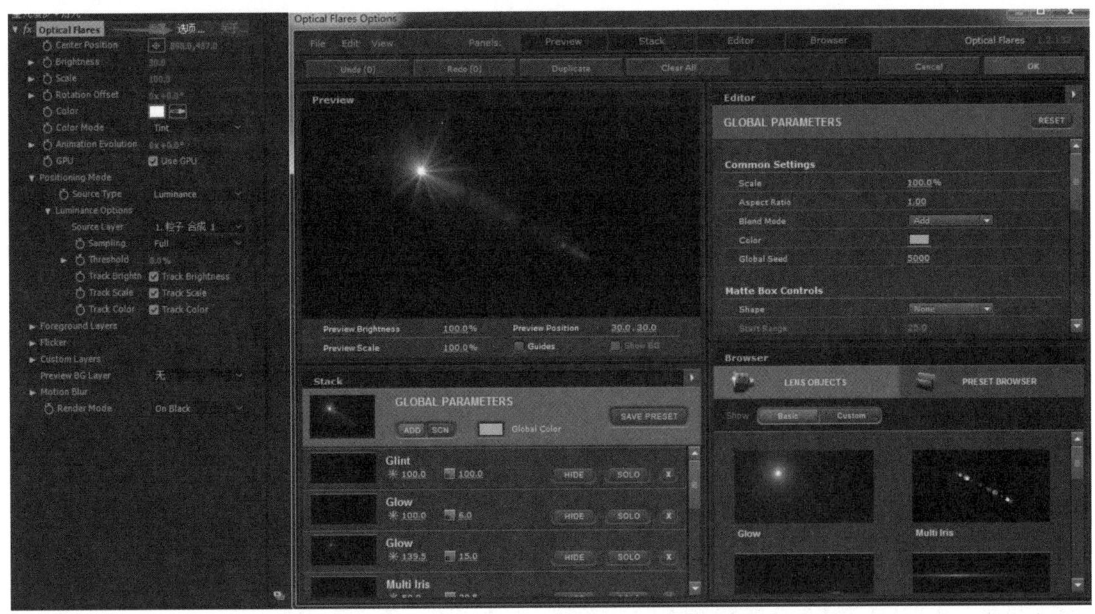

【Optical Flares】外挂效果中包含很多种光线效果。选择【Multi Iris】光线效果，将【Brightness】(明亮)和【Scale】(大小)的值调小，单击【OK】。

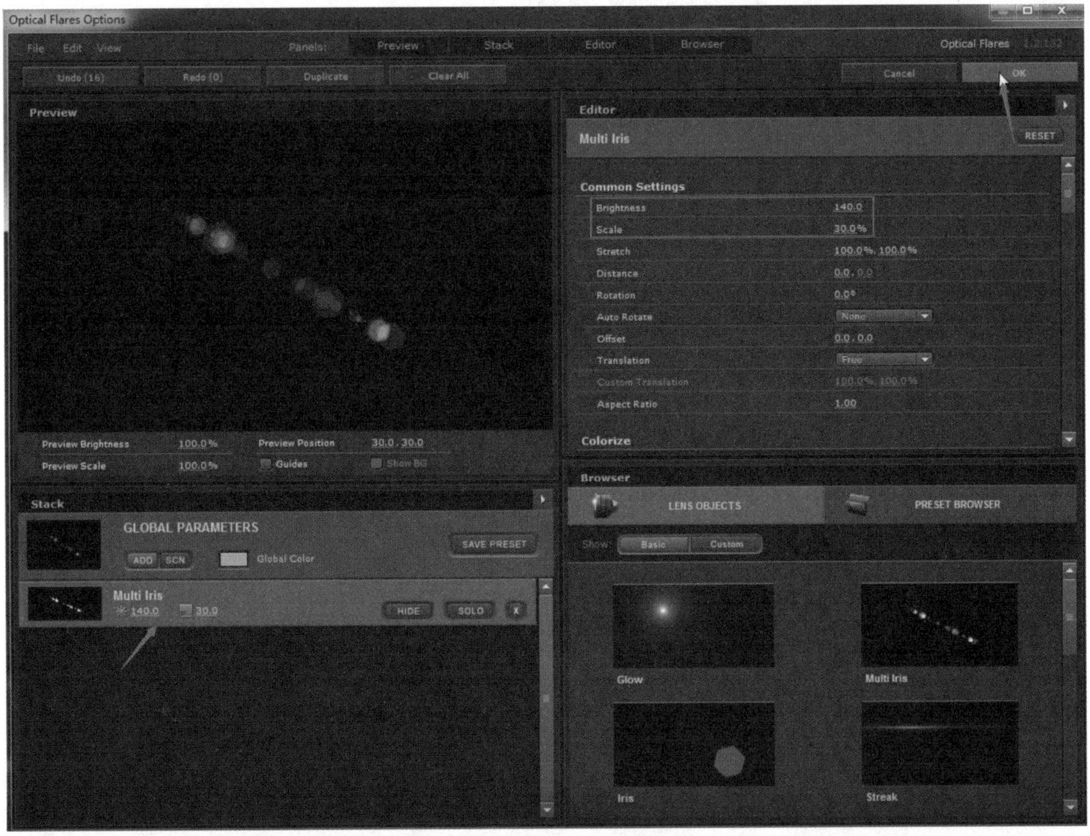

观看动画效果会发现画面中出现了灯光闪烁的效果，但这个灯光闪烁效果的光线过于强烈。

将【Brightness】调整为“80”，【Scale】调整为“5”，观看动画效果发现不是很理想。将【Scale】调整为“20”，观看动画效果，此时的效果比较令人满意。

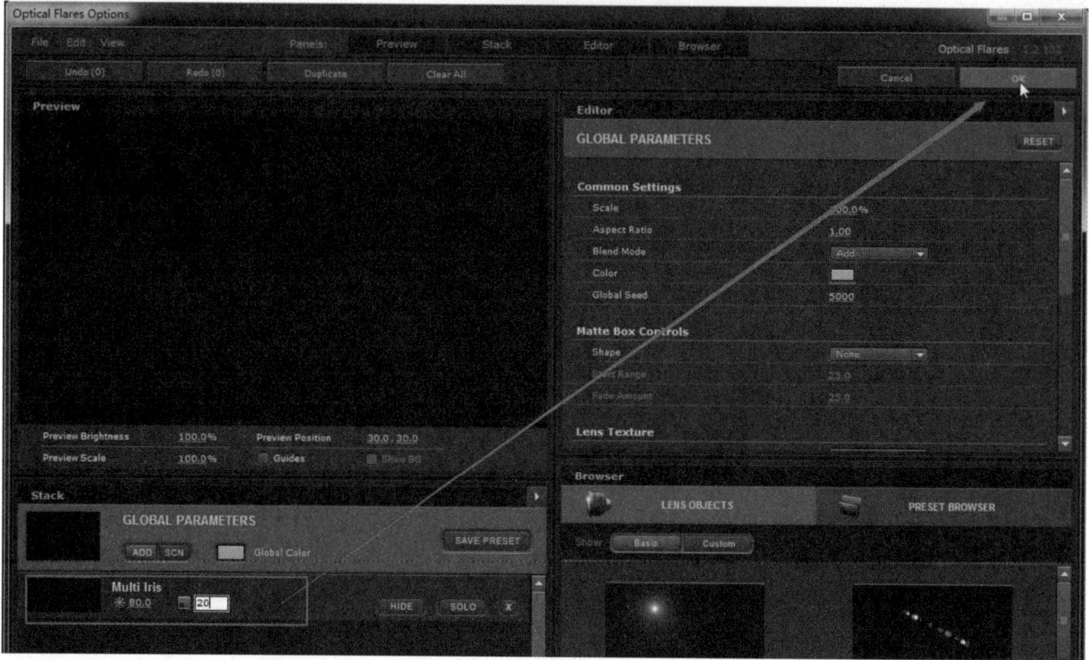

11 继续叠加光线效果。单击【Optical Flares】→【选项】，选择【Streak】光线效果，观看动画效果会发现光线看起来有点粗。

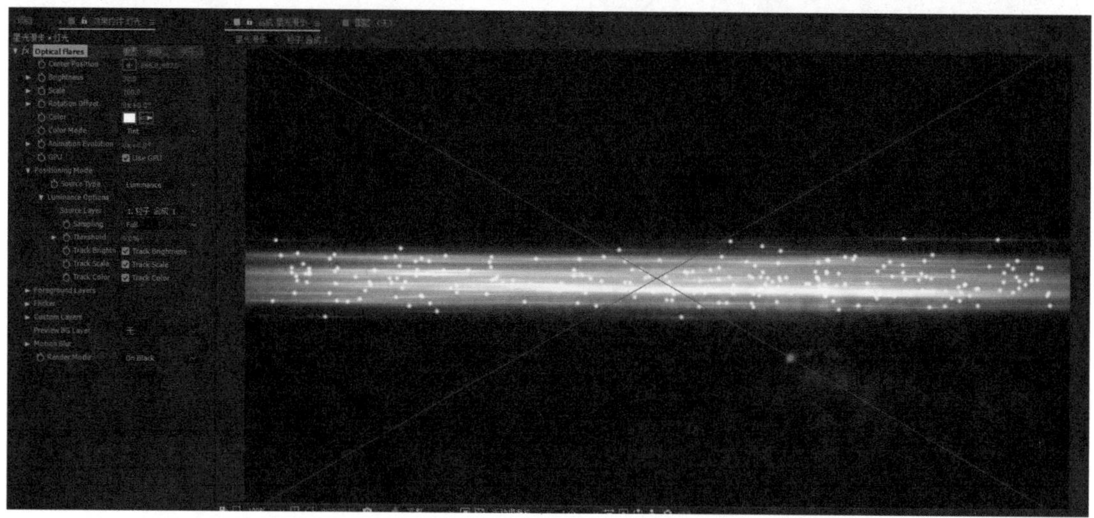

将【Brightness】更改为“30”,【Scale】更改为“80”，再观看动画效果。

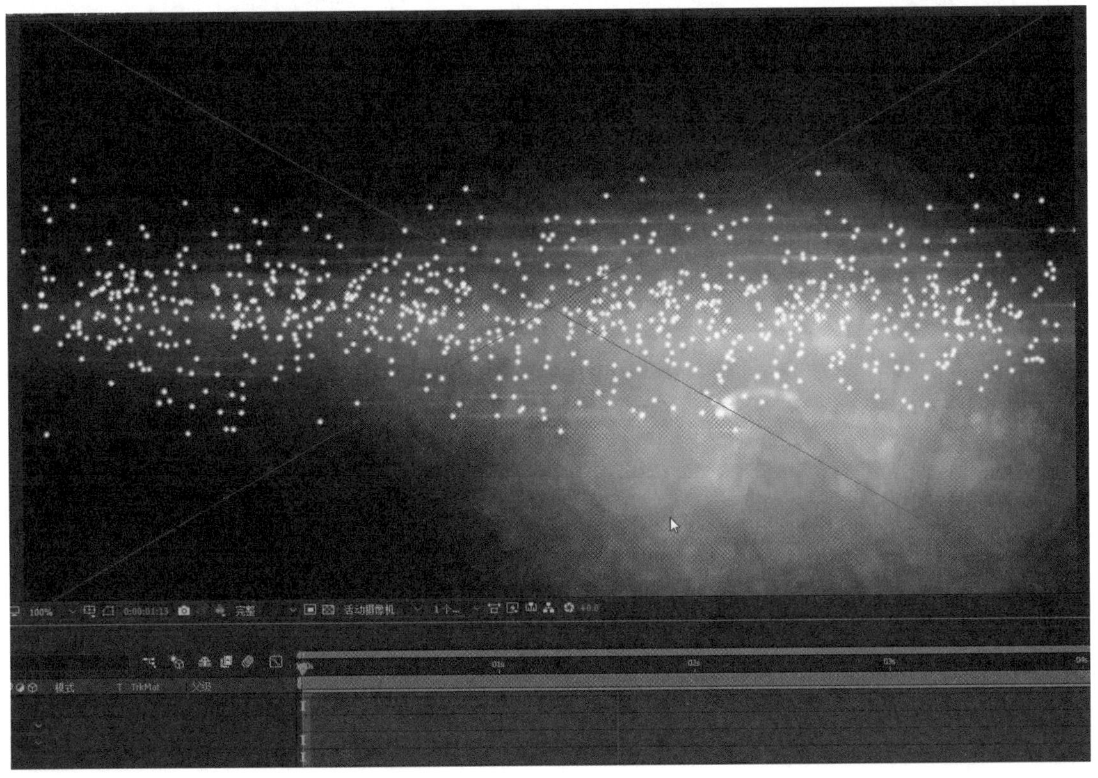

12 将光线的颜色更改一下，将时间滑块向左拖曳到“00s”（0秒）的位置。

单击【Color】左侧的码表图标，将【Color】更改为“浅橙色”。

将时间滑块向右拖曳到“01s”（1秒）的位置，将【Color】更改为“粉色”。

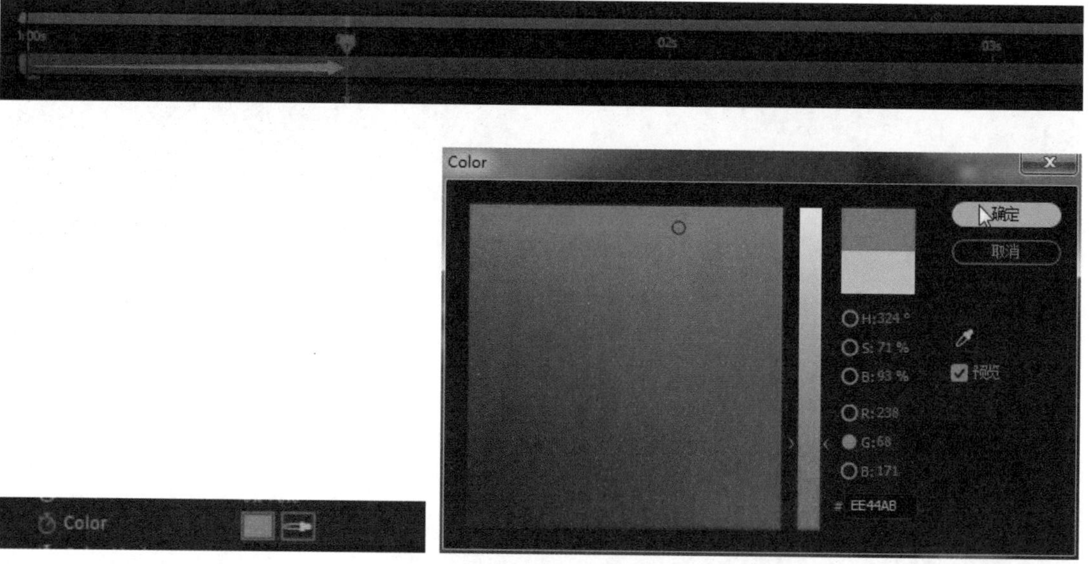

将时间滑块向右拖曳到“02s”（2秒）的位置，将【Color】更改为“红色”。

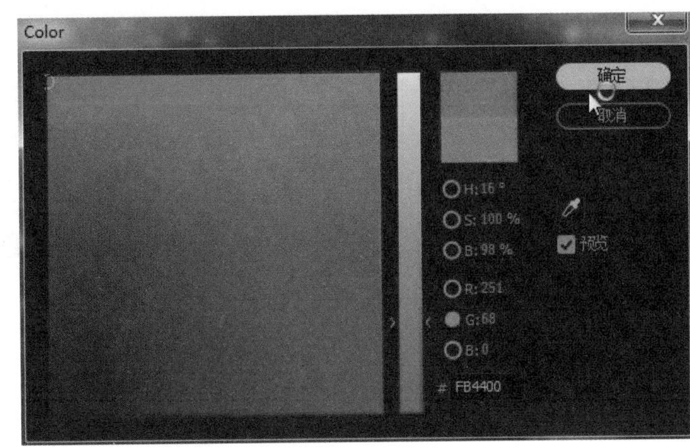

将时间滑块向右拖曳到“03s”（3秒）的位置，将【Color】更改为“蓝色”。

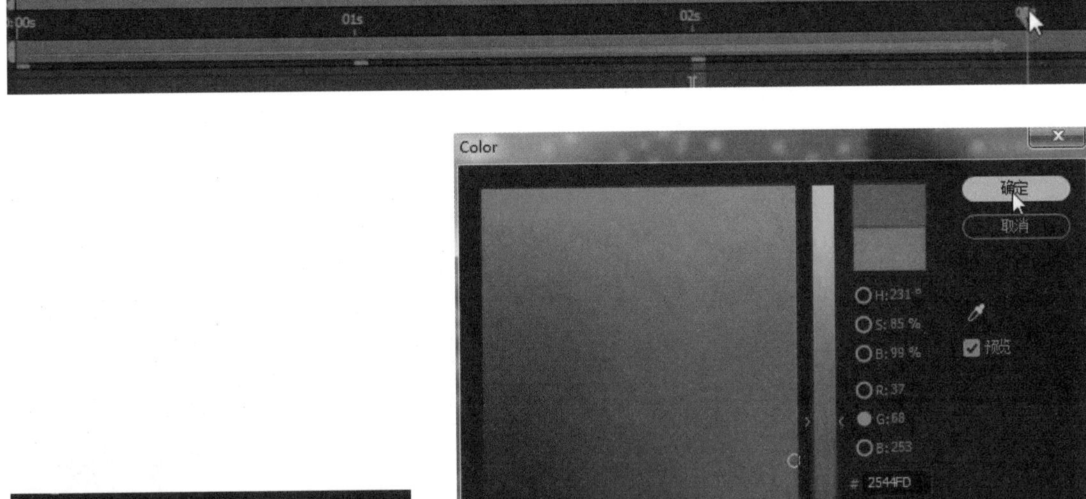

将时间滑块向右拖曳到“04s”（4秒）的位置，将【Color】更改为“绿色”。

将时间滑块向右拖曳到“05s”（5秒）的位置，将【Color】更改为“黄色”。

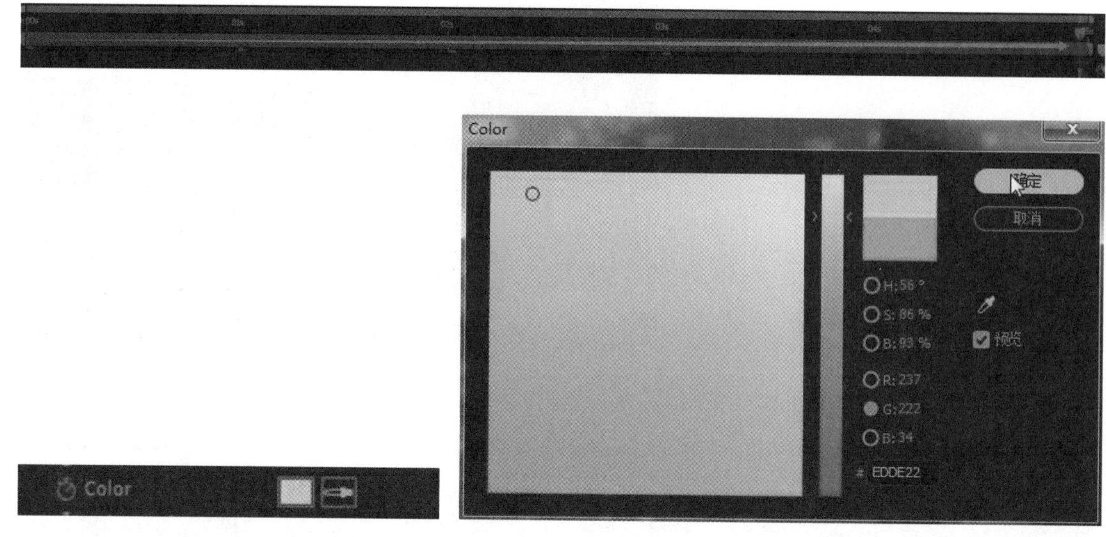

观看动画效果。

【Optical Flares】外挂效果中包含很多种光线效果，读者可以多进行尝试。

13 单击菜单栏中的【文件】→【导入】→【文件】，选择配套资源中的“星光漫步-视频素材”文件，将其导入After Effects。

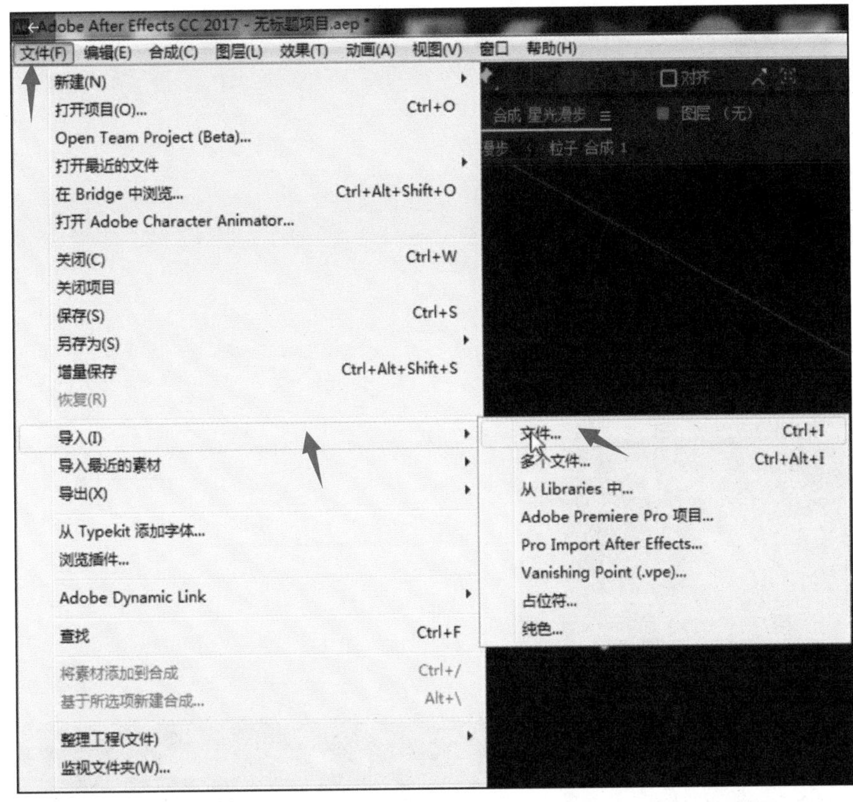

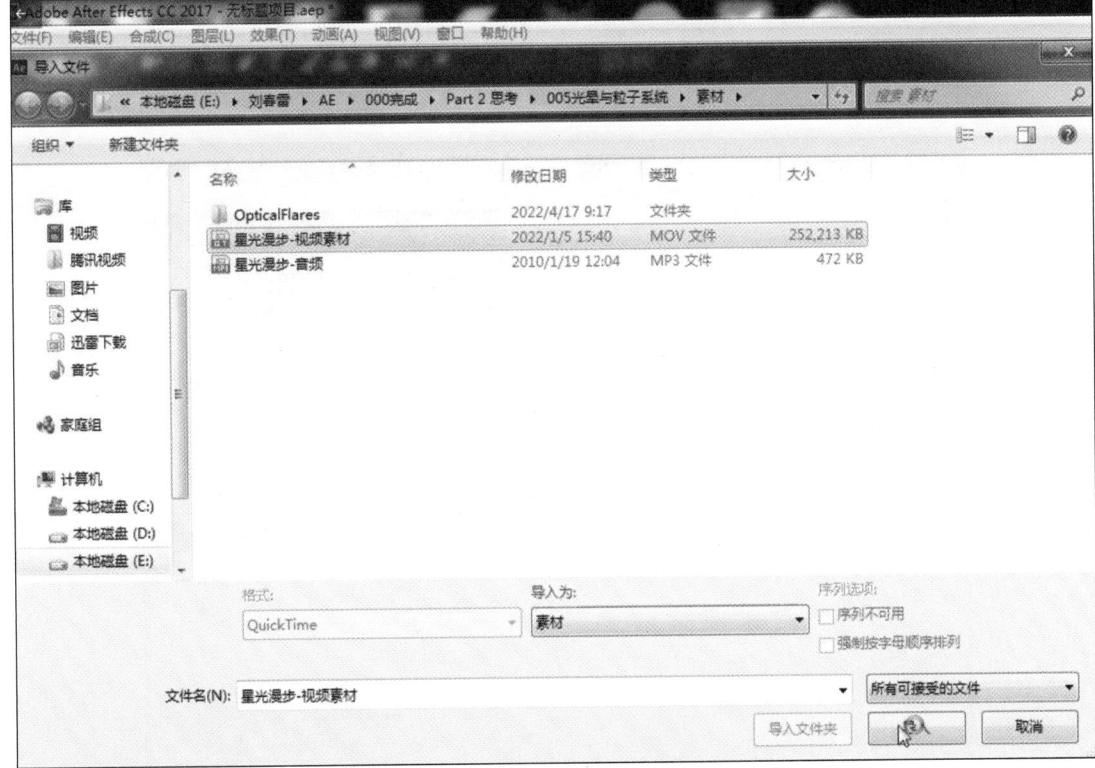

将导入的素材向下拖曳到时间轴面板中，并将其放置在所有图层的上方，再将【模式】设置为“相加”。

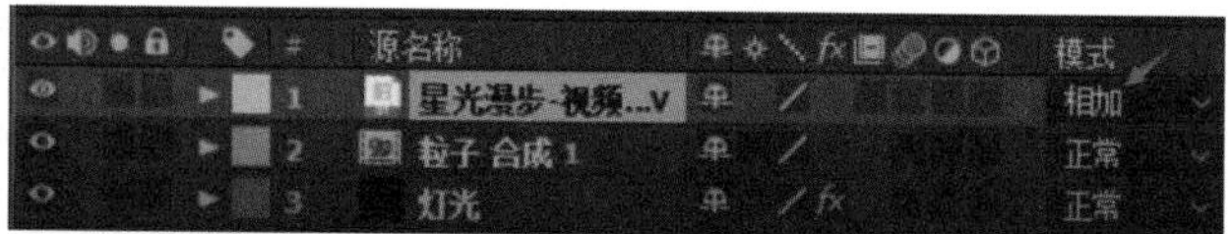

14 单击菜单栏中的【文件】→【导入】→【文件】，选择配套资源中的“星光漫步-音频”素材文件，将其导入After Effects。

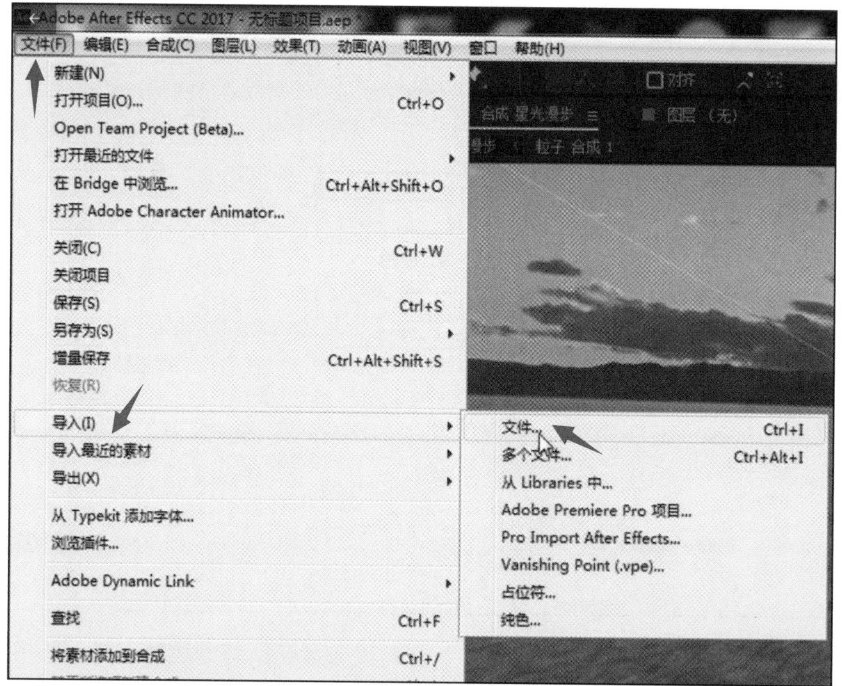

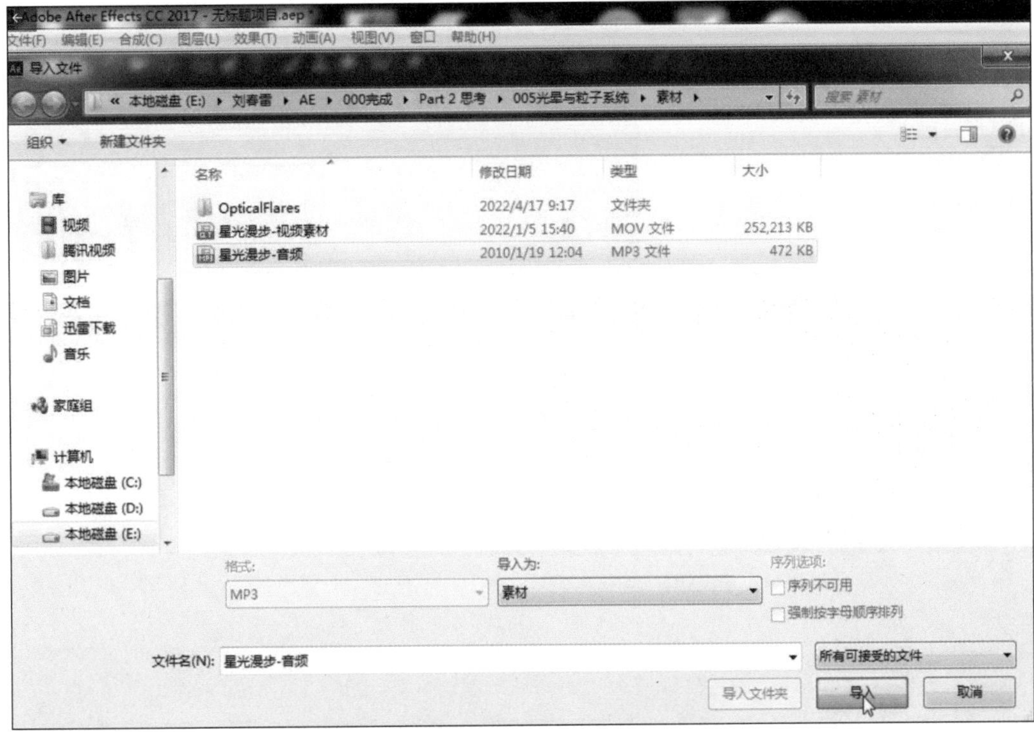

将导入的素材向下拖曳到时间轴面板中，按空格键播放动画。

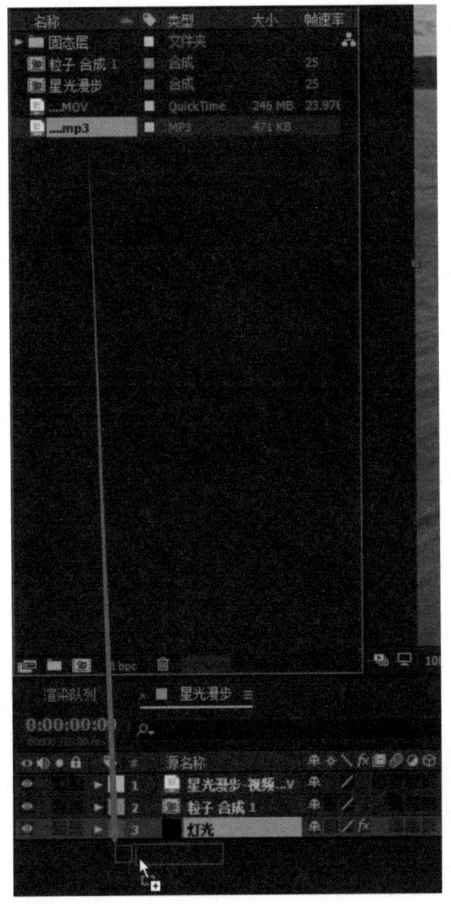

暂时把所有声音关闭，可以看到，现在星光效果的位置与视频中人物的位置不匹配。

15 选择“灯光”层，在预览窗口中调整灯光的位置，使其与人物的位置相匹配。

16 选择“粒子 合成1”层，调整粒子的位置，向下调整灯光的下边缘，使其与视频画面的下边缘重合。

17 为避免出现画面穿帮的问题，可以缩小视图并进行调整。

动画渲染结束后，打开声音，查看动画效果是否令人满意。

按【Ctrl+M】组合键，打开渲染设置面板，选择渲染文件的保存路径，单击【渲染】。

渲染完成后，在设置的保存路径下就可以找到制作完成的短视频文件了。

至此，“星光漫步”短视频动画特效就制作完成了。